人工智能和 STEAM 教育丛书

全国教育科学“十三五”规划 2020 年度教育部重点课题（编号：DHA200334）研究成果

3D 创意作品设计与实例

王同聚　丁美荣　朱杨林◎编著

中国铁道出版社有限公司
CHINA RAILWAY PUBLISHING HOUSE CO., LTD.

内容简介

本书引入 STEAM 教育和创客教育理念，突出其项目学习、体验式学习和个性化学习等创客学习的优势，使用 3D One 简易设计软件，通过 3D 建模、创意设计、创意编程，完成 3D 数字模型制作。3D One 软件既具备简单易用的 3D 设计环境，还具有专业级平面草图绘制、积木式图形化编程和 Python 代码编程设计界面，可采用多种方式进行 3D 模型设计，实现“所思即所得”的设计效果。全书共分 5 章，包含 16 个项目，项目案例的选取贴近生活、生动有趣。每个项目均配有软件操作讲解微视频，读者可以扫描书中二维码观看和学习。

本书可作为面向青少年开设创客教育、STEAM 教育、劳动教育、编程教育和人工智能教育的培训教材，也可作为中高职学校的机械工程、材料工程、工业工程、工业设计等相关专业的教材，还可作为 3D 模型设计、工程技术开发等领域的自学读物。

图书在版编目（CIP）数据

3D 创意作品设计与实例/王同聚，丁美荣，朱杨林编著．—北京：中国铁道出版社有限公司，2021.1
（人工智能和 STEAM 教育丛书）
ISBN 978-7-113-27430-6

Ⅰ.①3… Ⅱ.①王… ②丁… ③朱… Ⅲ.①立体印刷－印刷术 Ⅳ.①TS853

中国版本图书馆 CIP 数据核字（2020）第 229545 号

书　　名：3D创意作品设计与实例
作　　者：王同聚　丁美荣　朱杨林

策　　划：唐　旭　　　　编辑部电话：（010）63549501
责任编辑：贾　星　陆慧萍
封面设计：刘　莎
责任校对：焦桂荣
责任印制：樊启鹏

出版发行：中国铁道出版社有限公司（100054，北京市西城区右安门西街 8 号）
网　　址：http://www.tdpress.com/51eds/
印　　刷：北京柏力行彩印有限公司
版　　次：2021 年 1 月第 1 版　2021 年 1 月第 1 次印刷
开　　本：889 mm×1 194 mm　1/16　印张：12.25　字数：217 千
书　　号：ISBN 978-7-113-27430-6
定　　价：56.00 元

做中学、做中创，培养创新能力

——为学习和应用 3D 打印技术的老师和同学而作

2015 年 11 月，国务院印发的《关于积极发挥新消费引领作用加快培育形成新供给新动力的指导意见》中提出“推动三维（3D）打印、机器人、基因工程等产业加快发展，开拓消费新领域。支持可穿戴设备、智能家居、数字媒体等市场前景广阔的新兴消费品发展。”目前，3D 打印技术已在工业造型、机械制造、航空航天、军事、建筑、影视、家电、轻工、医学、考古、文化艺术、雕刻、首饰等领域都得到了广泛应用。

2016 年 6 月，教育部印发的《教育信息化“十三五”规划》中指出“有条件的地区要积极探索信息技术在‘众创空间’、跨学科学习（STEAM 教育）、创客教育等新的教育模式中的应用，着力提升学生的信息素养、创新意识和创新能力。”3D 打印技术在我国开展跨学科学习（STEAM 教育）、创客教育等新的教育模式实践中发挥了重要作用，为学生的学习方式带来新的变革，通过 3D 打印实体的动手体验，可让学生的想象变成现实，达到“所思即所得”的教学效果。学生通过“玩中做、做中学、学中做、做中创”，应用 3D 创意设计和 3D 打印技术通过跨学科融合、动手实践和深度体验，激发了学生跨学科学习和创意“智”造的热情，从而培养学生的空间想象能力、创新思维能力、工程设计能力、计算思维能力、编程设计能力和创意“智”造能力。

2016 年 9 月，《中国学生发展核心素养》发布，其中明确了中国学生发展核心素养是指学生应具备的、能够适应终身发展和社会发展需要的必备品格和关键能力，以培养“全面发展的人”为核心，综合表现为人文底蕴、科学精神、学会学习、健康生活、责任担当、实践创新六大素养。因此，结合我国“立德树人”的教育根本任务和学生“人文底蕴”“科学精神”“责任担当”核心素养的发展要求，本课程以 3D 打印技术为载体，培养学生的创新思维能力、创意设计能力和科学探究能力。从核心素养培养的角度看，教学目标以学生实践创新素养的发展为中心，同时协调发展学生的科学精神、责任担当、人文底蕴、学会学习等核心素养。课程既能体现 STEAM 跨学科的综合特征，注重课程内容与数字化学习工具的深度融合；又能体现学生的创客精神，通过 3D 创意设计建模，用 3D 打印机制造出独一无二的创客发明作品，使用 3D 打印技术进行创新设计和探究性学习，培养学生的自主 3D 建模能力和发展学生核心素养。

2017 年 7 月，国务院印发的《新一代人工智能发展规划》中明确指出“实施全民智能教育项目，在中小学阶段设置人工智能相关课程，逐步推广编程教育，鼓励社会力量参与寓教于乐的编程教学软件、游戏的开发和推广。”可见人工智能进学校、编程教育进课堂已上升为国家战略。目前通过编程设计 3D 打印模型已融入到 3D 设计课程中，通过积木式图形化编程和 Python 编程完成 3D 建模设计，将 3D 模型设计与编程教育紧密相连，把 3D 创意编程与智能硬件进行组合，最后创意“智”造出基于 3D 打印技术的人工智能作品，从而实现 3D 打印技术与人工智能技术的有机融合，为优化技术与多学科知识的融合提供可借鉴的策略和方法。

由王同聚、丁美荣、朱杨林共同编著的人工智能和 STEAM 教育丛书包含《3D 创意作品设计与实例》《3D 打印技术应用与实战》两册，通过项目学习为主线开展学习活动，让学生了解 3D 打印技术、3D 创意设计和 3D 创意编程的基本概念，同时教材提供配套的微课视频讲解，非常适合初学者使用。教材中选取的案例贴近学生生活，符合学生需求，具有实用性、科学性、时代性、创新性等特点。作者采用开展创客教育和 STEAM 教育常用的 3D 打印机和 3D 设计软件作为配套教具。3D 设计软件采用平面草图绘制、积木式图形化编程和 Python 代码编程等完成 3D 建模设计，该软件的学习和使用具有门槛低、容易学、见效快等特点，软件与硬件相结合开展编程教育可培养学生的计算思维、设计思维、工程思维和创新思维能力，让学生手脑并用，激发学生的空间想象能力、创新思维能力和创造设计能力。在教学中引入 STEAM 教育和创客教育理念，教学案例以项目形式呈现，突出了项目学习、体验式学习和个性化学习等特点，能够帮助学生开展项目学习，完成项目目标。

综观两本书，应该是适合学校开展创客教育、STEAM 教育和人工智能教育的实用教材，突出了动手实操、3D 设计建模和编程教育，为一线教师提供了可操作和循序渐进的解决方案，为学生提供创意“智”造的学习范例，相信会得到更多读者的欢迎。

华南师范大学教育信息技术学院　教授　博士生导师

华南师范大学教育技术研究所　所长

李克东

2020 年 12 月 8 日

前言

随着“互联网 +”、云计算、大数据、虚拟现实、人工智能、物联网、5G、区块链等新技术的快速发展，人类社会正从网络时代快速迈向智能时代，知识结构和学习方式发生着巨大的变化。人工智能和 3D 打印技术应用正深入人们的日常生活。3D 打印在教育中的应用已经得到了普遍推广，其教育价值也逐渐凸显，成为培养学生创新意识、创新思维和创新能力的重要载体。3D 打印是一种以 3D 数字模型文件为基础，运用粉末状金属或塑料等可黏合材料，通过逐层打印的方式来创造物体的技术。3D 建模设计和 3D 打印具有“所思即所得”的天然优势，能够将学生的创意变成看得见、摸得着的现实产品，使学生在实践创意的过程中获得体验感和成就感，能有效激发学生的学习兴趣和学习主动性。3D 打印从作品设计、创意、实践到应用创新，整个过程涵盖数学、材料学、物理学、信息技术、艺术设计、软件工程等多个学科的知识，是多学科知识的汇聚和融合，符合当前 STEAM 教育、创客教育和人工智能教育融合理念。

随着教育的深化改革和智能融合，3D 打印技术作为一种新兴的科学技术，在各类学校教育教学活动中正呈现出快速发展的趋势。将 3D 打印与各学科课程建设有机融合，促进人工智能时代创新人才的培养。STEAM 教育是将科学（Science）、技术（Technology）、工程（Engineering）、艺术（Arts）和数学（Mathematics）五个学科相融合，打破学科壁垒，以知识之间的联系作为教学内容组织的原则和依据，基于真实世界中的问题情境开展教学。STEAM

教育具备跨学科、趣味性、体验性、情境性、协作性、设计性、艺术性、实证性和技术增强性等教育教学特征。创客教育以创新人才培养为重要目标、以项目学习为主要形式，是一种技术支持的基于创造的学习。《教育信息化“十三五”规划》要求我们必须以创新为导向，营造创新环境、激发创造精神、鼓励创新思维、培养创新能力、追求创新成果、积极探索创新人才培养的模式创新。国务院印发的《新一代人工智能发展规划》中提出“实施全民智能教育项目，在中小学阶段设置人工智能相关课程，逐步推广编程教育”，3D One 软件既具备简单易用的 3D 设计环境，还具有专业级平面草图绘制、积木式图形化编程和 Python 代码编程设计界面，可采用多种方式进行 3D 模型设计，能够培养学生计算思维、编程思维、设计思维、工程思维和创新思维能力。基于 3D 打印技术的项目式学习，能让学生通过主动探索、动手实践、创新设计、跨界融合、问题导向、活动探究、项目体验等获取新知识，在“玩”和“做”的过程中学习新知识，并在“做”和“学”的过程中得到升华和创新，进而把创意变为现实产品，实现“玩中做”“做中学”“学中做”“做中创”的目标，实现 STEAM 多学科知识融合实践育人目标。通过创客学习，在实践中体验、在探索中创新，将跨学科知识进行内化吸收，让学生在项目学习和活动体验中发现问题、分析问题和解决问题，最终达到培养具有创新意识、创新能力和创新思维的创新型人才。

本套丛书的编写以习近平新时代中国特色社会主义思想为指导，全面深入贯彻党的十九大报告精神，坚持立德树人，根据青少年的认知规律、关键能力培养规律和人才成长规律，根据教育部印发的相关文件中所涉及的 3D 打印技术应用知识点，设计本套丛书的知识结构和应用案例，引入 STEAM 教育和创客教育理念，突出其项目学习、体验式学习和个性化学习等创客学习的优势，激发学生的创造力和想象力，为发展学生的核心素养助力。

本套人工智能和 STEAM 教育丛书包含《3D 打印技术应用与实战》《3D 创意作品设计与实例》两册，引导学生围绕“情景导入→项目主题

→项目目标→项目探究→问题→构思设计→项目实施→实践→成果交流→思考→活动评价→知识拓展”等项目学习主线开展学习活动，理解 3D 打印应用、3D 创意设计和 3D 创意编程的基本概念，掌握 3D 打印机、3D 打印笔、3D 激光雕刻（打标）、3D 扫描仪、3D One 创意设计、平面草图绘制、积木式图形化编程和 Python 代码编程等基本方法，开展互动交流、成果展示、作品评价等实践活动，从而将知识建构、技能培养与思维发展融入到解决问题和完成任务的过程中，既能培养学生掌握 3D 打印硬件实操技术，又能帮助学生提高利用计算机软件工具进行创意设计和创意编程的技能，能有效地培养一批具有跨界融合、创新意识、创新精神和创新能力，适应人工智能时代发展的复合型创新人才。

本书主要包括 3D 建模设计基础知识、3D 建模创意设计入门、3D 建模创意设计进阶、3D 建模创意设计实战、3D 建模创意设计编程五章内容。每章以项目形式进行学习，结合现实生活中常见的事物作为案例，运用平面草图绘制、积木式图形化编程和 Python 代码编程等多种形式开展 3D 创意设计。案例设计使用 3D One 设计软件进行呈现与实践实现，全书图文并茂、语言简洁精练，内容从基础知识到综合创新，层次分明。讲解过程中配有大量关键实践操作图片，力图让学生快速掌握 3D 创意设计基础知识和实操技能。书中的 3D 建模创意设计以学生为中心，能让学生在学习过程中体会到更多的学习乐趣，能有效激发学生学习的内在驱动力，便于学生在学习过程中体验完整的 3D 创意设计的操作过程，获得直接的实践操作经验，培养学生思考、探索和动手的能力。主要表现为以下几个方面：

（1）结合创客教育和 STEAM 教育的理念，采用项目式学习，选择与学生学习、生活比较贴近的实际案例进行 3D 创意实践，实现学习者“所思即所得”的愿望。让学习者在掌握技能的同时，能有效地学习科学、技术、工程、数学、艺术等多学科的基础知识，提高多学科知识整合应用和融合创新能力。

（2）学习应用简易 3D 设计软件进行平面草图绘制、积木式图形化

编程和 Python 代码编程，发展立体空间思维，完成项目设计；体验利用数字技术进行 3D 创意设计的基本过程与方法。

本书可作为面向青少年开设创客教育、STEAM 教育、劳动教育、编程教育和人工智能教育的培训教程，也可作为中高职学校的机械工程、材料工程、工业工程、工业设计等相关专业的教材，还可作为 3D 模型设计、工程技术开发等领域的自学读物。

本书由王同聚、丁美荣、朱杨林编著，谢晶晶、叶黄顺参加本书图片和视频素材的收集与制作。在此特别感谢华南师范大学教育信息技术学院博士生导师、华南师范大学教育技术研究所所长李克东教授为本书作序！感谢中国铁道出版社有限公司的编辑们所付出的辛勤劳动。感谢广东省 3D 打印产业创新联盟和文搏智能提供演示样机，感谢广州中望龙腾软件股份有限公司提供软件平台和技术支持。

由于编者水平所限，书中难免存在不足之处，欢迎广大读者批评指正。

编著者

2020 年 8 月

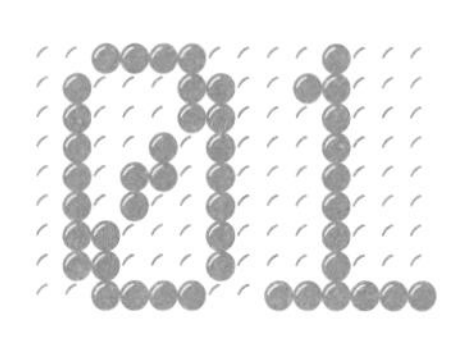

第一章

3D 建模设计基础知识 1

项目一 认识 3D 设计软件 /2

项目二 六面体的 3D 建模 /9

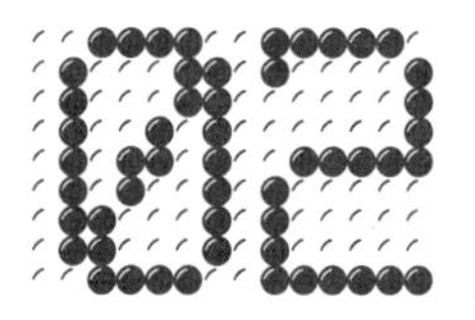

第二章

3D 建模创意设计入门 15

项目一 简易笔筒 /16

项目二 时尚茶杯 /22

项目三 个性印章 /30

项目四 包装礼盒 /38

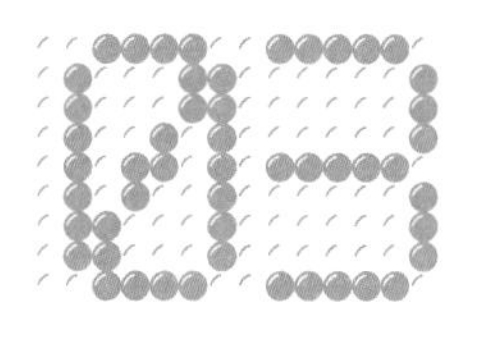

第三章

3D 建模创意设计进阶 47

项目一 六星挂饰 /48

项目二 旋转花瓶 /57

项目三 火箭模型 /65

项目四 日用茶壶 /77

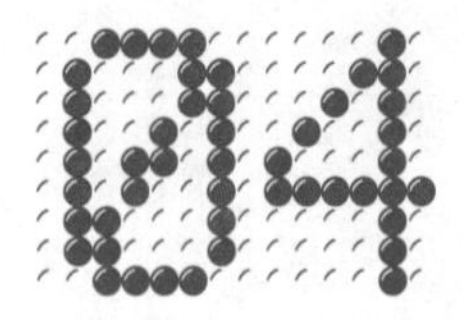

第四章

3D 建模创意设计实战 93

项目一 地标建筑 /94

项目二 交通工具 /112

项目三 吹奏乐器 /133

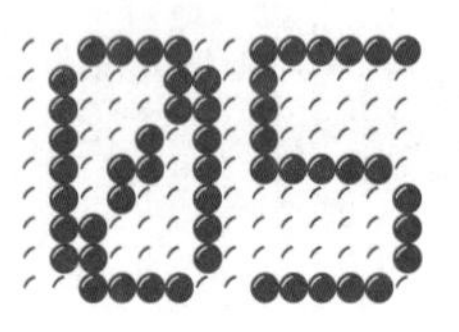

第五章

3D 建模创意设计编程 155

项目一 认识 3D 建模编程软件 /156

项目二 正方体 3D 建模编程 /162

项目三 智能风车 3D 建模编程 /171

参考文献 183

第一章　3D 建模设计基础知识

3D 设计又称三维设计，是以新一代数字化、虚拟化、智能化设计平台为基础，建立在平面和二维设计的基础上，让设计目标更立体化、形象化的一种新兴设计方法。

通过本章的学习，同学们将初步了解 3D 设计知识，包括“什么是 3D 设计、3D 设计的现状、3D 设计的发展趋势、3D 设计对社会各行业的影响、3D 设计的工具”等一系列内容。最后学习 3D One 设计软件，通过设计一个简单的 3D 模型认识 3D 设计软件的基本使用方法。

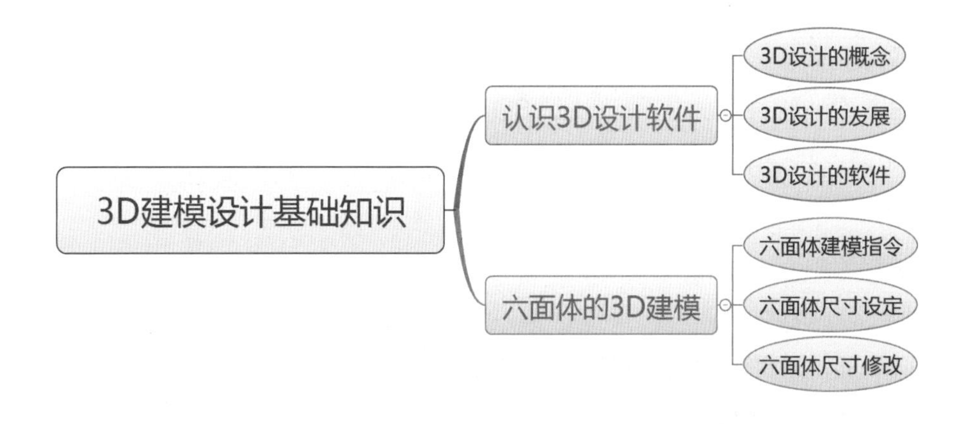

项目一　认识 3D 设计软件

情景导入

设计是围绕某一目的而展开的计划方案或设计方案，是思维、创造的动态过程，其结果最终以某种符号（例如 3D 模型）表达出来。人类通过设计改造世界，创造文明，创造物质财富和精神财富，其中最基础、最主要的创造活动是造物。3D 设计的主要任务就是造型，即将设计对象通过艺术的形式物化为结构模型。用 3D 设计软件设计的 3D 模型如图 1-1-1 所示。

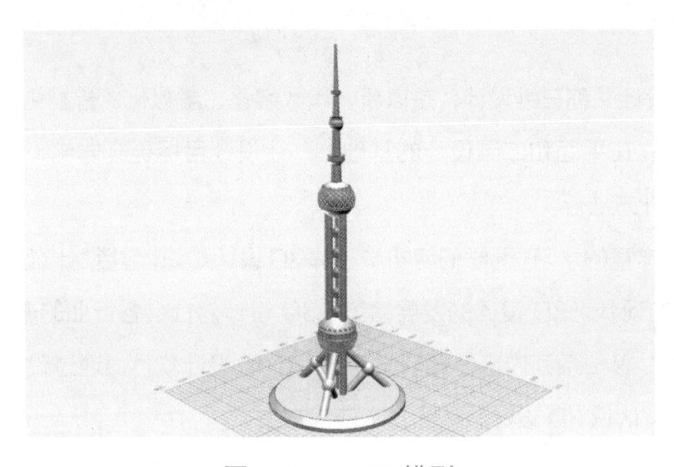

图 1-1-1　3D 模型

项目主题

以“3D 设计软件”为主题，认识 3D 设计，了解 3D 设计的现状和趋势、3D 设计软件等知识，并使用 3D 设计软件 3D One 进行简单操作。

项目目标

- ◆ 认识 3D 设计。
- ◆ 了解 3D 设计的现状和趋势。
- ◆ 认识 3D 设计软件 3D One。

项目探究

根据项目目标要求，开展“认识 3D 设计软件”项目学习探究活动，如表 1-1-1 所示。

表 1-1-1 “认识 3D 设计软件”项目探究

探究活动	项目探究内容	知识技能
认识 3D 设计软件	3D 设计的概念	认识 3D 设计的意义
	现状和发展趋势	了解 3D 设计的现状和发展趋势
	3D 设计软件	了解 3D 设计软件 3D One 及其特点

1. 了解 3D 设计的概念

（1）3D：也指三维，是在平面二维系中又加入了与二维平面垂直方向信息构成的空间坐标系。三维由虚拟空间坐标轴的三个轴，即 X 轴、Y 轴、Z 轴形成视觉立体感，这个立体感就是 3D 的基础空间，其中 X 表示左右空间，Y 表示前后空间，Z 表示上下空间，建立空间直角坐标系，如图 1-1-2 所示。

（2）设计：设计是把一种设想通过合理的规划、周密的计划、各种感觉形式传达出来的过程。人类通过劳动改造世界，创造文明，创造物质财富和精神财富，而最基础、最主要的创造活动是造物。设计便是对造物活动进行预先的计划，可以把任何造物活动的计划技术和计划过程理解为设计。

（3）3D 设计：可以简单描述为，在计算机虚拟化三维场景中进行三维物体的设计；3D 设计区别于现实物体的制作，它是以数字化、虚拟化的形式将物体在计算机营造的三维空间内部进行体现，平衡鸟 3D 设计模型如图 1-1-3 所示。

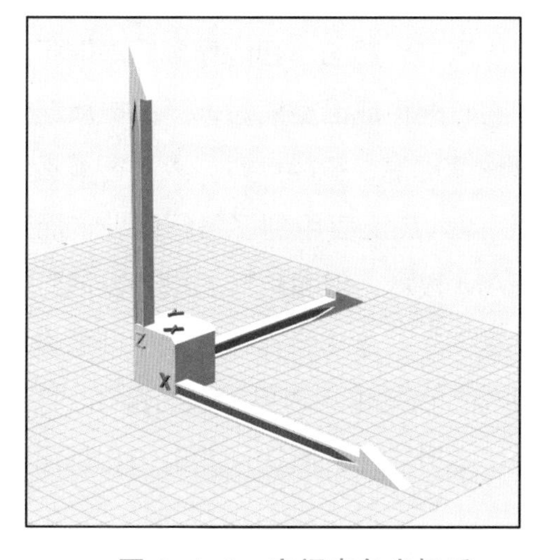

图 1-1-2　空间直角坐标系

图 1-1-3　平衡鸟 3D 设计模型

2. 了解3D设计的发展

（1）现状：近年来，随着计算机技术在各个领域中的应用，涌现出了一大批新型技术，而3D设计技术在这些新型技术当中脱颖而出。3D设计通过三维设计软件，能够将设计者所想象出的元件模型生动逼真地在计算机上呈现出来，从而使作品生产能依据3D模型作为指导基础进行制作，大大提高了作品的自身性能。3D设计技术在工程设计和产品设计领域中得到了非常广泛的应用，并且发挥出不可替代的作用，产品设计图形如图1-1-4所示；三维动画的运用更可以说无处不在，如网页、建筑效果图、电视栏目、电影、科研、计算机游戏等，三维动画的基础就是3D模型，通过3D设计动画模型的建造，最终形成三维动画效果，3D场景设计如图1-1-5所示。

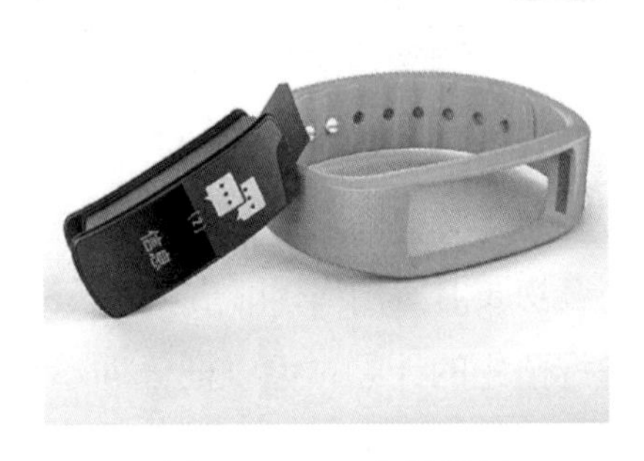

图1-1-4　产品设计

图1-1-5　3D场景设计

（2）发展趋势：在当前设计、制造业全球化协作分工的大背景下，我国企业广泛且深入地应用3D设计技术进行产品开发创新，同时各大高校和社会培训机构也加大了3D创新设计方面的教育。3D设计普及化是必然趋势，涉及的行业无论是锅、碗、瓢、盆等日常消费品行业，或者是航空、航天、汽车、船舶、智能穿戴等高端行业，在3D设计的辅助下，产品由概念转变为现实的时间将成倍地缩短，产品更新迭代的速度成倍地提升，最终推动国家整体创新水平快速提高，智能穿戴、人工智能设计模型如图1-1-6、图1-1-7所示。3D设计不仅深入广泛应用到了各行各业，而且融入了教育领域，推进了设计与3D打印、STEAM教育、创客教育的融合发展，将会给STEAM教育和创客教育带来前所未有的“变革”。学生亲自在课堂中创意设计的地理模型、科学实验研究模型、仪器设备零部件、日常生活物品等，结合3D打印技术进行快速造物，感知由创意到现实的全过程，提升学生的解决问题能力和创意智造能力。

图 1-1-6　智能穿戴设计模型

图 1-1-7　人工智能设计模型

3. 认识 3D 设计的软件

（1）常用的 3D 设计软件。

3D 设计软件是以计算机三维虚拟空间为基础，在三维虚拟环境中进行 3D 图形设计和显示的软件；3D 设计软件种类繁多，常见的有 3D One、3D Max、SolidWorks、Pro/E 等。不同的 3D 设计软件专注于不同的领域，例如 SolidWorks、Pro/E 应用于工业结构设计，3D Max 则应用于影视、动画方面，而 3D One 主要应用于青少年年龄段的 3D 创意设计。

（2）3D 设计软件 3D One。

① 3D One 是我国首款青少年 3D 创意设计软件，通过智能和简易的 3D 设计功能，启发青少年的创新思维能力，让使用者的创意轻松实现；软件具备简单易用的程序环境，支持专业级的涂鸦式平面草图绘制，既可用鼠标拖动的方式绘制 3D 实体模型，也可以通过积木式图形化编程和 Python 代码编程实现 3D 模型的设计，学习者容易上手，可实现“所思即所得”的设计效果；软件内部通过嵌入社区网站，可实现下载 3D 打印模型，以及将设计的模型输入 3D 打印机进行 3D 作品一键打印制作；结合丰富的课程资源以及社区互动，成为青少年开展创客教育、STEAM 教育、编程教育和劳动教育等课程简单易用的 3D 设计工具。3D One 教育版软件下载地址：https://www.i3done.com/online/download.html。

② 3D One 设计软件的操作界面，如图 1-1-8 所示，了解各组成部分的功能和操作技巧，在后面的设计学习中就会变得轻松自如。

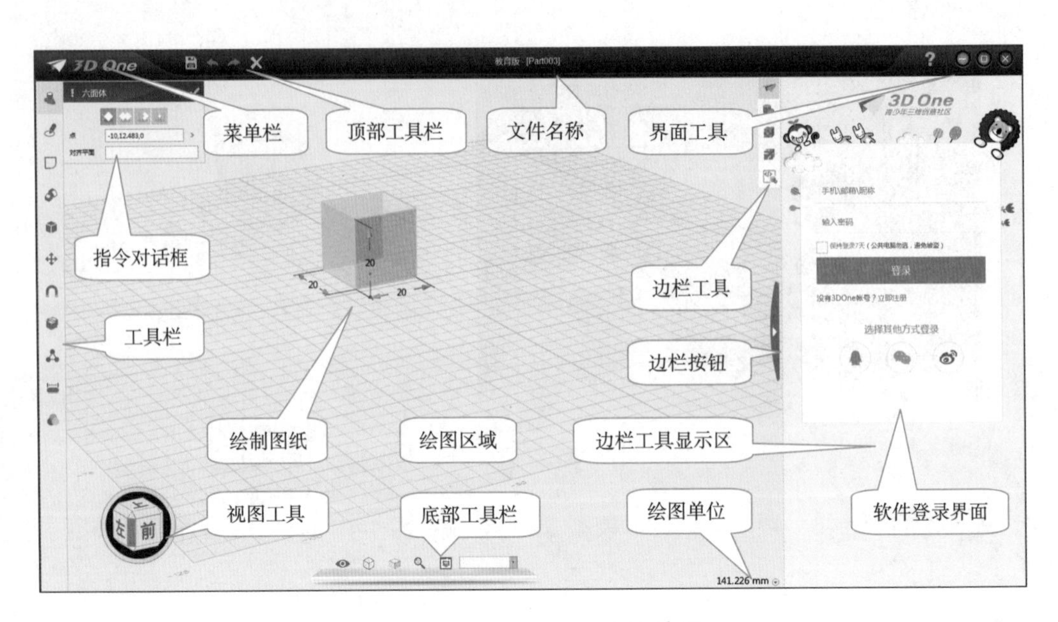

图 1-1-8　3D One 设计软件界面

③ 3D One 设计软件鼠标键盘基本操作，如表 1-1-2 所示。

表 1-1-2　鼠标键盘基本操作

基本操作	作　用	基本操作	作　用	基本操作	作　用
鼠标左键	选择 / 调用指令	Esc	取消指令	Ctrl+U	左前视角
鼠标右键	旋转	Ctrl+S	另存为	F8	过滤器列表切换
鼠标中键	长按拖动界面平移	Ctrl+A/L	最大化界面	F12	对齐上视图
鼠标中键	单击重复指令	Ctrl+D	尺寸显示修改	Delete	删除
鼠标滚轮	放大缩小	Ctrl+F	线框模式切换	✚	小角度旋转视图
鼠标左键+Ctrl	拖动实体复制	Ctrl+I	前上右视图	Ctrl+ ✚	上前左右视图
Ctrl+C/V	复制 / 粘贴	Ctrl+N	新建模型		
Ctrl+Z/Y	撤销 / 恢复	Ctrl+O	打开模型		

④ 3D One 设计软件绘制工具指令，如表 1-1-3 所示。

表 1-1-3　3D One 设计软件绘制工具指令

图标	名称	功　能
	基本实体	绘制六面体、球体、圆环体等基本实体
	草图绘制	绘制直线、曲线、文字等基本草图
	草图编辑	编辑绘制草图，倒角、修剪、延伸、偏移等
	特征造型	草图 / 实体编辑，拉伸、旋转、倒角、拔模等
	特殊功能	实体编辑，抽壳、扭曲、浮雕、分割、投影等
	基本编辑	实体编辑，移动、缩放、镜像、对齐、雕刻等
	自动吸附	实体编辑，实体居中吸附
	组合编辑	实体编辑，加运算、减运算、交运算等
	组	组编辑，成组、炸开组、炸开所有组等
	距离测量	点到点距离测量
	颜色	模型颜色渲染
	视图选择	工作界面视图选择
	查看视图	视图选择，自动对齐视图、对齐方向视图
	渲染模式	显示模式，线框模式、着色模式、在着色模式下显示边
	显示 / 隐藏	实体与界面的显示 / 隐藏、锁定 / 解锁实体、隐藏文字提示
	整图缩放	绘制实体放大
	三维打印	打印机链接
	过滤器列表	过滤选择模型类型
	右侧隐藏栏	社区管理、模型库、贴图渲染、电子件管理、趣味编程

实　践

同学们以小组为单位，参照上述 3D One 软件界面和操作工具按钮的介绍，打开 3D One 设计软件，快速了解 3D One 设计软件的操作指令。

成果交流

各小组运用数字可视化工具，根据所学的知识制作思维导图或 PPT，分别在小组和全班进行分享、讨论。

思　考

通过 3D One 设计软件的学习，掌握软件的基本操作后，请同学们思考一下，3D 模型如何绘制？结合工具栏基本实体工具，尝试绘制一些生活中常见的几何体。

活动评价

完成“3D 设计入门”知识学习，请同学们根据表 1-1-4，对项目学习效果进行评价。

表 1-1-4　活动评价表

评价内容	个人评价	小组评价	教师评价
认识什么是 3D 设计、3D 设计的现状和发展趋势	□优 □良 □一般	□优 □良 □一般	□优 □良 □一般
认识 3D 设计软件 3D One	□优 □良 □一般	□优 □良 □一般	□优 □良 □一般

项目二　六面体的 3D 建模

情景导入

3D One 设计软件具备智能和简易的 3D 设计功能，可以让使用者轻松实现创意，本项目将通过简单的案例，初步学习使用 3D One 设计软件绘制固定尺寸的几何体，如图 1-2-1 所示。

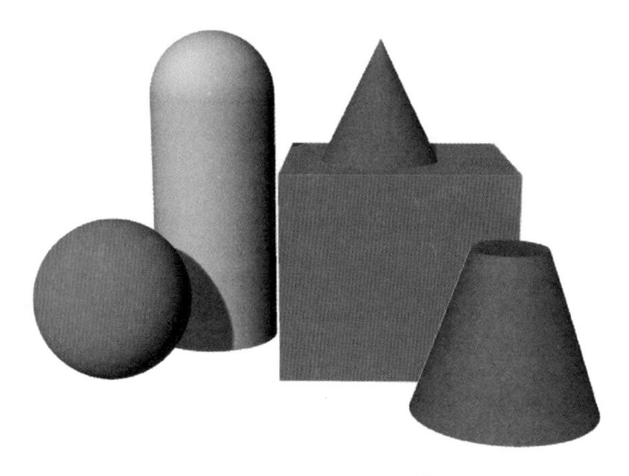

图 1-2-1　几何体

项目主题

以“六面体的 3D 建模”为主题，利用互联网收集几何体的相关资料，了解和分析几何体的形状、结构、大小等知识。应用 3D One 设计软件绘制固定尺寸的六面体，在六面体绘制过程中，掌握软件基本操作命令和 3D 建模设计的基础知识。

3D One 设计软件绘制六面体视频介绍

项目目标

◆ 掌握几何体指令的基本运用。

◆ 掌握几何体尺寸的输入与绘制。

◆ 掌握对已绘制几何体尺寸进行查看与修改。

项目探究

根据项目目标要求，开展“六面体的3D建模”项目学习探究活动，如表1–2–1所示。

表 1–2–1　“六面体的 3D 建模”项目探究

探究活动	项目探究内容	知识技能
六面体的3D 建模	六面体指令使用	掌握六面体和几何体指令的使用
	六面体尺寸确定	掌握六面体和几何体尺寸的输入
	六面体尺寸修改	掌握六面体和几何体尺寸的修改

问　　题

◆ 常见几何体有什么形状?

◆ 如何运用几何体指令绘制不同形状和大小的几何体?

◆ 完成绘制的几何体能否修改大小?

构思设计

使用 3D One 软件绘制六面体，需要用到基本实体以及基本实体指令的下一级功能菜单，六面体指令、六面体模型的尺寸绘制与修改，需要结合绘制过程指令对话框以及绘图区域模型尺寸输入进行操作。

项目实施

1. 六面体建模指令

将鼠标指针放于基本实体工具栏，自动弹出基本实体的下一级功能菜单，菜单包含了六面体、球体、圆环体、圆柱体、圆锥体、椭球体等多个指令，如图 1–2–2 所示；单击六面体，弹出“六面体”指令对话框，鼠标指针移动至绘图区任意位置，出现默认尺寸的六面体，如图 1-2-3 所示；单击确定六面体绘制中心点，如图 1-2-4 所示。

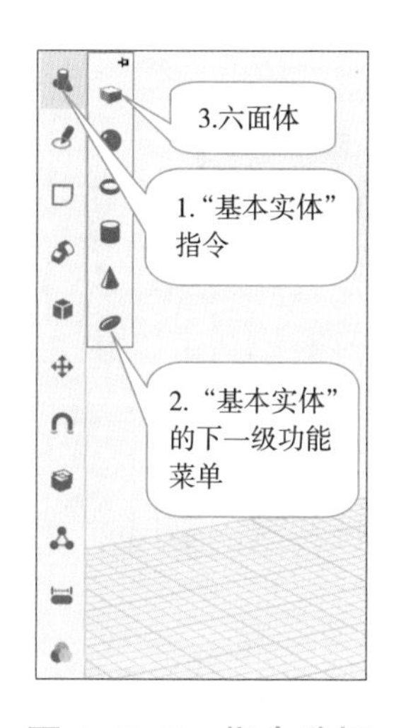

图 1-2-2　指令选择

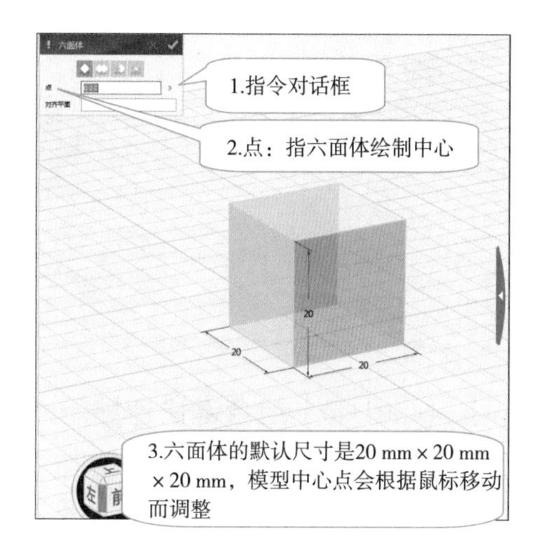

图 1-2-3　六面体绘制

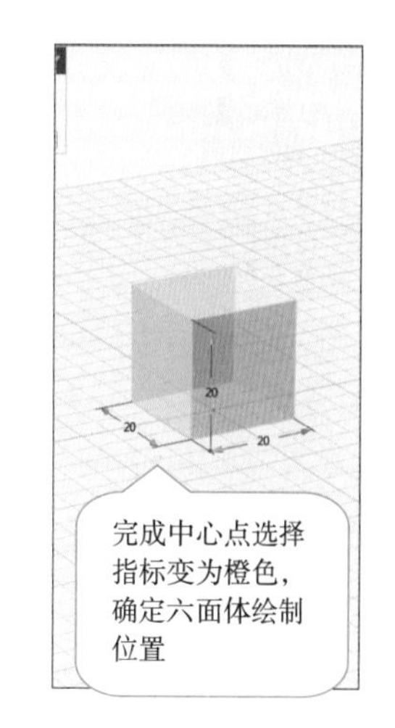

图 1-2-4　中心点确定

2. 六面体尺寸设定

（1）尺寸编辑：按住左键拖动箭头可快速调整六面体数值尺寸，如图 1-2-5 所示；或者，单击六面体尺寸数值，在弹出的数值输入框中，输入六面体数值尺寸为 40 mm，按【Enter】键确定输入，完成修改，如图 1-2-6 所示。

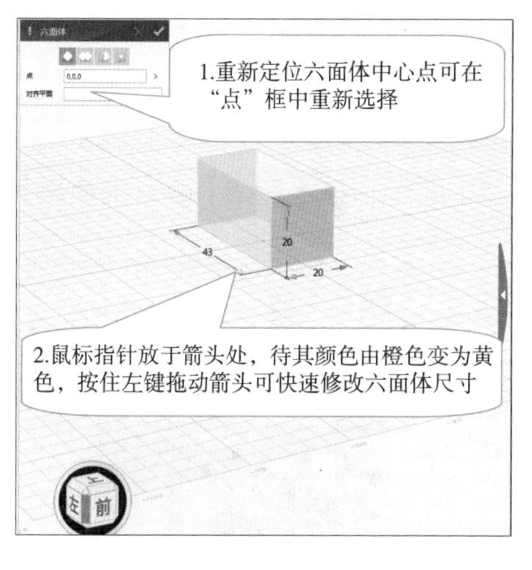

图 1-2-5　拖动调整尺寸

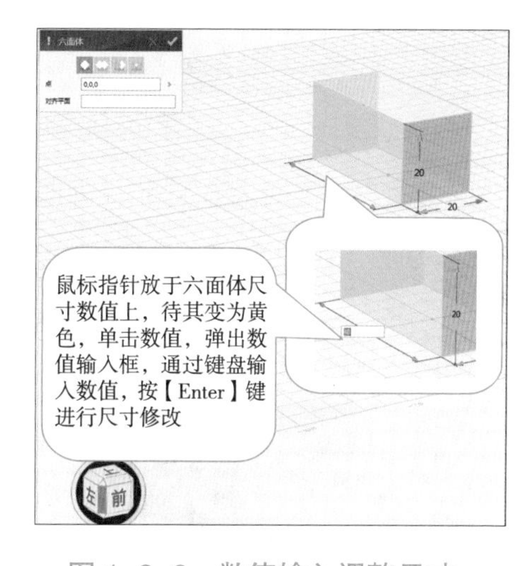

图 1-2-6　数值输入调整尺寸

（2）尺寸确定：单击六面体尺寸数值，分别输入长为 50 mm、宽为 40 mm、高为 30 mm，单击“六面体”指令对话框 ✓ 完成六面体绘制，如图 1-2-7 所示；六面体 3D 模型如图 1-2-8 所示。

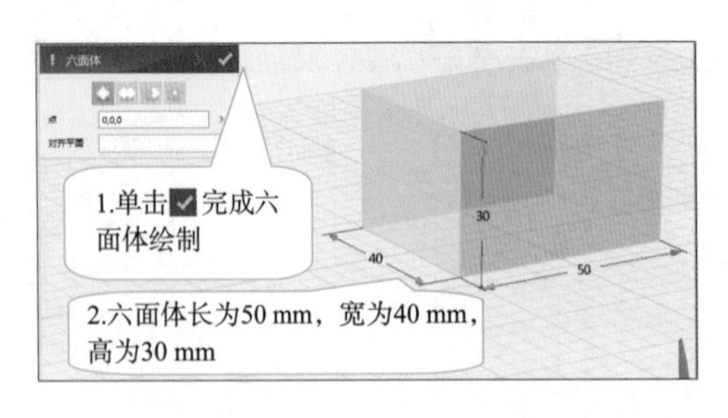

图 1–2–7　尺寸确定

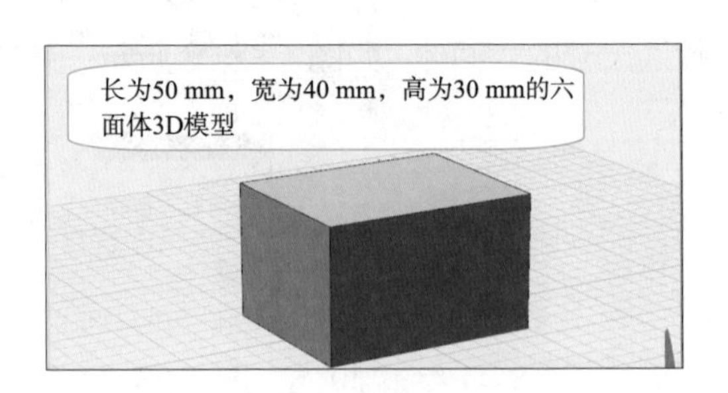

图 1–2–8　六面体 3D 模型

3. 六面体尺寸修改

（1）键盘指令操作，按【Ctrl+D】组合键快速显示六面体长、宽、高尺寸，如图 1–2–9 所示。

（2）尺寸修改：双击尺寸标注，在弹出的尺寸修改对话框中，修改标注数值为 60 mm，按【Enter】键确定输入，或者单击“确定”按钮完成尺寸修改，如图 1–2–10 所示。

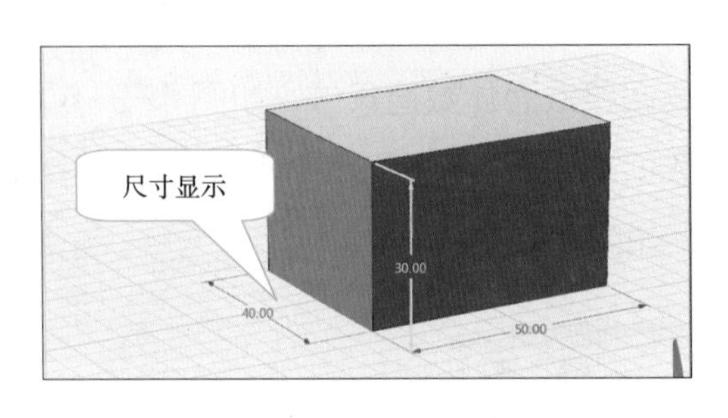

图 1–2–9　尺寸显示

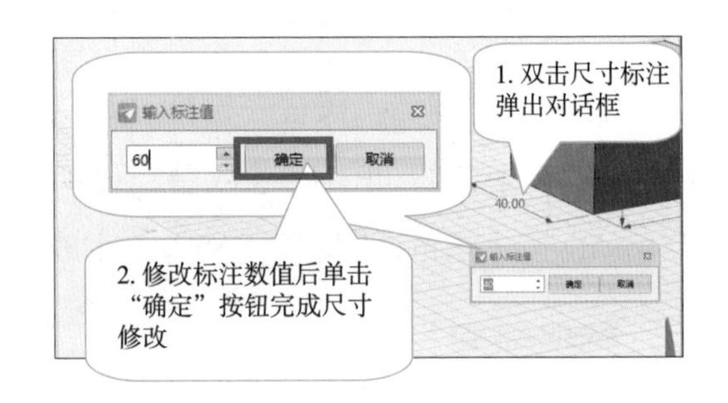

图 1–2–10　尺寸修改

（3）这时尺寸修改为 60 mm，如图 1–2–11 所示；按【Esc】键退出查看尺寸，完成六面体绘制，如图 1–2–12 所示。

图 1–2–11 完成修改

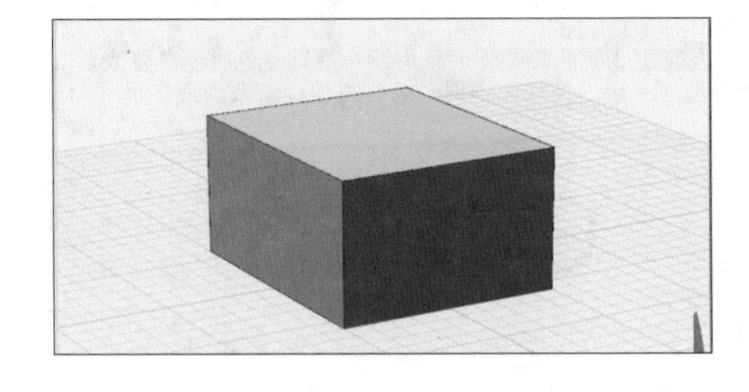

图 1–2–12 完成绘制

实　践

同学们以小组为单位，根据表 1–2–2 中列出的不同类型的几何体，按照尺寸需求，参照六面体的绘制方法，自主完成各种几何体学习绘制（注意直径与半径的尺寸区别）。

表 1–2–2　几何体建模实践表

类　型	尺寸（单位：mm）
六面体	长 50，宽 40，高 30
球体	球体 1：直径 60；球体 2：半径 20
圆环体	圆直径 70，环直径 5
圆柱体	直径 50，高 80
圆锥体	直径 55，高 65
圆台体	底直径 55，顶直径 30，高 65
椭球体	长直径 60，宽直径 30，高直径 30

成果交流

各小组运用数字可视化工具，归纳所学知识，分别在小组和全班进行分享、讨论。

思　考

通过六面体的建模，掌握所学的几何体指令后，思考几何体和其他的物品形状有什么联系，能否通过简单的几何体绘制使其变为一个有用的物品。

活动评价

完成“六面体建模”的学习后，请同学们根据表 1–2–3 对项目学习效果进行评价。

表 1–2–3　活动评价表

评价内容	个人评价	小组评价	教师评价
掌握了六面体指令的运用	□优 □良 □一般	□优 □良 □一般	□优 □良 □一般
掌握了六面体尺寸的输入	□优 □良 □一般	□优 □良 □一般	□优 □良 □一般
掌握了对已绘制几何体的尺寸进行查看与修改	□优 □良 □一般	□优 □良 □一般	□优 □良 □一般
能够与同学们交流和分享自己的设计经验	□优 □良 □一般	□优 □良 □一般	□优 □良 □一般

3D 打印实现

同学们学习了 3D One 设计软件的简单操作，以及运用 3D One 软件绘制简单的几何体造型。软件绘制的几何体是以数字格式的虚拟模型存在于计算机中，如何将计算机里的虚拟模型呈现在我们现实生活中呢?

这就需要借助一种神奇的制造工具——3D 打印机，如图 1-2-13、图 1-2-14 所示。3D 打印（Three-Dimensional Printing，3DP）是快速成型技术的一种，它是一种以数字模型文件为基础，运用粉末状金属或塑料等可黏合材料，通过逐层打印的方式来构造物体的技术。运用 3D 打印技术，可以快速地将存在于计算机中的虚拟 3D 数字作品在现实中呈现出来。

图 1-2-13　3D 打印 / 激光雕刻 / 打标多功能打印机

图 1-2-14　桌面型 3D 打印机

第二章 3D 建模创意设计入门

同学们在第一章学习了 3D 设计软件的基础知识，并以 3D One 设计软件为例，设计一个简单的 3D 几何图形，初步尝试 3D 设计工具的使用，为本章 3D 设计软件的学习打下了基础。

本章内容基于 STEAM 教育理念，开展自主学习、协作学习和探究式项目学习活动；同学们将以日常生活和学习中常见的物品为例，由易到难进行项目学习，内容包括“简易笔筒”“时尚茶杯”“个性印章”“包装礼盒”等 4 个项目，在项目的设计和制作过程中，学会包括 3D One 设计软件各种指令的基本操作、3D 设计流程与技巧等，最终完成项目学习目标。

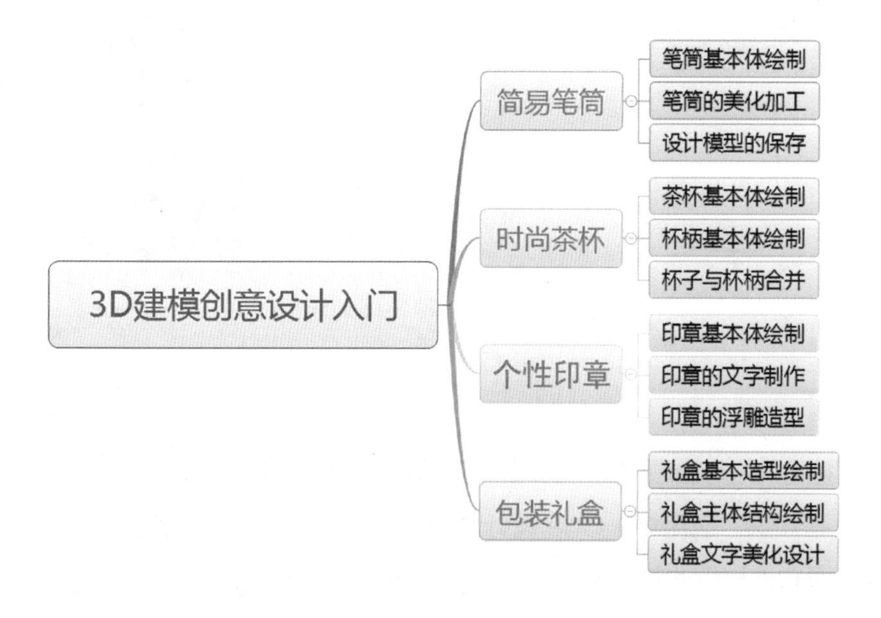

项目一　简易笔筒

情景导入

笔筒是中国古代除了笔、墨、纸、砚以外最重要的文房用具之一，也是古今文人书案上的常设物品。笔筒一般呈筒状，形态各异、材质多样，如图 2-1-1 所示。国庆节快到了，小明同学想着送一些简单实用又有创意的礼物给自己的同学、教师和家长，看到学校的创客空间购买了一批 3D 打印机，马上灵机一动，如果自己亲手设计，并且用 3D 打印机打印制造一些简易笔筒作为礼物应该更有意义。为此，小明马上和同学讨论如何用 3D One 设计软件设计一个笔筒。

图 2-1-1　各种各样的笔筒

项目主题

以“简易笔筒”为主题，利用互联网收集笔筒的相关资料，了解和分析笔筒的形状、结构、大小等知识。应用 3D One 设计软件设计一款简易、精致的笔筒，在笔筒设计过程中，掌握软件指令的基本操作和 3D 建模设计的基础知识。

“简易笔筒”的建模设计视频介绍

项目目标

◆ 掌握六面体、抽壳、倒角、圆角、保存等指令的使用。

◆ 掌握 3D 设计流程（构思设计 – 尺寸分析 –3D 建模 – 作品保存）。

项目探究

根据项目目标要求，开展“简易笔筒”项目学习探究活动，如表 2–1–1 所示。

表 2–1–1　“简易笔筒”项目探究

探究活动	项目探究内容	知识技能
简易笔筒建模设计	绘制笔筒基本外形	掌握六面体和抽壳指令的使用
	美化笔筒外形	掌握倒角和圆角指令的使用
	保存笔筒模型文件	掌握保存和导出指令的使用

问　　题

◆ 常见的笔筒有什么形状和造型？你认为笔筒还可以做成什么形状的造型？

◆ 笔筒一般用什么材质制作而成？用 3D 打印制作笔筒有哪些好处？

◆ 设计一个简易笔筒需要运用 3D One 软件的哪些指令？

构思设计

使用 3D One 软件设计一个简易笔筒，形状结构为方形筒状（构思设计），大小尺寸为长 80 mm × 宽 60 mm × 高 100 mm，尺寸满足现实中大多数笔的收纳需要（尺寸分析），设计过程需要用到六面体、抽壳、倒角、圆角、文件保存、文件导出等几个命令（3D 建模），每个命令都有相对应的图标进行操作。

1．笔筒基本体绘制

（1）单击基本实体→六面体：打开“六面体”指令对话框，在“点”框中输入（0,0,0），按【Enter】键确定输入，选择（0,0,0）原点绘制六面体，单击尺寸数值输入长为 80 mm，宽为 60 mm，高为 100 mm，如图 2-1-2 所示；单击完成六面体绘制，如图 2-1-3 所示。

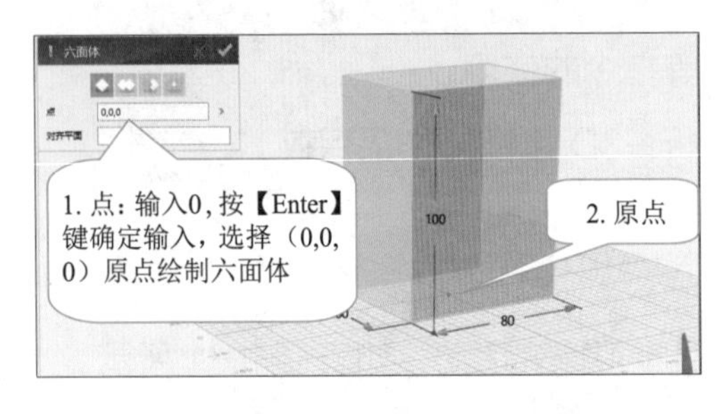

图 2-1-2　六面体绘制

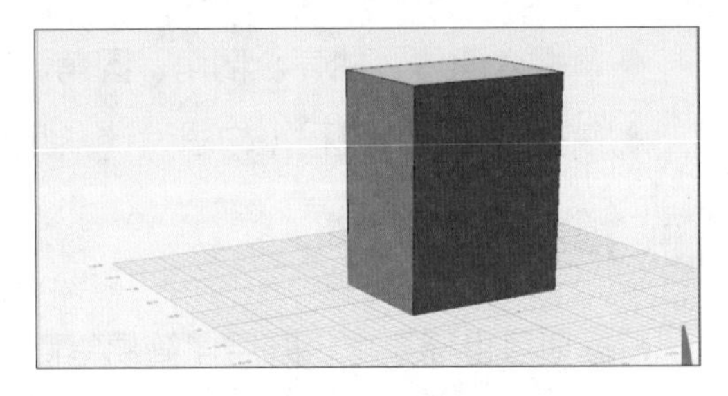

图 2-1-3　六面体

（2）单击特殊功能→抽壳：打开“抽壳”指令对话框，如图 2-1-4 所示；“造型”选择六面体，“厚度”输入 -3 mm，按【Enter】键确定输入，“开放面”选择六面体顶面进行抽壳操作，如图 2-1-5 所示；单击完成六面体抽壳绘制，形成笔筒造型，如图 2-1-6 所示。

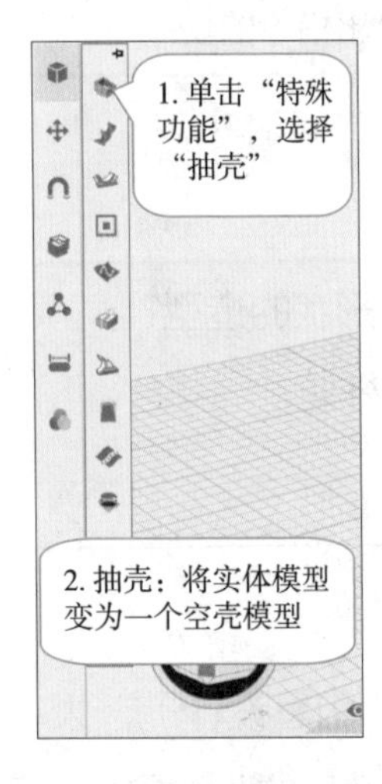

图 2-1-4　指令选择

图 2-1-5　抽壳绘制

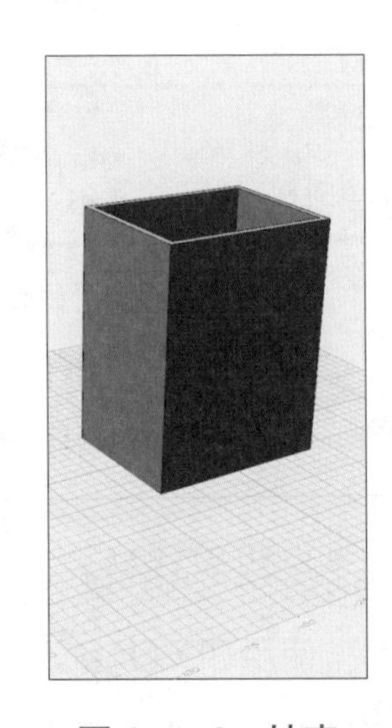

图 2-1-6　抽壳

2．笔筒的美化加工

（1）单击特征造型→倒角，打开“倒角”指令对话框，如图 2-1-7 所示；选择笔筒四周边缘进行倒角操作，单击倒角数值，在数值输入框中，输入倒角边缘为 5 mm，如图 2-1-8 所示；单击完成笔筒倒角绘制，形成笔筒的美化造型效果，如图 2-1-9 所示。

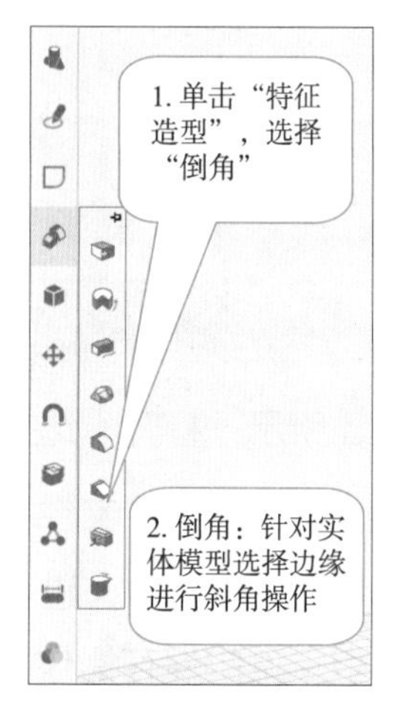

图 2-1-7　指令选择

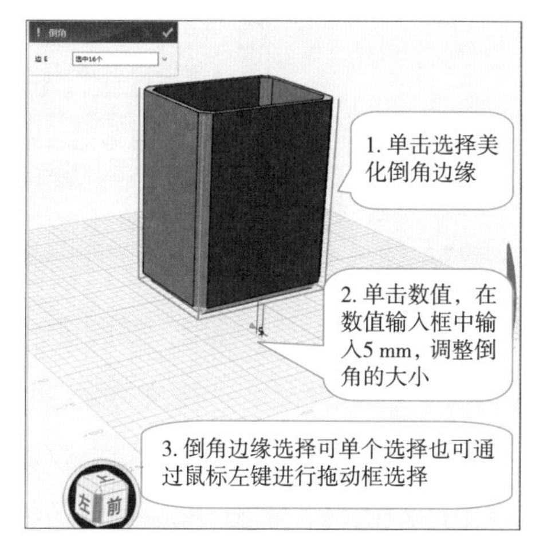

图 2-1-8　倒角绘制

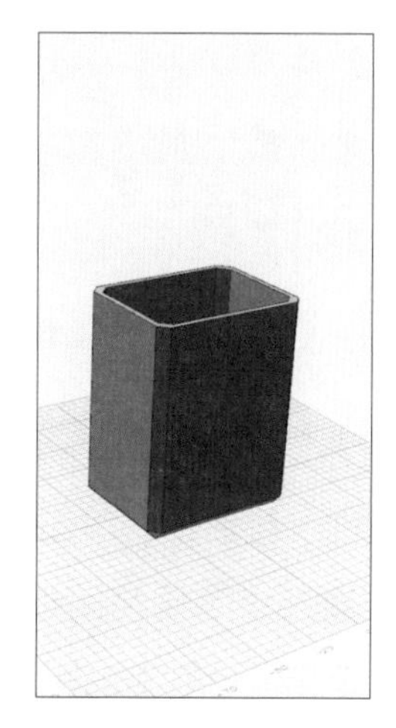

图 2-1-9　倒角

（2）单击特征造型→圆角，打开“圆角”指令对话框，如图 2-1-10 所示；选择笔筒所有边缘进行圆角操作，单击圆角数值，在数值输入框中，修改数值尺寸为 1 mm，按【Enter】键确定输入，修改倒角边缘，如图 2-1-11 所示；单击完成笔筒圆角绘制，形成笔筒的边角圆滑效果，完成简易笔筒的设计建模，如图 2-1-12 所示。

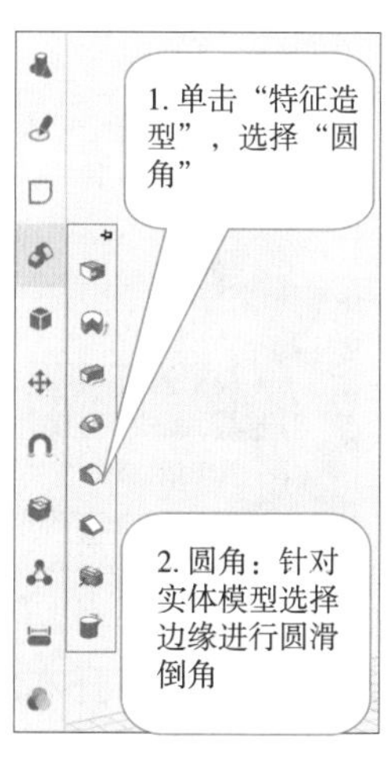

图 2-1-10　指令选择

图 2-1-11　圆角绘制

图 2-1-12　圆角

3．设计模型的保存

（1）单击顶部工具栏中的保存，如图 2-1-13 所示；在弹出的“另存为”对话框中，单击“保存在”右侧的▾，选择文件保存位置为桌面，在“文件名”框中输入“简易笔筒设计”，单击保存(S)完成 3D 源文件保存操作，如图 2-1-14 所示。

图 2-1-13　保存

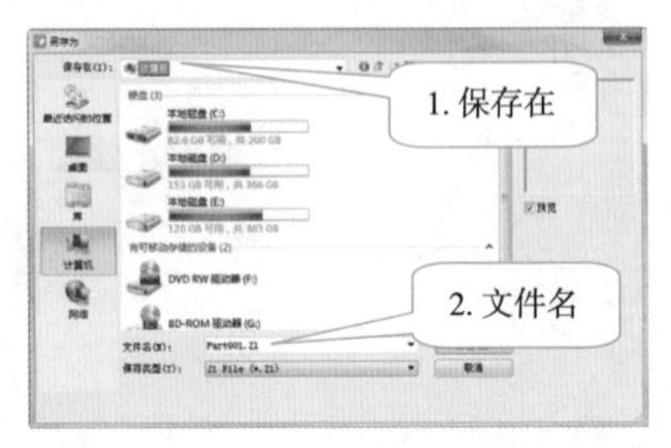

图 2-1-14　保存操作

（2）单击3D One菜单栏→导出...导出，如图 2-1-15 所示；打开“选择输出文件”对话框，单击“保存在”右侧的▾，选择文件保存位置为桌面，在“文件名”框中输入“简易笔筒设计”，其他类型文件保存可通过“保存类型”右侧的▾进行切换，单击保存(S)，弹出文件生成对话框，单击确定完成各种类型文件的保存操作，如图 2-1-16 所示；完成设计后需要将 3D 模型保存为 .z1 格式的源文件，同时也可以根据不同用途将文件保存为 .stl（3D 打印机 3D 模型文件输出）、.obj（虚拟现实 3D 模型文件输出）等；完成文件导出，如图 2-1-17 所示。

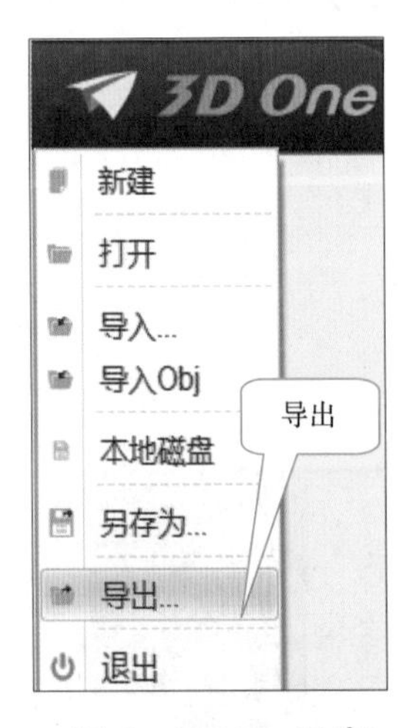

图 2-1-15　导出

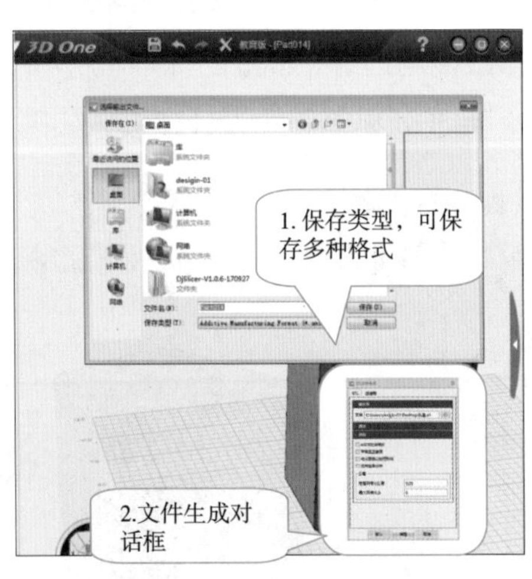

图 2-1-16　导出操作

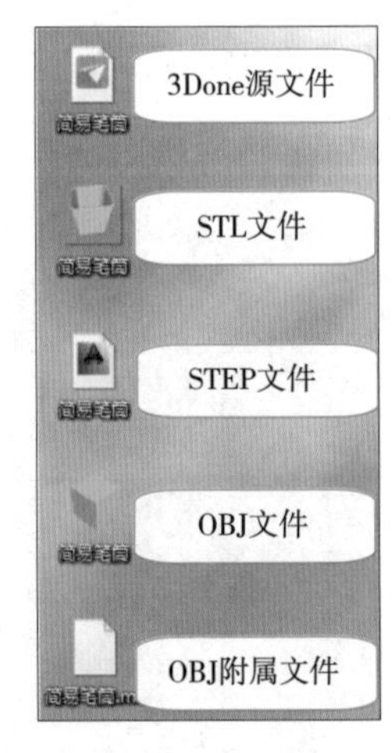

图 2-1-17　保存文件

（3）打开计算机桌面，选择计算机→本地磁盘 (D)本地磁盘（D），打开本地磁盘（D），右击对话框空白处，新建文件夹3D创意设计与实例，将保存模型文件集中放于文件夹内，方便统一管理设计作品。

实　践

同学们以小组为单位，从以下几款笔筒造型选项中选择一种，参照“简易笔筒”的绘制流程，充分发挥小组成员的想象力，自主完成各种时尚笔筒设计，最后用创客空间的 3D 打印机打印出来，在班级讨论会上进行展示分享或赠送给同学、教师和家长。

★ 圆台笔筒

★ 圆柱笔筒

★ 方形笔筒

★ 其他

成果交流

各小组运用数字可视化工具，将完成的项目成果分别在小组和全班展示分享，或通过网络将设计作品进行展示、交流与评价。

思　考

通过“简易笔筒”的设计，掌握所学的设计指令后，请同学们思考一下，运用所学指令，目前还可以设计哪些日常生活中的常用物品?

活动评价

完成“简易笔筒”的设计后，请同学们根据表 2-1-2，对项目学习效果进行评价。

表 2-1-2　活动评价表

评价内容	个人评价	小组评价	教师评价
掌握了六面体、抽壳、倒角、圆角保存等指令的使用	□优 □良 □一般	□优 □良 □一般	□优 □良 □一般
掌握了 3D 设计的基本流程（构思设计、尺寸分析、3D 建模、作品保存）	□优 □良 □一般	□优 □良 □一般	□优 □良 □一般
能够与同学们交流和分享自己的设计经验	□优 □良 □一般	□优 □良 □一般	□优 □良 □一般

项目二　时尚茶杯

情景导入

马克杯是一种时尚茶杯，一般用于盛放牛奶、咖啡、茶类等热饮。西方一些国家也有在工作休息时用马克杯喝汤的习惯。因为马克杯的英文叫 Mug，所以翻译成马克杯，杯身一般为标准圆柱形或类圆柱形，并且杯身的一侧带有把手，形状通常为半环形，如图 2-2-1 所示。本项目将以马克杯为例，请同学们应用 3D 设计软件设计一款时尚茶杯。

图 2-2-1　马克杯

项目主题

以“时尚茶杯”为主题，利用互联网收集时尚茶杯的相关资料，了解和分析时尚茶杯的形状、结构、大小等知识。应用 3D One 设计软件设计一款时尚茶杯，在设计过程中掌握软件基本操作命令和 3D 建模设计的基础知识。

“时尚茶杯”的建模设计视频介绍

项目目标

◆ 掌握圆锥体、圆环体、转动、移动、对齐实体、加运算等指令的使用。

◆ 掌握通过多种几何体互相结合进行设计创作的 3D 设计方法。

项目探究

根据项目目标要求，开展“时尚茶杯”项目学习探究活动，如表 2-2-1 所示。

表 2-2-1 “时尚茶杯”项目探究

探究活动	项目探究内容	知识技能
时尚茶杯建模设计	杯子基本体绘制	掌握圆锥体和抽壳指令的使用
	杯柄基本体绘制	掌握圆环体、转动、移动、对齐实体指令的使用
	杯子杯柄合并绘制	掌握多种几何体互相结合设计创作

问 题

◆ 常见的杯子是什么形状和造型？杯子的大小尺寸有特定的要求吗？

◆ 设计杯子时，杯柄的大小与人手大小有什么联系？

◆ 杯子一般用什么材质制作而成？为什么用这些材料？

构思设计

使用 3D One 软件设计一个时尚茶杯，形状结构为圆台体造型带圆环手柄，主体大小尺寸为直径 40 mm，高 100 mm，设计过程需要用到圆锥体、抽壳、圆环体、转动、移动、对齐实体、倒角、圆角等几个命令，每个命令都有相对应的图标进行操作。

项目实施

1. 茶杯基本体绘制

（1）单击基本实体→圆锥体，打开“圆锥体”指令对话框，如图 2-2-2 所示；单击“中心点”输入 0，按【Enter】键确定输入，选择（0,0,0）原点绘制圆锥体，分别单击数值输入底面半径为 30 mm，顶面半径为 40 mm，高度为 100 mm，如图 2-2-3 所示，单击✓完成圆台体绘制，如图 2-2-4 所示。

图 2-2-2　指令选择

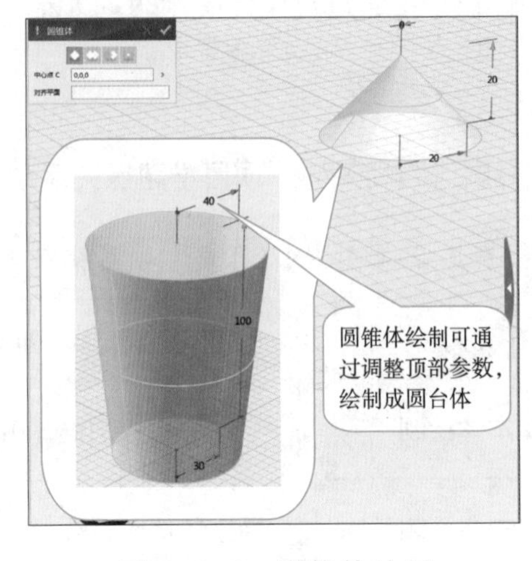

图 2-2-3　圆锥体绘制

图 2-2-4　圆台体

（2）单击特殊功能→抽壳，打开“抽壳”指令对话框，单击“造型”选择圆台体，“厚度”输入 -3 mm，“开放面”选择圆台体顶面进行抽壳操作，如图 2-2-5 所示，单击✓成圆台体抽壳操作，形成杯子基本造型，如图 2-2-6 所示。

图 2-2-5　抽壳绘制

图 2-2-6　抽壳

2. 杯柄基本体绘制

（1）单击基本实体→圆环体，如图 2-2-7 所示，打开“圆环体”指令对话框；单击 “中心”输入 0，按【Enter】键确定输入，修改对话框“中心”数值为（-80,-25,0），按【Enter】键确定输入，绘制圆环体，分别单击数值输入环半径为 30 mm、圆半径为 4 mm，如图 2-2-8 所示；单击✓完成圆环体绘制，如图 2-2-9 所示。

（2）单击基本编辑→移动→动态移动，如图 2-2-10 所示，打开“动态移动”指令对话框；选择圆环体，工作界面弹出移动 / 转动轴，按住左键拖动转动轴对圆环体进行转动操作，单击转动数值，在转动数值输入框中，输入转动角度为 90°，按【Enter】键确定输入，如图 2-2-11 所示；单击完成圆环体转动操作，如图 2-2-12 所示。

图 2-2-7　指令选择

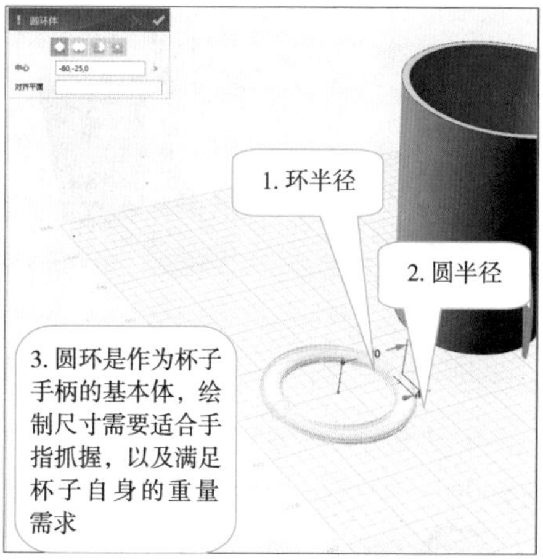

图 2-2-8　圆环体绘制

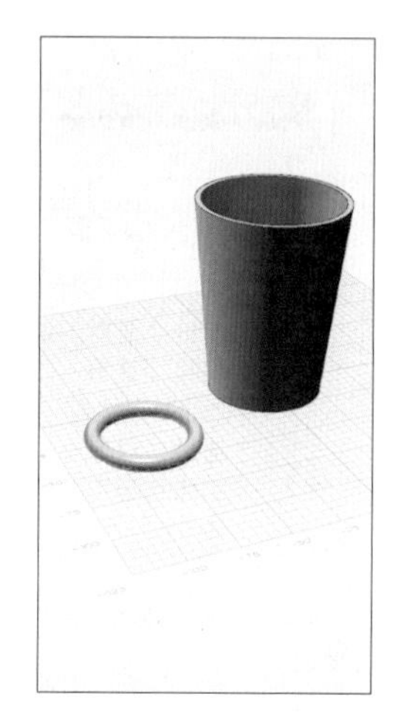

图 2-2-9　圆环体

图 2-2-10　指令选择

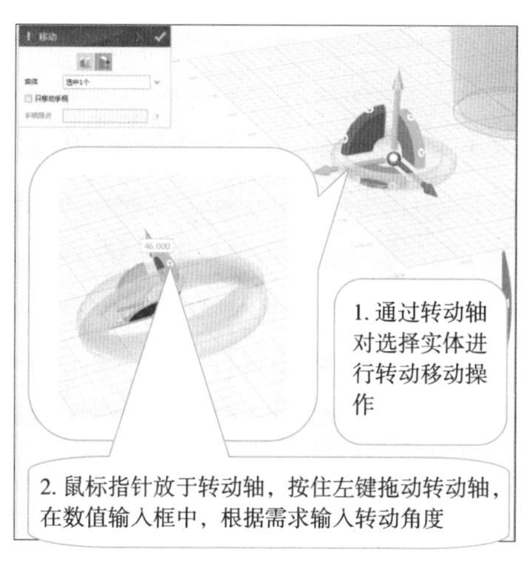

图 2-2-11　转动绘制

图 2-2-12　转动

（3）单击基本编辑→对齐实体→对齐实体到基实体，如图 2-2-13 所示，打开“对齐实体到基实体”指令对话框；单击 “基实体”选择杯子基本体，单击“移动实体”选择圆环体进行对齐操作，对齐中心线选择圆球点，如图 2-2-14 所示；单击完成杯子基本体与圆环体对齐绘制，如图 2-2-15 所示。

（4）单击基本编辑→移动→动态移动，打开“动态移动”指令对话框，选择圆环体，工作界面弹出移动 / 转动轴，按住左键拖动移动轴进行移动操作，单击移动数值，在移动数值输入框中，输入移动距离为 -40 mm，按【Enter】键确定输入，如图 2-2-16 所示；单击完成圆环体移动操作，形成杯柄基本体，如图 2-2-17 所示。

图 2-2-13　指令选择

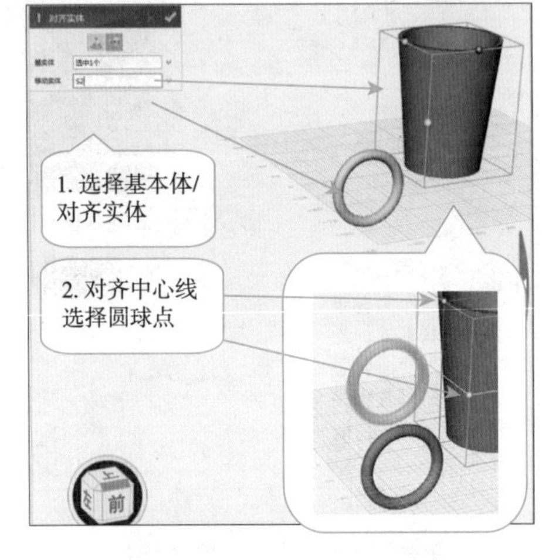

图 2-2-14　对齐绘制

图 2-2-15　对齐

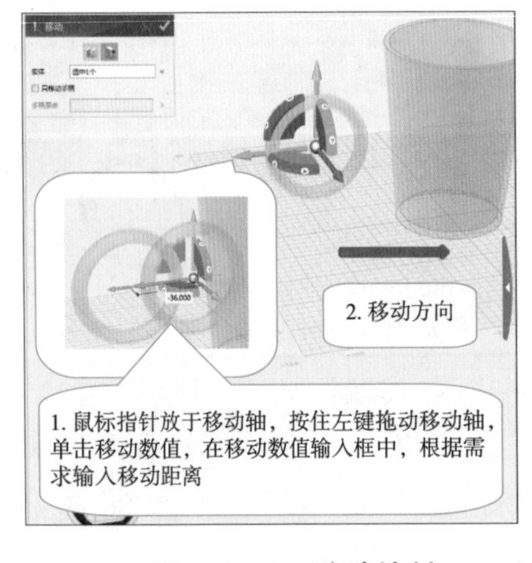

图 2-2-16　移动绘制

图 2-2-17　移动

3．杯子与杯柄合并

（1）单击组合编辑→加运算，如图 2-2-18 所示，打开“加运算”指令对话框，

依次单击 “基体”选择杯子基本体、“合并体”选择杯柄基本体、“边界”选择杯子外表面进行加运算操作，如图 2-2-19 所示；单击✓完成杯子加运算绘制，形成杯子手柄功能造型，如图 2-2-20 所示。

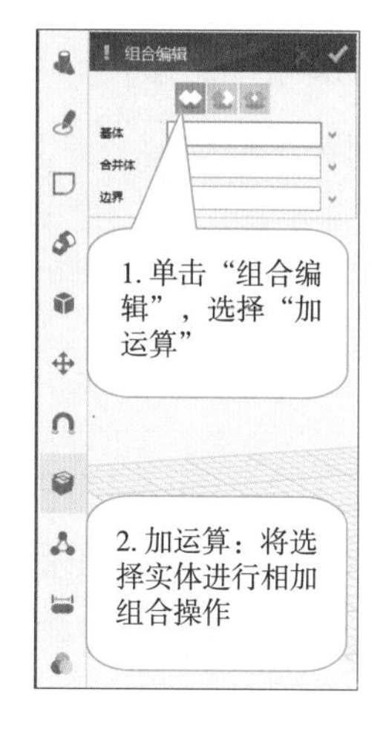

图 2-2-18　指令选择

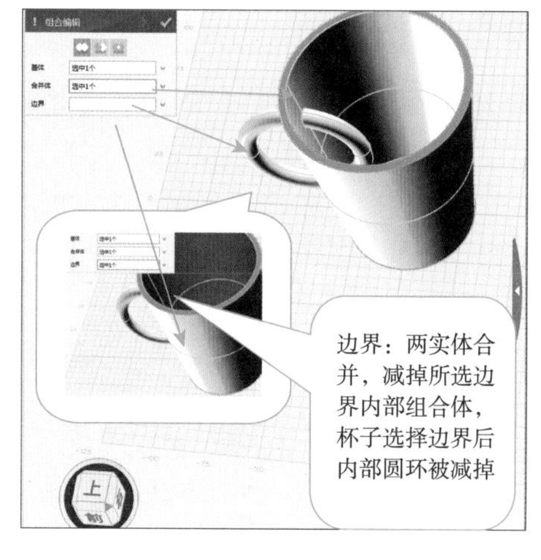

图 2-2-19　加运算绘制

图 2-2-20　加运算

（2）单击特征造型→倒角，打开“倒角”指令对话框，选择杯底部边缘进行倒角操作，单击倒角数值，在数值输入框中，输入倒角边缘为 5 mm，如图 2-2-21 所示；单击✓完成杯底部边缘倒角绘制，如图 2-2-22 所示。

图 2-2-21　倒角绘制

图 2-2-22　倒角

（3）单击特征造型→圆角，打开“圆角”指令对话框，选择杯子边缘、衔接、角落等区域进行圆角操作，单击倒角数值，在倒角数值输入框中，修改数值尺寸为 1 mm，按【Enter】键确定输入，完成修改倒角，如图 2-2-23 所示；单击✓完成杯子圆角绘制，形成杯子的边角圆滑效果，完成时尚茶杯最终设计，如图 2-2-24 所示。

图 2-2-23　圆角绘制

图 2-2-24　时尚茶杯模型

4. 保存文件

单击保存，将设计好的 3D 模型进行保存。

同学们以小组为单位，从以下几款杯子造型选项中选择一种，参照“时尚茶杯”的绘制流程，充分发挥小组成员的想象力，自主完成时尚茶杯设计，最后用创客空间的 3D 打印机打印出来，在班级讨论会上进行展示分享或赠送给同学、教师和家长。

★ 圆台杯子

★ 圆柱杯子

★ 方形杯子

★ 其他

成果交流

各小组运用数字可视化工具，将完成的项目成果分别在小组和全班展示分享，或通过网络将设计作品进行展示、交流与评价。

思　考

通过“时尚茶杯”的设计，掌握所学的设计指令后，请同学们思考一下，生活中的杯子底部为什么设计成凹槽而不是平整的？凹槽边缘开口又起到什么作用？ 根据思考得出的结论，打开保存的杯子 3D One 源文件进行优化设计。

活动评价

完成“时尚茶杯”的设计后，请同学们根据表 2-2-2，对项目学习效果进行评价。

表 2-2-2　活动评价表

评价内容	个人评价	小组评价	教师评价
掌握了圆锥体、圆环体、转动、移动、对齐实体、组合编辑等指令的使用	□优 □良 □一般	□优 □良 □一般	□优 □良 □一般
掌握了多种几何体互相结合创作的 3D 设计方法	□优 □良 □一般	□优 □良 □一般	□优 □良 □一般
能够与同学们交流和分享自己的设计经验	□优 □良 □一般	□优 □良 □一般	□优 □良 □一般

项目三　个性印章

情景导入

印章是印于文件上表示鉴定或签署的文具，如图 2-3-1 所示，一般印章都会先沾上颜料再印上，不沾颜料、印上平面后会呈现凹凸效果的称为钢印。本项目同学们将应用 3D 设计软件设计一个属于自己的个性印章。

图 2-3-1　印章

项目主题

以“个性印章”为主题，利用互联网收集印章与浮雕的相关资料，了解和分析印章的形状、结构、大小等知识。应用 3D One 设计软件设计一款个性印章，在印章设计过程中，掌握软件基本操作命令和 3D 建模设计的基础知识。

“个性印章”的建模设计视频介绍

项目目标

◆ 掌握对齐绘制与指令的叠加运用。

◆ 掌握预制文字、拉伸、成组、浮雕等指令的运用。

项目探究

根据项目目标要求，开展“个性印章”项目学习探究活动，如表 2-3-1 所示。

表 2-3-1　“个性印章”设计项目探究

探究活动	项目探究内容	知识技能
个性印章建模设计	几何体对齐与指令叠加绘制	掌握六面体对齐绘制与指令的叠加使用
	文字轮廓图实体绘制	掌握预制文字、拉伸、成组指令的使用
	印章浮雕造型绘制	掌握浮雕指令的使用

问　题

◆ 常见的印章有什么形状和造型?

◆ 印章上的文字为什么是反向的?

◆ 什么是浮雕? 图片能否形成浮雕立体效果?

构思设计

使用 3D One 软件设计一个印章，形状结构为方形倒角，底部附带印章文字，侧面绘制浮雕图案，大小尺寸为长 50 mm × 宽 25 mm × 高 60 mm，在设计过程中需要用到六面体、预制文字、拉伸、组、转动、对齐、组合编辑、圆角、浮雕等几个命令，每个命令都有相对应的图标进行操作。

项目实施

1. 印章基本体绘制

（1）单击基本实体→六面体，打开“六面体”指令对话框，单击 “点”输入 0，按【Enter】键确定输入，绘制六面体 1，分别单击数值输入长为 50 mm，宽为 25 mm，高为 60 mm，单击完成六面体 1 的绘制，如图 2-3-2 所示。

（2）单击鼠标中键重复使用六面体指令，选取六面体 1 的顶面中心点为起始点，绘制六面体 2，分别单击数值输入长为 46 mm，宽为 21 mm，高为 −2 mm（高 −2 mm 指绘图基准面往下 2 mm）进行六面体中心点对齐绘制，单击启用叠加指令减运算，如图 2−3−3 所示；单击完成印章基本体绘制，如图 2−3−4 所示。

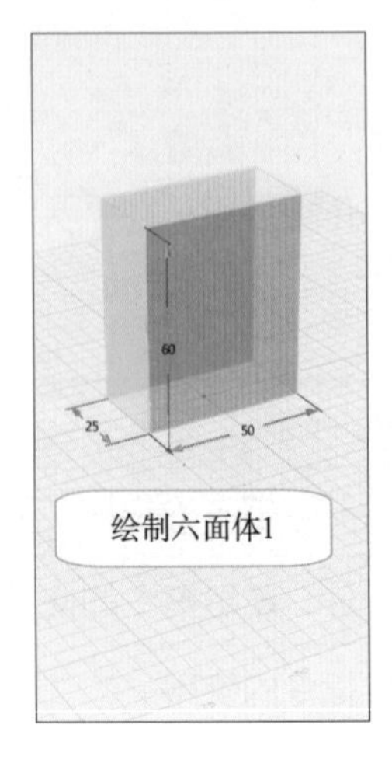

图 2−3−2　指令选择

图 2−3−3　六面体绘制

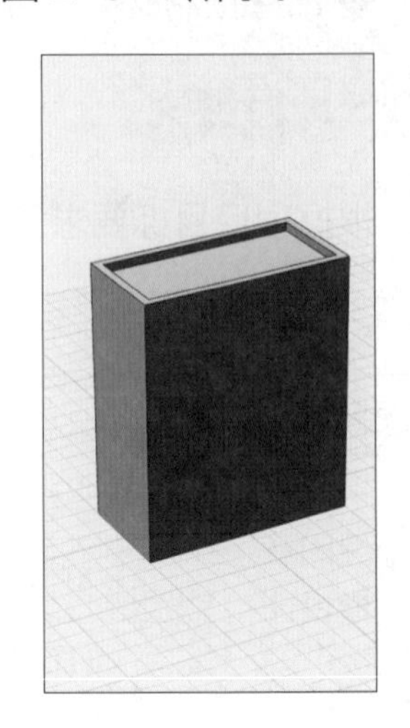

图 2−3−4　减运算

2. 印章的文字制作

（1）单击草图绘制→预制文字，如图 2−3−5 所示，打开“预制文字”指令对话框，选取印章基本体的中心点⊙为草图绘制工作平面；单击 “文字” 输入 “学海无涯”，“字体”选择“微软雅黑”，“样式”选择“加粗”，“大小”输入 8 mm，“原点”选择文字键入区域，进行文字预制操作；单击完成文字预制，单击结束并退出草图绘制，如图 2−3−6 所示；文字轮廓图完成效果如图 2−3−7 所示。

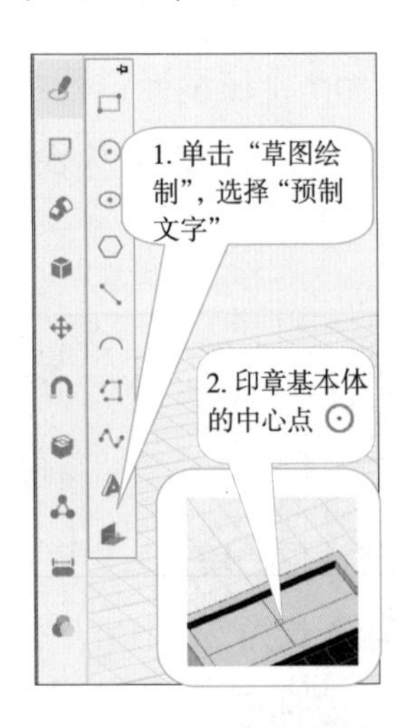

图 2−3−5　指令选择

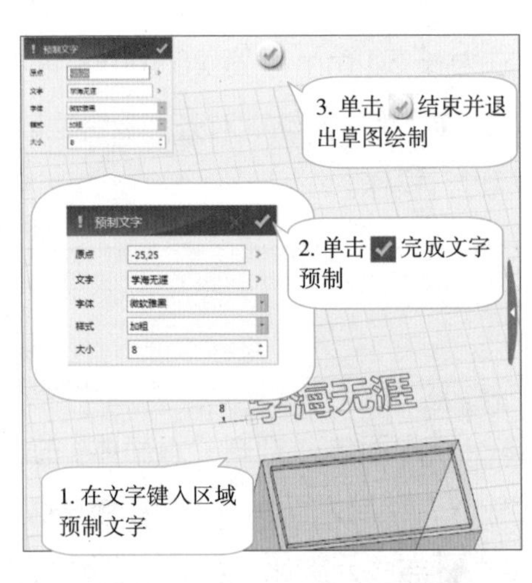

图 2−3−6　预制文字绘制

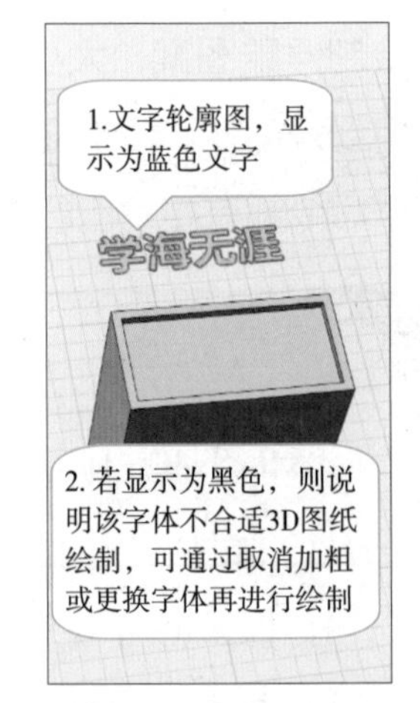

图 2−3−7　文字

（2）单击特征造型→拉伸，如图 2-3-8 所示，打开“拉伸”指令对话框；选择文字轮廓图进行拉伸操作，单击拉伸数值，在数值输入框中输入拉伸高度为 2 mm，按【Enter】键确定输入，如图 2-3-9 所示；单击完成文字轮廓图拉伸绘制，形成文字实体化效果，如图 2-3-10 所示。

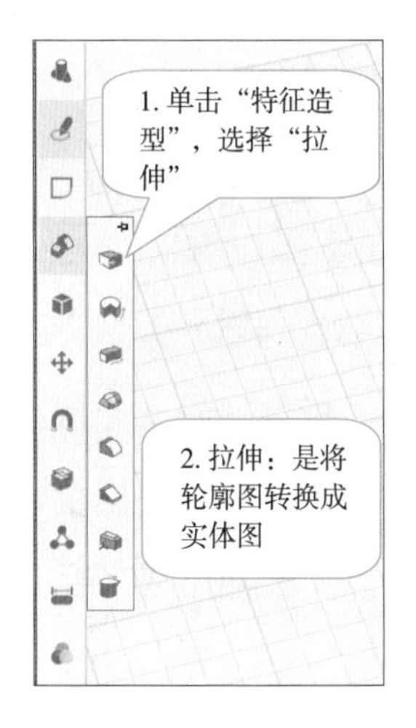

图 2-3-8 指令选择

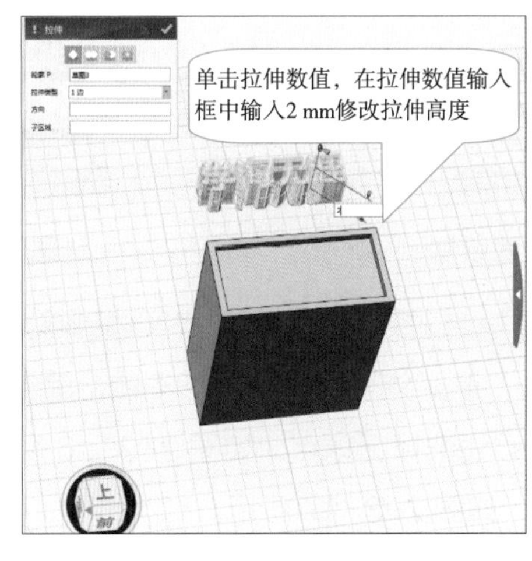

图 2-3-9 拉伸绘制

图 2-3-10 拉伸

（3）单击组→成组，如图 2-3-11 所示，打开“成组”指令对话框；选择实体文字进行成组操作，如图 2-3-12 所示；单击完成文字成组绘制，成组与未成组的选取对比，如图 2-3-13 所示。

图 2-3-11 指令选择

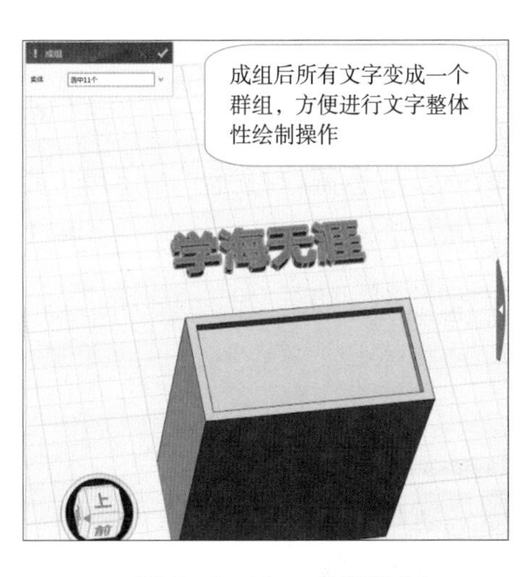

图 2-3-12 成组绘制

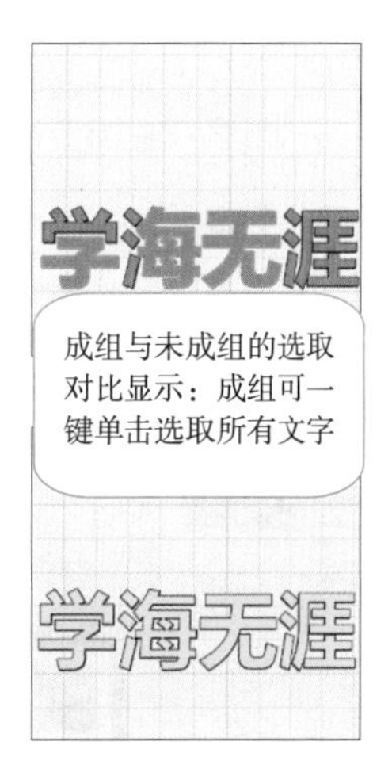

图 2-3-13 对比

（4）单击基本编辑→移动→动态移动，打开“动态移动”指令对话框，拖动转动轴对文字实体进行转动操作，单击转动数值，在转动数值输入框中，输入转动角度为 180°，按【Enter】键确定输入，如图 2-3-14 所示；单击完成文字实体转动操作，如图 2-3-15 所示。

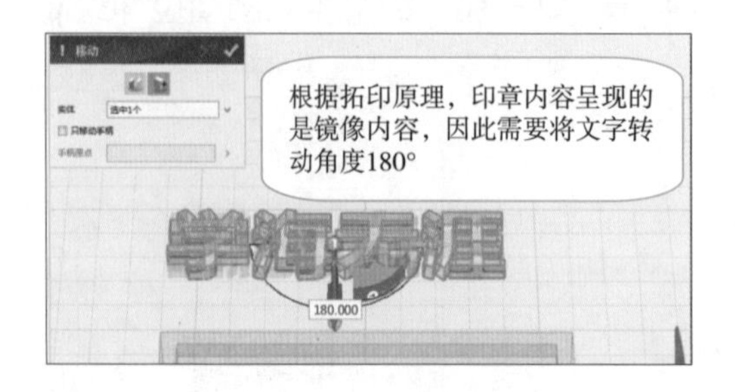

图 2-3-14　转动绘制

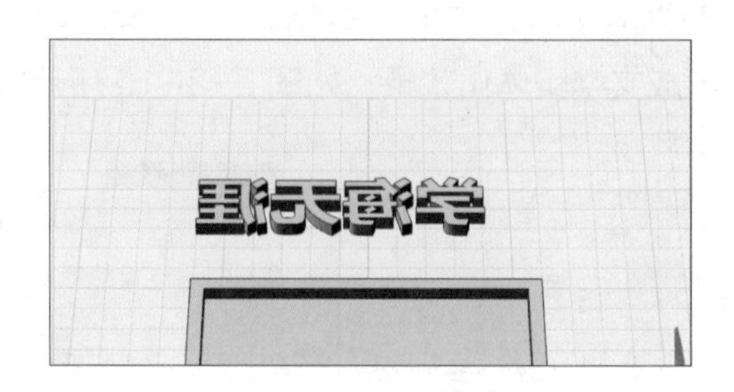

图 2-3-15　转动

（5）单击基本编辑→对齐实体→对齐实体到基实体，打开“对齐实体到基实体”指令对话框，单击“基实体”选择印章基本体，单击“移动实体”选择文字实体进行对齐操作，对齐中心线选择圆球点，如图 2-3-16 所示；单击完成文字实体与印章基本体的对齐绘制，如图 2-3-17 所示。

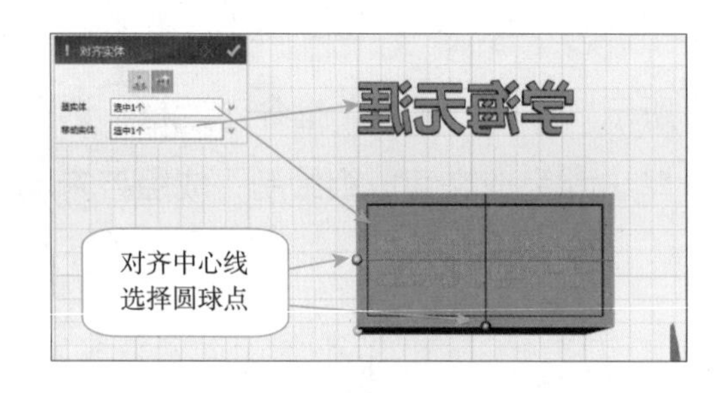

图 2-3-16　对齐实体绘制

图 2-3-17　对齐

（6）单击组合编辑→加运算，打开“加运算”指令对话框，单击“基体”选择印章基本体，单击“合并体”选择文字实体进行加运算操作，如图 2-2-18 所示；单击完成印章整体功能造型绘制，如图 2-2-19 所示。

图 2-3-18　组合编辑绘制

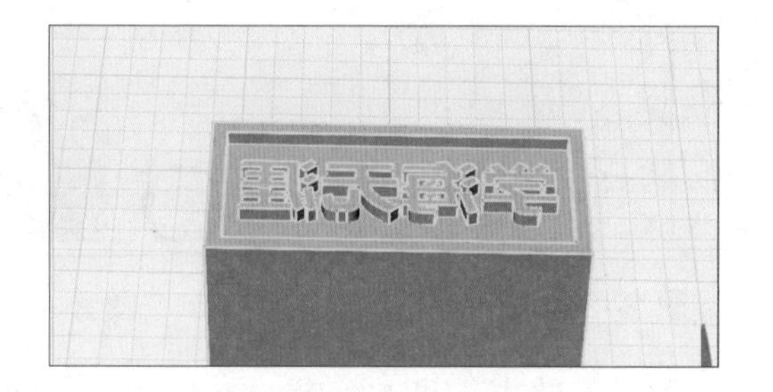

图 2-3-19　加运算

（7）单击特征造型→圆角，打开“圆角”指令对话框，选择印章四周边缘进行圆角操作，单击倒角数值，在倒角数值输入框中，输入倒角边缘为 5 mm，如图 2-3-20 所示；单击完成印章的圆角绘制，形成印章的边角圆滑效果，如图 2-3-21 所示。

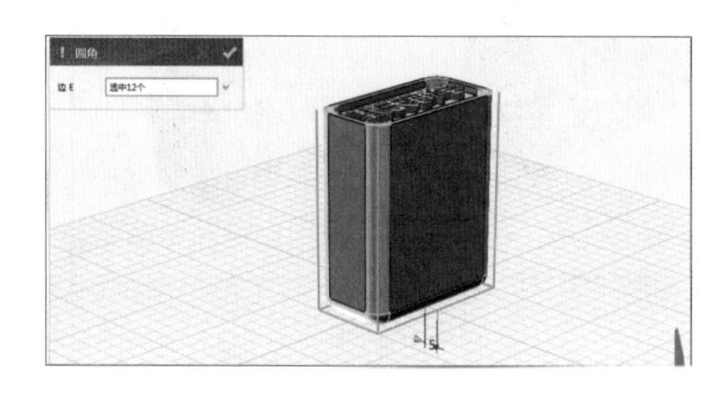

图 2-3-20　圆角绘制

图 2-3-21　圆角

3. 印章的浮雕造型

（1）打开互联网搜索引擎，搜索关键词“灰度图”，下载一张造型好看的图片，如图 2-3-22 所示。

图 2-3-22　灰度图

（2）单击特殊功能→浮雕→基于 UV 的映射，打开“浮雕”指令对话框，如图 2-3-23 所示；单击 “文件名”选择导入浮雕图片，“面”选择印章侧面（绘制浮雕效果的面），“最大偏移”输入 1（浮雕凸 / 凹最高点的距离），“宽度”输入 38 mm（浮雕面长边的大小尺寸），勾选“匹配面法向”（自动匹配浮雕为凸 / 凹），“原点”选择浮雕中心点，“旋转”默认为 0（浮雕旋转角度），“分辨率”输入 0.1（浮雕精细度一般设置在 0.3 以下），进行印章浮雕操作，如图 2-3-24 所示，单击完成浮雕绘制，形成印章最终的浮雕效果，如图 2-3-25 所示。

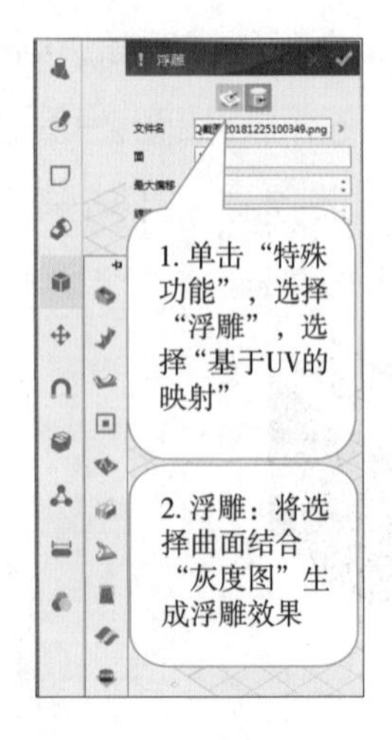

图 2-3-23　指令选择

图 2-3-24　浮雕图绘制

图 2-3-25　印章的浮雕效果

（3）单击保存，将设计好的 3D 模型进行保存。

实　践

同学们以小组为单位，从以下几款印章造型选项中选择一种，参照“个性印章”的绘制流程，充分发挥小组成员的想象力，自主完成印章设计，最后用创客空间的 3D 打印机打印出来在班级讨论会上进行展示分享。

★ 方形印章

★ 圆柱形印章

★ 球形印章

★ 其他

成果交流

各小组运用数字可视化工具，将所完成的项目成果分别在小组和全班展示分享，或通过网络将设计作品进行展示、交流与评价。

思　考

通过“个性印章”的设计，掌握所学的设计指令后，请同学们思考一下，平时拍的照片能否进行浮雕绘制，对比两种类型图片呈现的效果，思考两者产生差别的原因是什么？尝试设计一个厚度为 3 mm 的薄片模型，运用浮雕指令将照片进行浮雕绘制，“最大偏移”设置为 1.5，并运用 3D 打印机进行打印，完成打印后透过太阳观察浮雕照片的呈现效果，并思考产生该效果的原因。

注意：私刻公章属于违法行为，将根据性质和情节轻重，依法予以治安管理处罚或者追究刑事责任，请同学们进行印章设计时必须要遵纪守法。

活动评价

完成“个性印章”的设计后，请同学们根据表 2-3-2，对项目学习效果进行评价。

表 2-3-2　活动评价表

评价内容	个人评价	小组评价	教师评价
掌握了对齐绘制与叠加指令的使用	□优 □良 □一般	□优 □良 □一般	□优 □良 □一般
掌握了预制文字、拉伸、成组、浮雕等指令的使用	□优 □良 □一般	□优 □良 □一般	□优 □良 □一般
能够与同学们交流和分享自己的设计经验	□优 □良 □一般	□优 □良 □一般	□优 □良 □一般

项目四　包装礼盒

情景导入

包装礼盒是亲友互相赠送礼物表达情意的配备物品，其作用是对礼物进行包装、装饰以及保护。一份包装独特的礼品，需要运用各种各样精致的材料，再花心思进行设计，结合简单的工具进行制作，才得以呈现于众人面前，如图 2–4–1 所示。本项目将以礼品包装盒的造型为例，学习运用 3D One 设计一个礼品包装盒。

图 2–4–1　礼品包装盒

项目主题

以“包装礼盒”为主题，利用互联网收集礼品包装盒的相关资料，了解和分析礼品包装盒的形状、结构、大小、材料等知识。应用 3D One 设计软件设计一款礼品包装盒，在设计过程中，掌握软件基本操作命令和 3D 建模设计的基础知识。

“包装礼盒”的建模设计视频介绍

项目目标

◆ 掌握草图绘制多边形，运用线框绘制实体。
◆ 掌握参考几何体、偏移、吸附、颜色等指令的使用。
◆ 掌握 3D 设计组装结构的间隙预留。

项目探究

根据项目目标要求，开展“包装礼盒”项目学习探究活动，如表 2-4-1 所示。

表 2-4-1　“包装礼盒设计”项目探究

探究活动	项目探究内容	知识技能
包装礼盒建模设计	草图绘制包装礼盒基本造型	掌握草图绘制多边形指令的使用
	包装礼盒装配结构绘制	掌握参考几何体、偏移指令的使用
	包装礼盒颜色渲染与文字 DIY	掌握吸附、颜色、模型单独导出指令的使用

问　题

◆ 常见的礼品包装盒是什么形状的？礼品包装盒还可以做成什么造型？
◆ 礼品包装盒一般用哪些材料？
◆ 设计礼品包装盒的盖子时为什么要预留间隙？

构思设计

使用 3D One 软件设计一个包装礼盒，形状结构为六棱柱造型，整体分为盒子和盖子两个部分，盖子顶面绘制祝福文字，大小尺寸为半径 40 mm、高 50 mm，设计过程中需要用到多边形、拉伸、参考几何体、偏移、移动、抽壳、倒角、吸附、预制文字、组合编辑、颜色等几个命令，每个命令都有相对应的图标进行操作。

项目实施

1．礼盒基本造型绘制

（1）单击上视图，单击草图绘制→正多边形，打开“正多边形”指令对话框，单击选取绘图区为草图绘制的工作平面，如图 2-4-2 所示；单击“中心”输入 0，按【Enter】键确定输入，以绘图区原点（0,0,0）为多边形绘制的中心点，绘制六边形，单击六边形半径数值，输入半径为 40 mm，如图 2-4-3 所示；单击完成六边形草图绘制，单击结束并退出草图绘制，如图 2-4-4 所示。

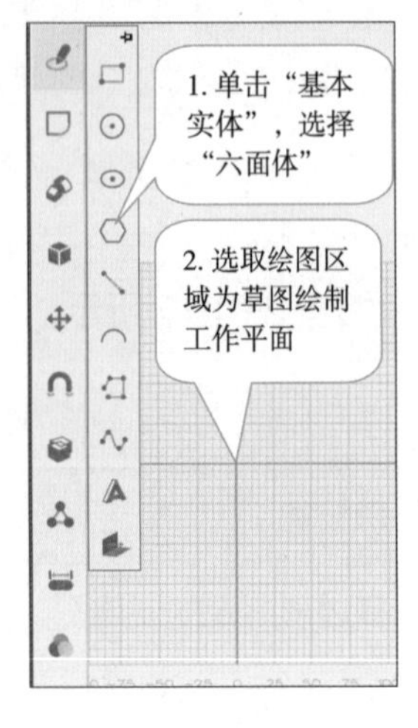

图 2-4-2　指令选择

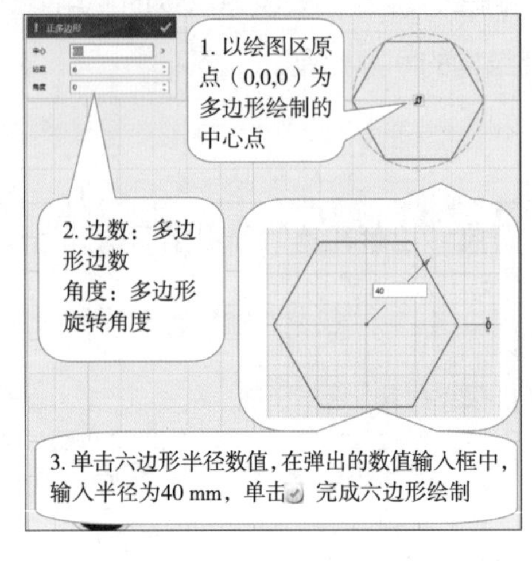

图 2-4-3　多边形绘制

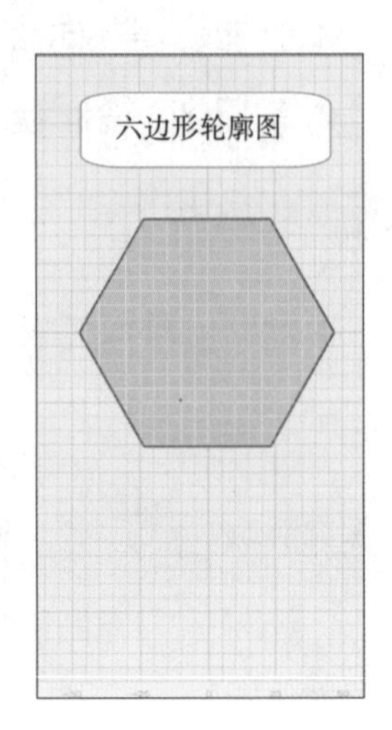

图 2-4-4　六边形

（2）单击特征造型→拉伸，打开“拉伸”指令对话框，选择六边形轮廓图进行拉伸操作，单击拉伸数值，输入拉伸高度为 40 mm，如图 2-4-5 所示；单击完成六边形轮廓图拉伸绘制，形成礼盒盒子的六棱柱基本体，如图 2-4-6 所示。

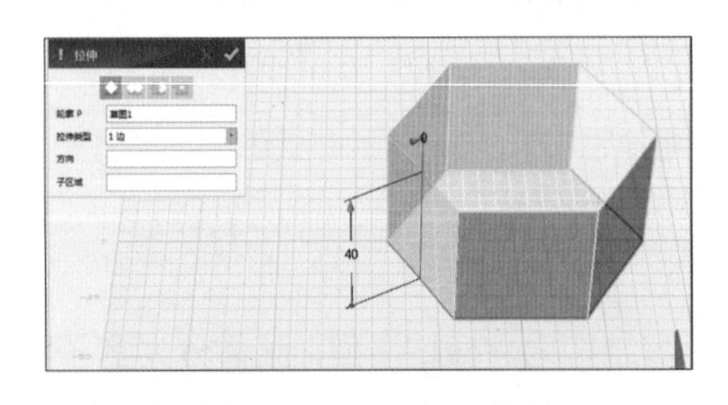

图 2-4-5　拉伸绘制

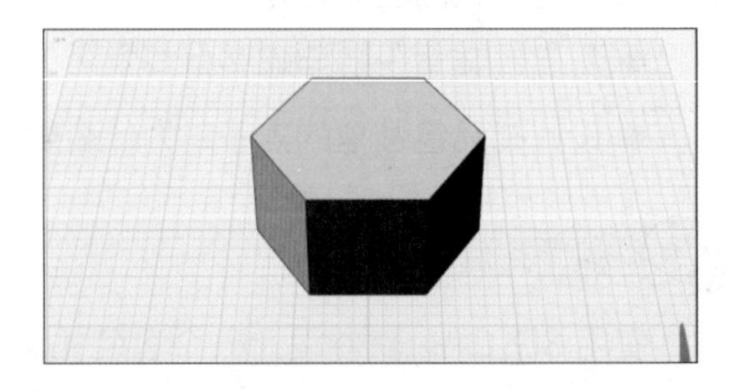

图 2-4-6　拉伸

2. 礼盒主体结构绘制

（1）单击草图绘制→参考几何体，打开“参考几何体”指令对话框，选取六棱柱顶面为草图绘制的工作平面，如图 2-4-7 所示；单击选择六棱柱顶面边缘为参考线，如图 2-4-8 所示；单击完成六边形曲线参考提取，如图 2-4-9 所示。

（2）单击草图编辑→偏移曲线，打开“偏移曲线”指令对话框，如图 2-4-10 所示；单击 “曲线”选择参考提取的六边形，“距离”输入 0.3 mm，按【Enter】键确定输入，进行曲线偏移操作，如图 2-4-11 所示；单击✓完成六边形偏移绘制，选择参考得到的六边形，按【Delete】键进行删除，形成礼盒盖子与盒子间 0.3 mm 的组装间隙，单击✓结束并退出六边形草图绘制，如图 2-4-12 所示。

图 2-4-7　指令选择

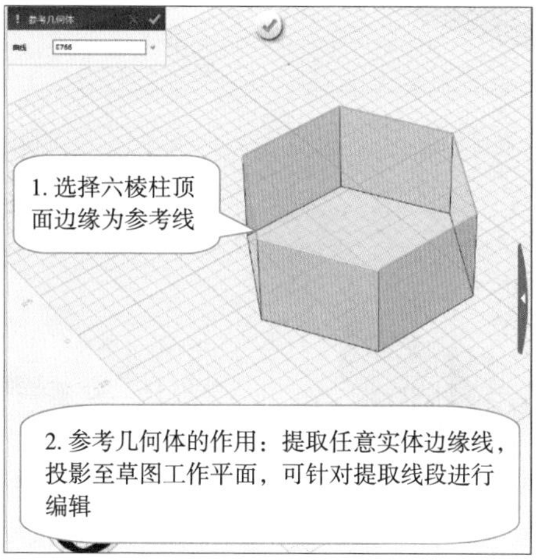

参考几何体绘制图

图 2-4-8　参考几何体绘制

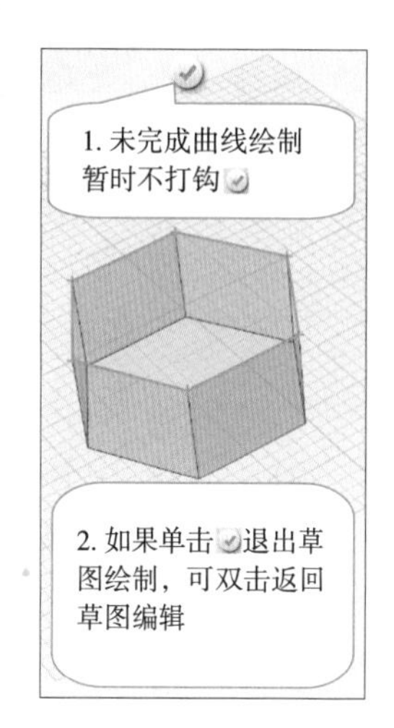

图 2-4-9　六边形

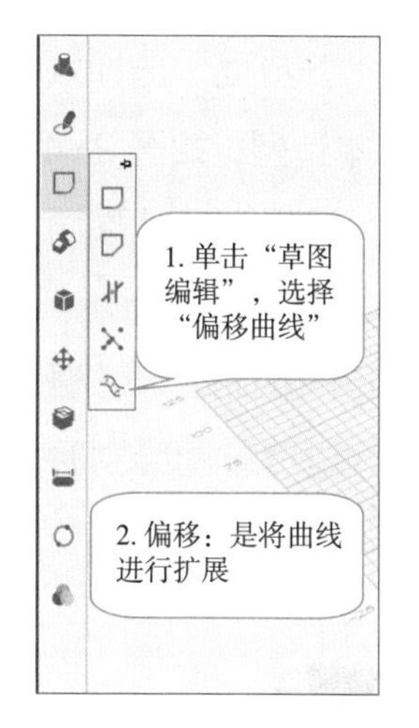

图 2-4-10　指令选择

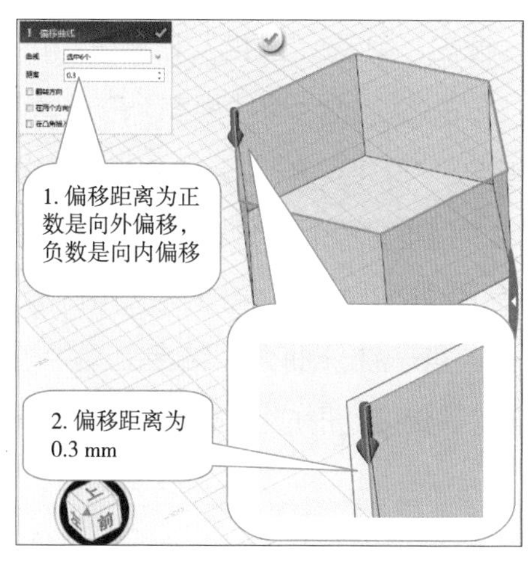

图 2-4-11　偏移绘制

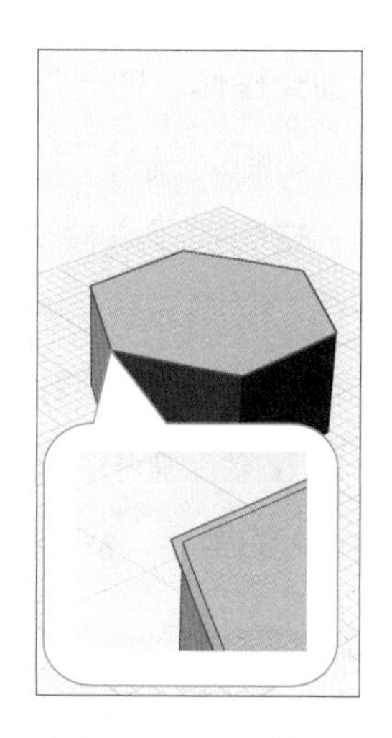

图 2-4-12　偏移

（3）单击特征造型→拉伸，打开“拉伸”指令对话框，选择六边形轮廓图进行拉伸操作，单击数值，输入拉伸高度为 -10 mm，如图 2-4-13 所示；单击✓完成六边形轮廓图拉伸绘制，形成礼盒盖子六棱柱基本体，如图 2-4-14 所示。

（4）单击选择礼盒盖子基本体并拖动到旁边位置，如图 2-4-15 所示；实体重叠时，移动错位方便设计过程中的检查操作，例如底部六棱柱的观察与再绘制，如图 2-4-16 所示。

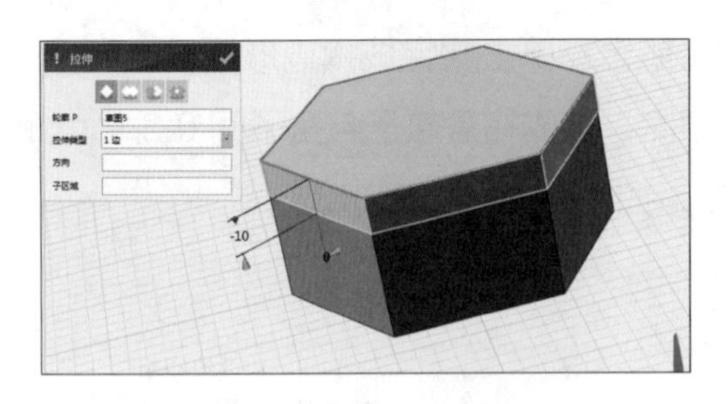

图 2-4-13　拉伸绘制

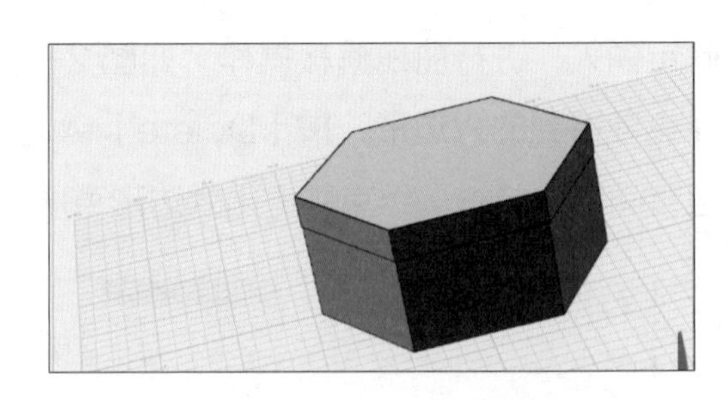

图 2-4-14　拉伸

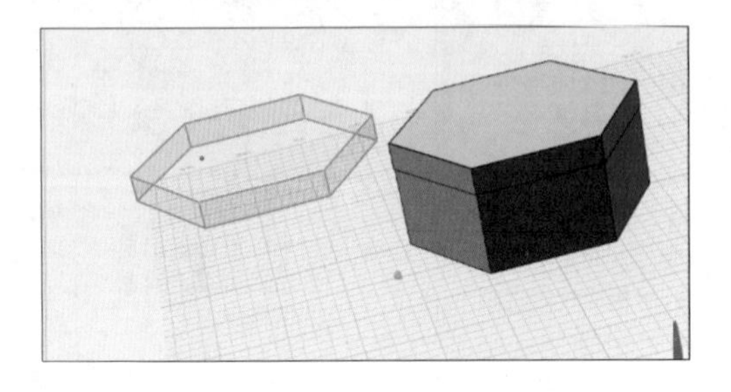

图 2-4-15　拖动礼盒盖子

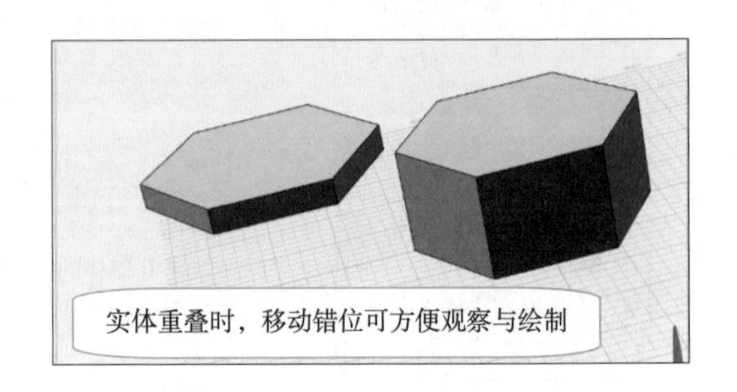

图 2-4-16　方便观察

（5）单击特殊功能→抽壳，打开“抽壳”指令对话框，分别选择两个六棱柱进行抽壳操作：抽壳盒子六棱柱，单击 “厚度”输入 −2 mm， “开放面”选择六棱柱顶面，如图 2-4-17 所示；单击完成六棱柱抽壳，形成盒子基本造型，如图 2-4-18 所示；抽壳盖子六棱柱，单击 “厚度”输入 2 mm， “开放面”选择六棱柱顶面，如图 2-4-19 所示；单击成六棱柱抽壳，形成盖子基本造型，如图 2-4-20 所示。（两者的区别在于抽壳厚度，盒子为 −2 mm，盖子为 2 mm；一正一负在绘制过程反映出来的效果，盒子往内抽壳，盖子往外抽壳，结合上文中盖子六边形草图绘制时偏移 0.3 mm 的距离，使盒子与盖子交接处形成 0.3mm 的组装间隙。）

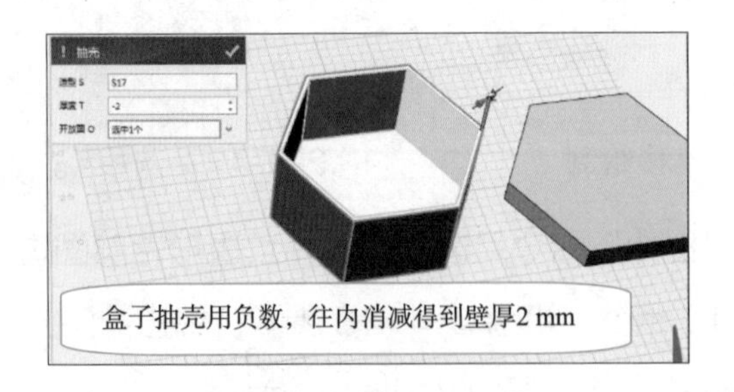

图 2-4-17　抽壳绘制

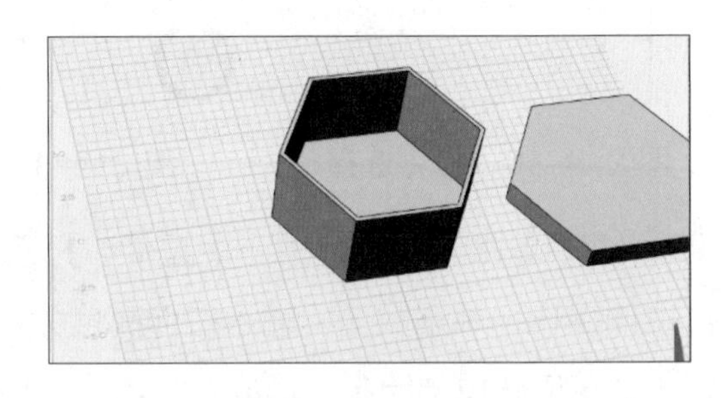

图 2-4-18　抽壳

3．礼盒文字美化设计

（1）单击特征造型→倒角，打开“倒角”指令对话框，选择礼盒四周边缘进行倒角操作，单击倒角数值输入倒角边缘为 4 mm，如图 2-4-21 所示；单击完成礼盒倒角绘制，形成礼盒的美化效果，如图 2-4-22 所示。

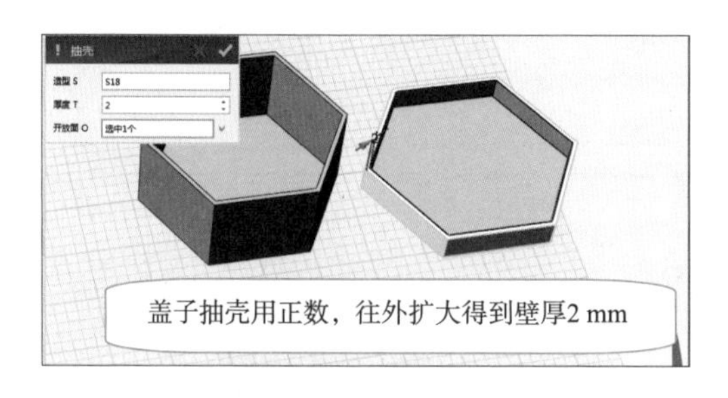

图 2-4-19　抽壳绘制

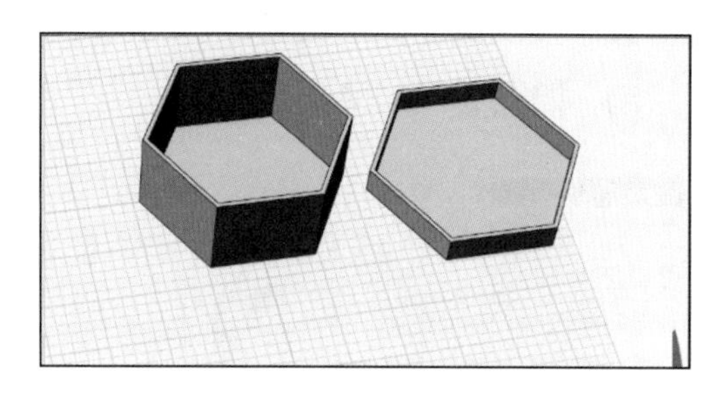

图 2-4-20　抽壳

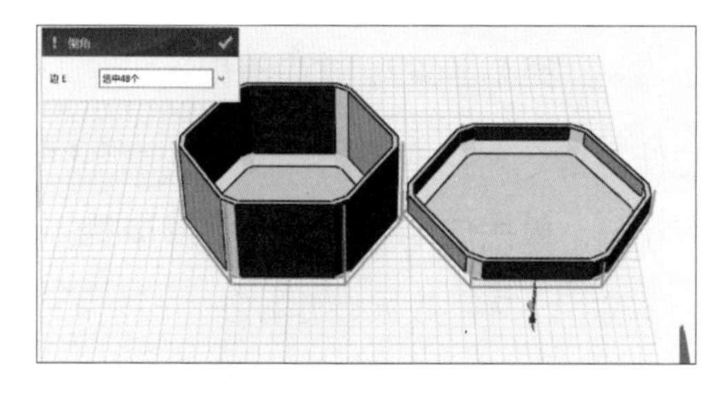

图 2-4-21　倒角绘制

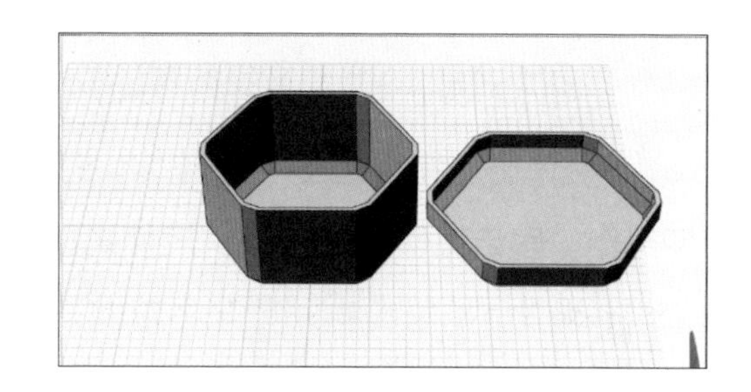

图 2-4-22　倒角

（2）单击吸附，打开“自动吸附”指令对话框，如图 2-4-23 所示；单击“实体 1”选择盖子底面，单击“实体 2”选择盒子顶面进行吸附操作，如图 2-4-24 所示，单击成盖子与盒子的吸附组装，如图 2-4-25 所示。

图 2-4-23　指令选择

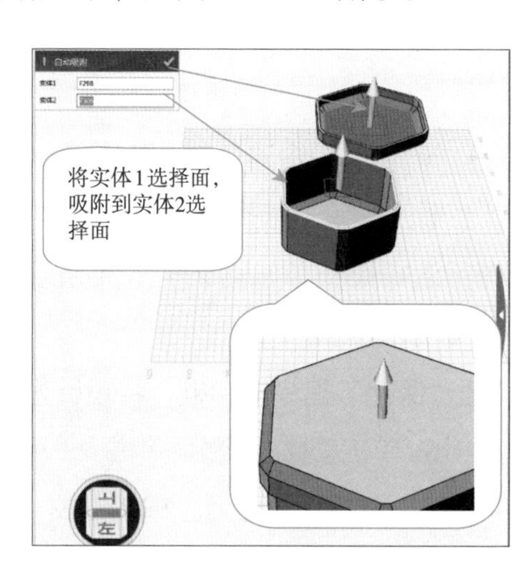

图 2-4-24　吸附绘制

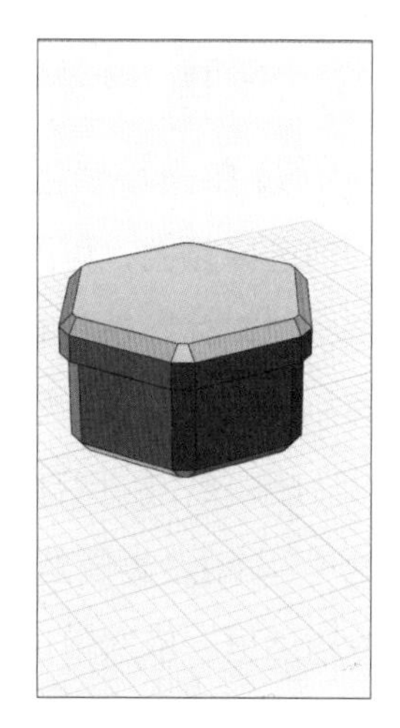

图 2-4-25　吸附

（3）单击草图绘制→预制文字，打开“预制文字”指令对话框，选取礼盒盖子的中心点为草图绘制工作平面，单击指令对话框“文字”输入“生日快乐”，“字体”选择“微软雅黑”，“大小”输入 10 mm，“原点”选择礼盒盖子顶面的合适位置，进行文字预制操作，如图 2-4-26 所示；单击完成文字预制，单击结束并退出草图绘制，如图 2-4-27 所示。

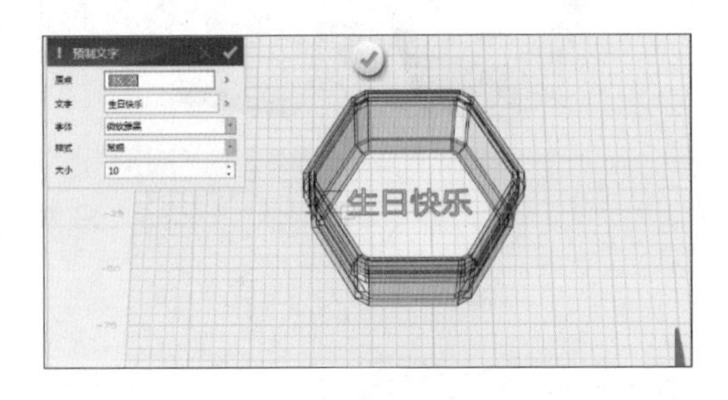

图 2-4-26　预制文字绘制

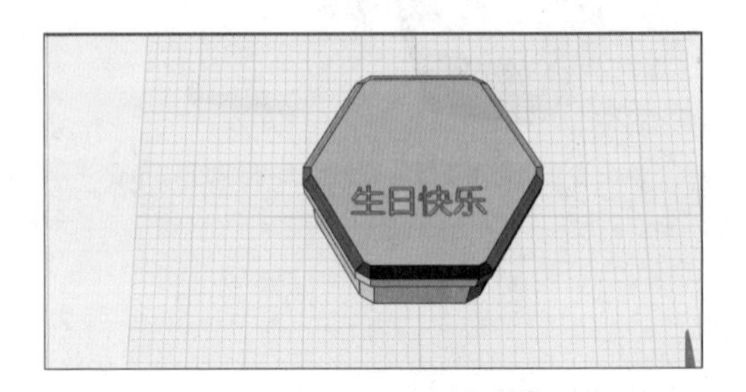

图 2-4-27　文字草图

（4）单击特征造型→拉伸，打开“拉伸”指令对话框，选择文字轮廓图进行拉伸操作，单击拉伸数值，输入拉伸高度为 −1 mm，单击启用叠加指令减运算，如图 2-4-28 所示；单击完成文字拉伸减运算，形成下凹文字效果，如图 2-4-29 所示。

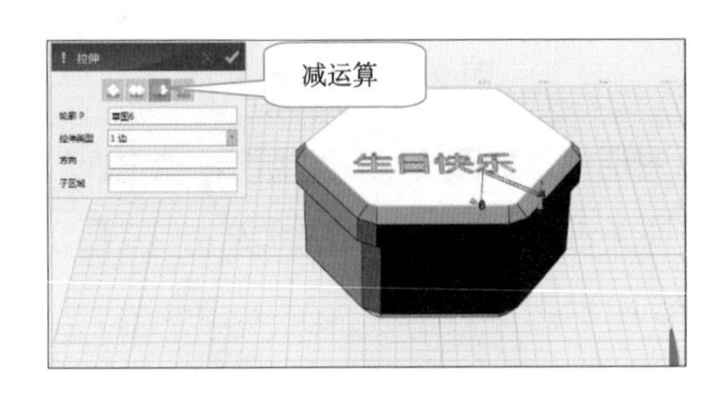

图 2-4-28　拉伸绘制

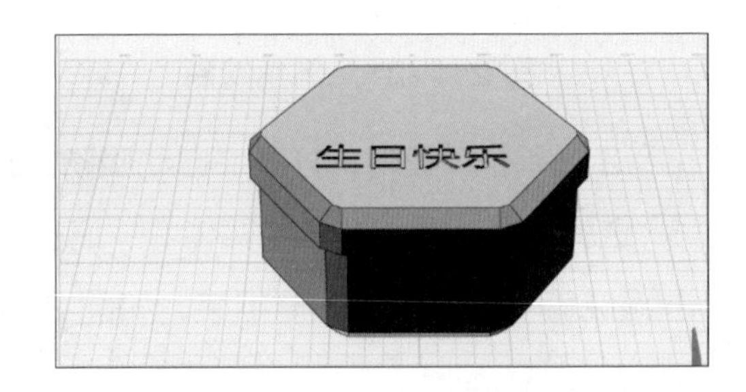

图 2-4-29　拉伸减运算

（5）单击颜色，打开“颜色”指令对话框，如图 2-4-30 所示；单击“颜色”为当前选择颜色，可通过其他颜色的单击选择进行替换（单击绿色 / 白色进行礼盒的渲染），“实体”选择模型进行渲染操作，如图 2-4-31 所示；单击完成礼盒绘制，调整礼盒造型摆放，如图 2-4-32 所示。

（6）单击保存，打开“保存”指令对话框，将设计好的 3D 模型进行保存。

（7）组合类模型分别导出：单击 3D One 菜单栏→导出...导出，打开“导出”指令对话框，依次单击“保存在”选择保存位置、输入“文件名”、选择“保存类型”进行导出操作，如图 2-4-33 所示；单击保存(S)弹出文件生成对话框，选择过滤器，在“选择”选项区中选中“从屏幕选择”，单击选择对象，界面跳转为绘图区，选择导出文件，单击✔完成文件选取，单击 确定 完成文件的导出操作，如图 2-4-34 所示；实现礼盒 3D 打印前需要选择礼盒盖子和礼盒盒子分别进行导出，再分别打印出来。

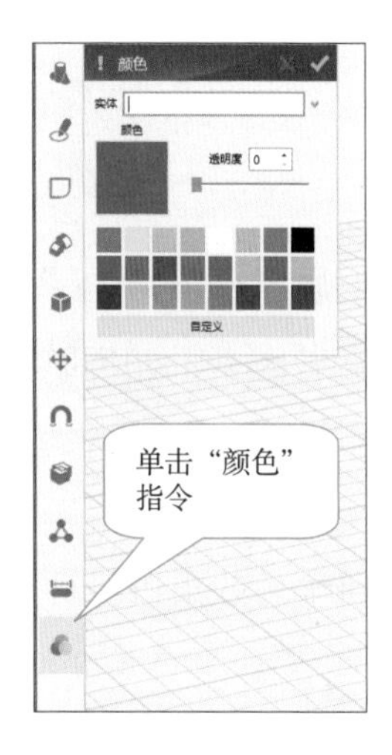

图 2-4-30　指令选择

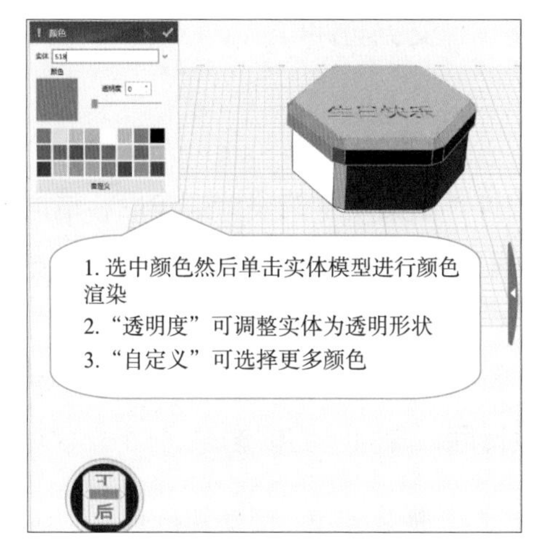

图 2-4-31　颜色渲染

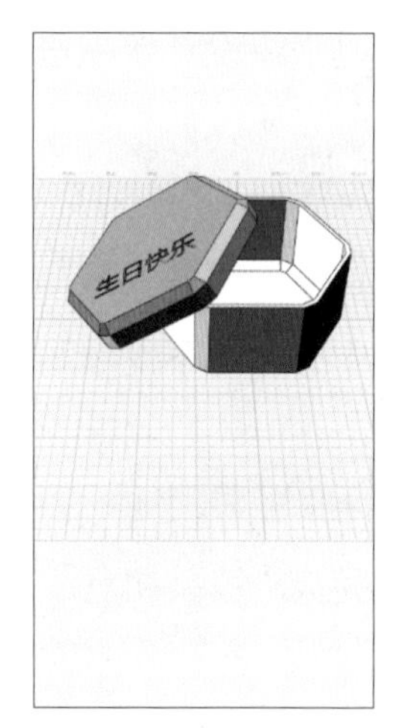

图 2-4-32　渲染礼盒

图 2-4-33　导出操作

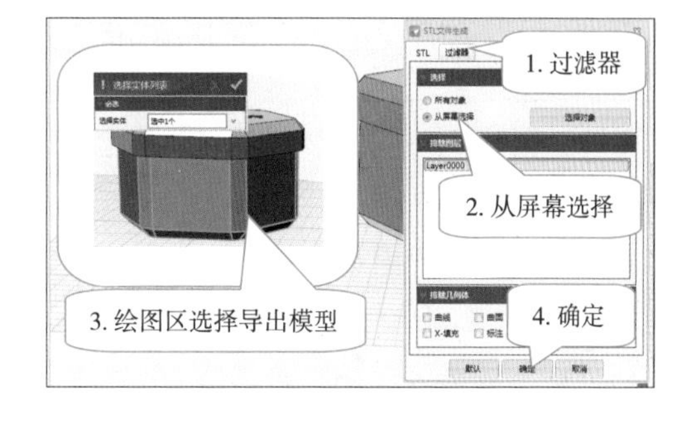

图 2-4-34　导出选择

实　践

同学们以小组为单位，从以下几款礼品包装盒造型选项中选择一种，参照“包装礼盒”的绘制流程，充分发挥小组成员的想象力，自主完成包装礼盒制作，最后用创客空间的 3D 打印机打印出来，在班级讨论会上进行展示分享或赠送给同学、教师和家长。

★ 六棱柱礼盒

★ 五棱柱礼盒

★ 圆柱礼盒

★ 其他

成果交流

各小组运用数字可视化工具，将完成的项目成果分别在小组和全班展示分享，或通过网络将设计作品进行展示、交流与评价。

思　考

通过“包装礼盒”的设计，掌握所学的设计指令后，请同学们思考一下，为了保护礼盒中的礼物不受颠簸、摔落损坏，我们在包装礼品时需要考虑到哪些因素？如何防范？

活动评价

完成“包装礼盒”的设计后，请同学们根据表 2-4-2，对项目学习效果进行评价。

表 2-4-2　活动评价表

评价内容	个人评价	小组评价	教师评价
掌握了草图绘制多边形，运用线框绘制实体	□优 □良 □一般	□优 □良 □一般	□优 □良 □一般
掌握了参考几何体、偏移、吸附、颜色等指令的使用	□优 □良 □一般	□优 □良 □一般	□优 □良 □一般
掌握了 3D 设计组装结构的间隙预留	□优 □良 □一般	□优 □良 □一般	□优 □良 □一般
能够与同学们交流和分享自己的设计经验	□优 □良 □一般	□优 □良 □一般	□优 □良 □一般

第三章　3D 建模创意设计进阶

同学们在第二章学习了用 3D One 软件设计简单的创意作品，认识了设计 3D 模型的创作流程，学会了 3D 设计工具的操作方法，为本章进行更复杂的 3D 模型设计奠定了基础。

本章内容基于创客教育和 STEAM 教育理念，通过项目主题活动，开展项目学习、探究学习、自主学习、协作学习等活动；同学们将以日常生活和学习中常见的物品为例，通过 3D 建模和创意设计，完成较复杂的 3D 创意作品的设计，内容包括“六星挂饰”“旋转花瓶”“火箭模型”“日用茶壶”等 4 个项目，在项目的设计和制作过程中，学会 3D One 设计软件各种指令的操作、熟悉 3D 创意设计流程，最终完成进阶项目的创意设计。

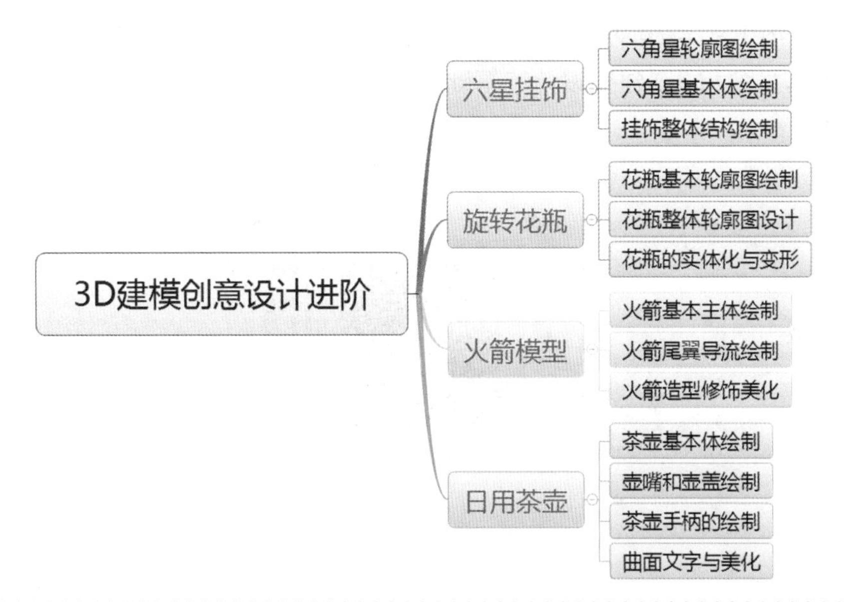

项目一　六星挂饰

情景导入

挂饰按其搭配的物体分类，一般有吊坠挂饰、手机挂饰、包包挂饰，以及用于家居装饰等一系列种类，如图 3-1-1 所示。本项目将以六星挂饰为例，学习如何用进行 3D 造型设计。

图 3-1-1　六星挂饰

项目主题

以“六星挂饰”为主题，利用互联网收集挂饰的相关资料，了解和分析挂饰的形状、结构、大小等知识。应用 3D One 设计软件设计一款挂饰，在挂饰设计过程中，掌握软件基本操作命令和 3D 建模设计的基础知识。

“六星挂饰”建模设计视频介绍

项目目标

◆ 掌握 3D One 设计软件运用草图设计造型的绘制技巧。

◆ 掌握多段线、修剪、链状圆角、锥销、镜像、圆柱等指令的使用。

项目探究

根据项目目标要求，开展“六星挂饰”项目学习探究活动，如表 3-1-1 所示。

表 3-1-1 “六星挂饰设计”项目探究

探究活动	项目探究内容	知识技能
六星挂饰建模设计	草图编辑绘制六角星轮廓图	掌握多段线、修剪、链状圆角指令的使用
	实体变形绘制六角星	掌握锥销、镜像指令的使用
	六角星挂饰结构绘制	掌握圆柱指令的使用

问　题

◆ 六边形与六角星有什么联系?

◆ 挂饰能应用在哪里? 起到什么作用? 多大尺寸比较合适?

◆ 穿线口设计多大直径比较合适? 与挂绳有什么联系?

构思设计

使用 3D One 软件设计一个挂饰，形状结构为立体六角星，大小尺寸为直径 50 mm、高 16 mm，尺寸符合生活中背包挂坠的大小，在设计过程中需要用到多边形、多段线、修剪、链状圆角、拉伸、锥销、镜像、圆柱、动态移动、组合编辑、圆角等几个命令，每个命令都有相对应的图标进行操作。

项目实施

1. 六角星轮廓图绘制

（1）单击上视图，单击草图绘制→正多边形，打开“正多边形”指令对话框，选取绘图区为草图绘制工作平面，单击绘图区原点（0,0）为多边形绘制中心点，绘制六边形，单击数值输入半径为 25 mm，如图 3-1-2 所示；单击完成六边形草图绘制，如图 3-1-3 所示。

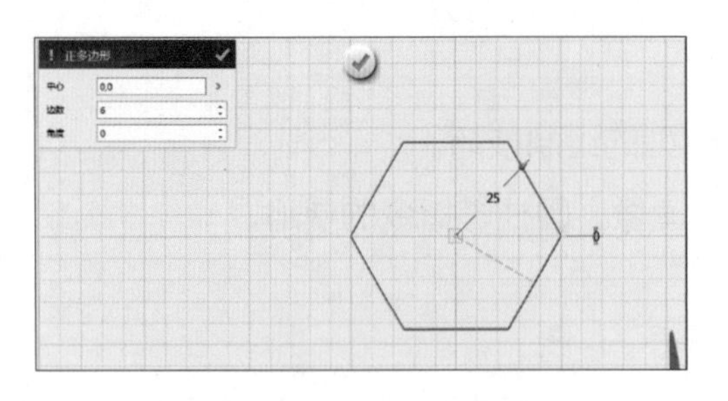

图 3-1-2　正多边形绘制

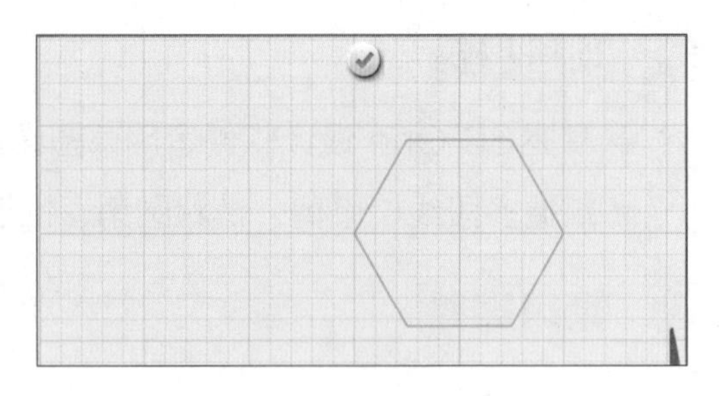
图 3-1-3　六边形

（2）单击草图绘制→多段线，如图 3-1-4 所示，打开“多段线”指令对话框；依次单击连接正六边形各顶角（注意：线段之间不能重复），如图 3-1-5 所示；单击完成六角星草图初步绘制，如图 3-1-6 所示。

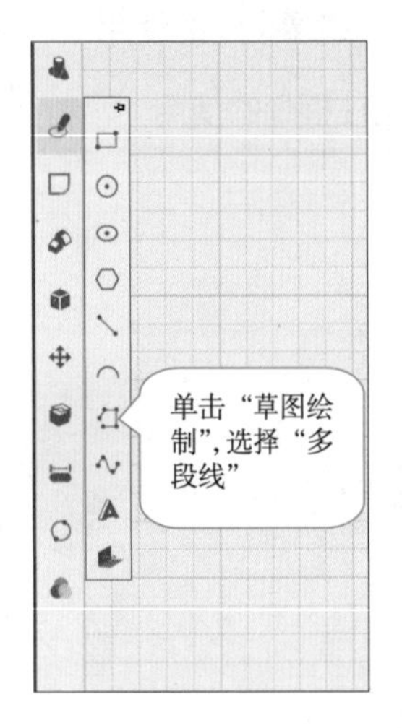

图 3-1-4　指令选择

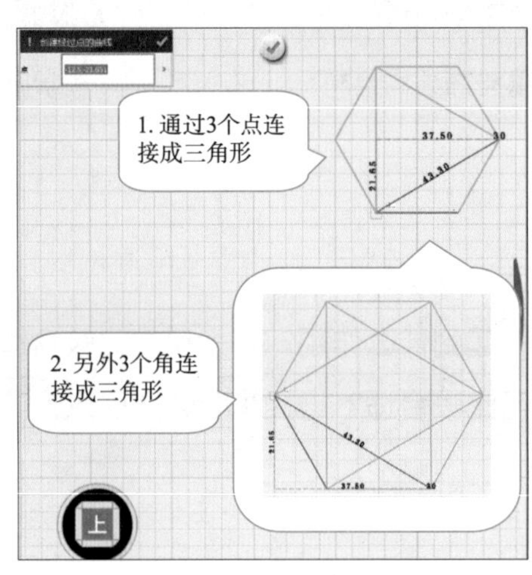

图 3-1-5　多段线绘制

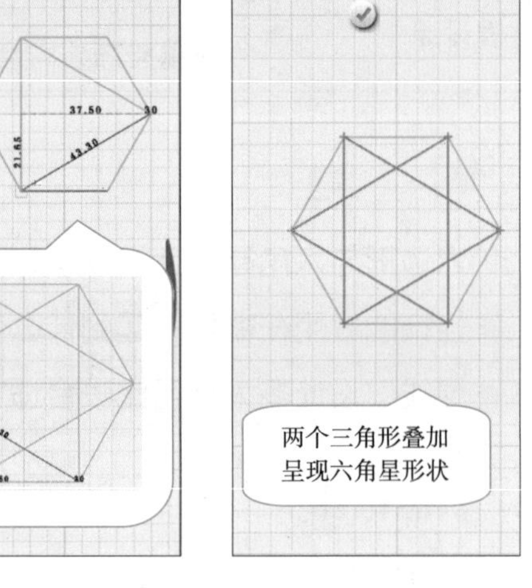

图 3-1-6　六角星

（3）单击草图编辑→修剪，如图 3-1-7 所示，打开“修剪”指令对话框；单击六边形与六角星的相交线段进行修剪操作，如图 3-1-8 所示；单击完成六角星草图绘制，如图 3-1-9 所示。

（4）单击显示曲线连通性，如图 3-1-10 所示，打开“显示曲线连通性”指令对话框；如果绘图区草图出现红色方框 / 红色三角形，则表现为连通性异常，其中红色方框表示草图未连接，红色三角表示线段重复，如图 3-1-11 所示；单击完成曲线连通性检查，单击返回键撤销 / 重做，返回到绘制前，检查问题出现原因，重新绘制，形成六角星草图连通性正常，如图 3-1-12 所示。

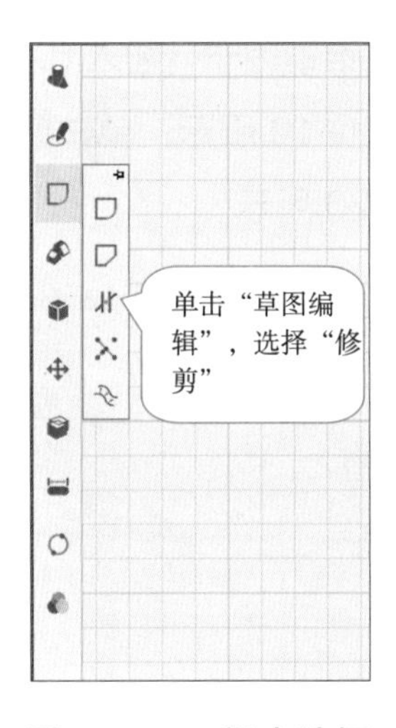

图 3-1-7　指令选择

图 3-1-8　修剪绘制

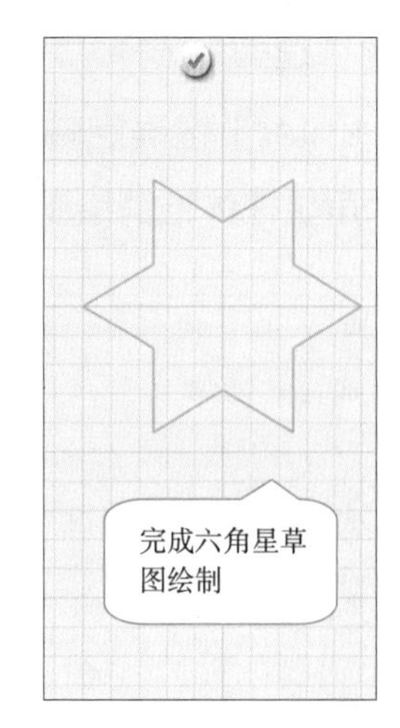

图 3-1-9　六角星

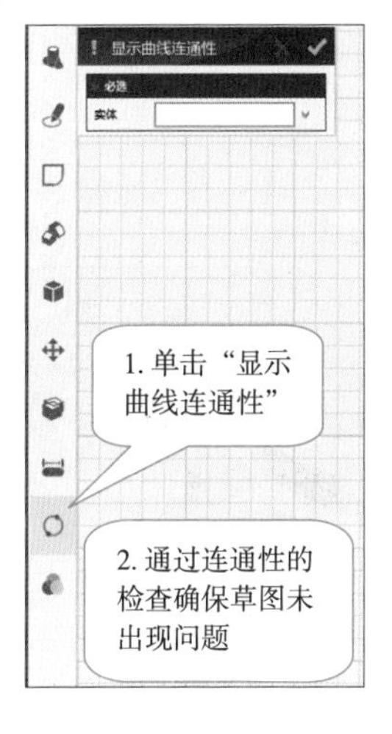

图 3-1-10　指令选择

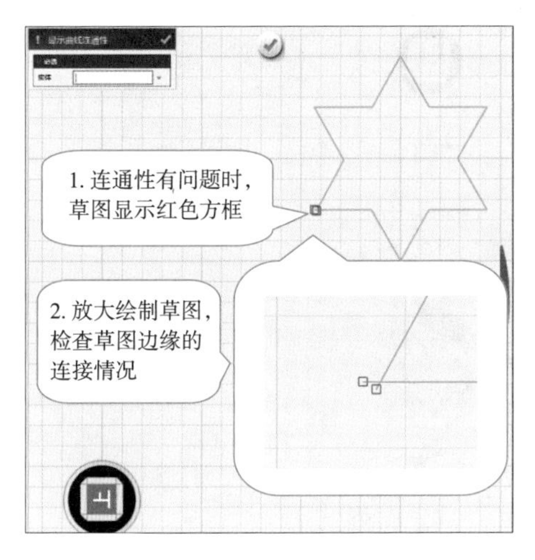

图 3-1-11　连通性检查

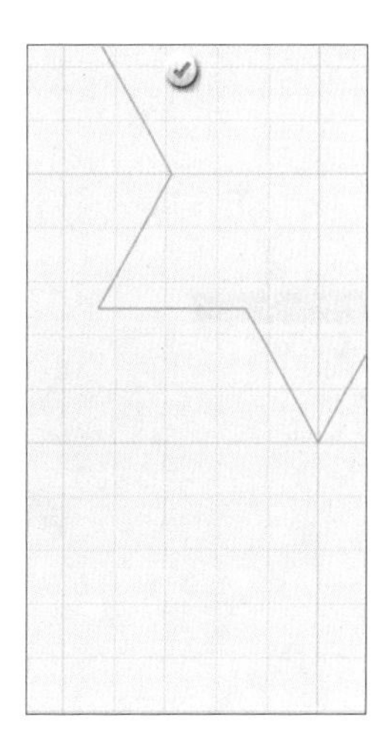

图 3-1-12　正常显示

（5）单击草图编辑→链状圆角，如图 3-1-13 所示，打开“链状圆角”指令对话框；单击“半径”，输入 2 mm，按【Enter】键确定输入，“曲线”按顺序单击选取需要倒圆角的曲线边缘进行圆角操作，如图 3-1-14 所示；单击完成六角星圆角绘制，如图 3-1-15 所示；单击结束并退出草图绘制。

2．六角星基本体绘制

（1）单击特征造型→拉伸，打开“拉伸”指令对话框，选择六角星轮廓图进行拉伸操作，单击拉伸数值，输入拉伸高度为 8 mm，如图 3-1-16 所示；单击完成六角星轮廓图拉伸，形成六角星实体造型效果，如图 3-1-17 所示。

（2）单击特殊功能→锥销，如图 3-1-18 所示，打开“锥销”指令对话框；

单击“造型”选择六角星柱体，“基准面”选择六角星底面，“锥销因子”输入 0.01，按【Enter】键确定输入，进行六角星柱体锥销操作，如图 3-1-19 所示；单击✓完成六角星柱体锥销绘制，形成锥形六角星基本造型，如图 3-1-20 所示。

图 3-1-13　指令选择

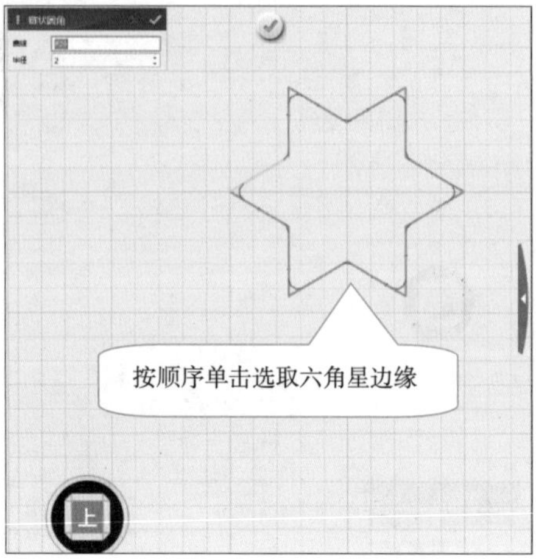

图 3-1-14　链状圆角绘制

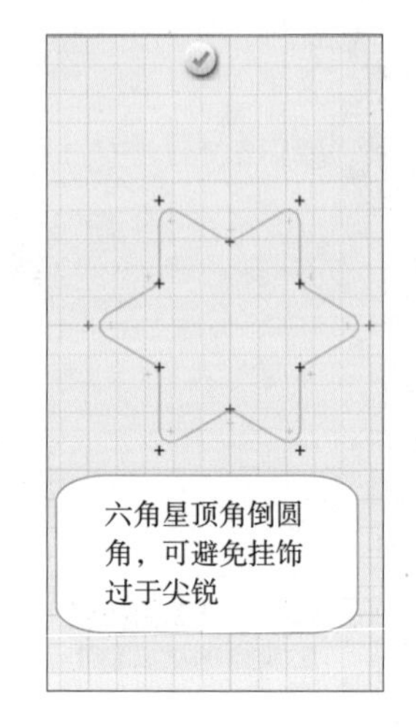

图 3-1-15　链状圆角

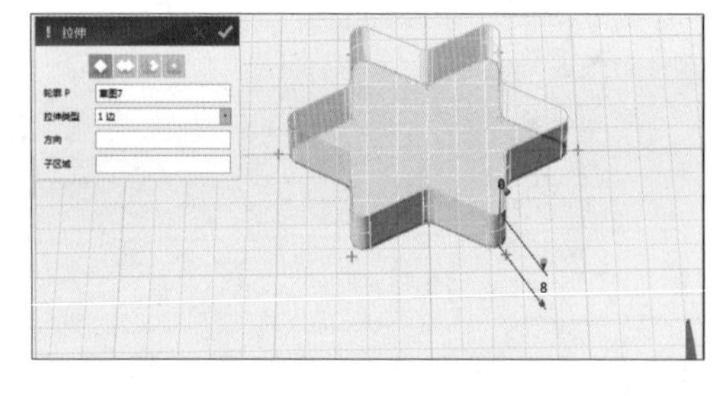

图 3-1-16　拉伸绘制

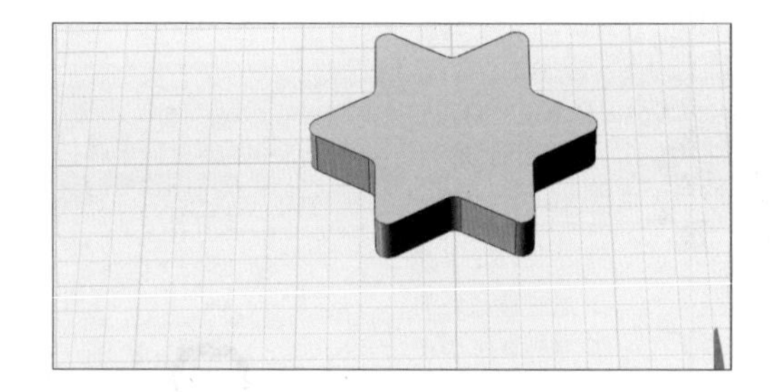

图 3-1-17　拉伸

图 3-1-18　指令选择

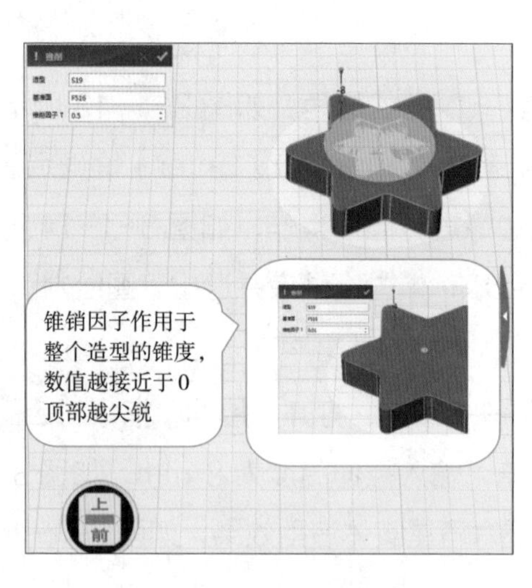

图 3-1-19　锥销绘制

图 3-1-20　锥销

（3）单击基本编辑→镜像，如图 3-1-21 所示，打开“镜像”指令对话框；单击 “实体”选择六角星，“方式”选择“平面”，“镜像平面”选择六角星底面，单击启用叠加指令加运算，进行六角星镜像操作，如图 3-1-22 所示；单击完成六角星镜像加运算绘制，如图 3-1-23 所示。

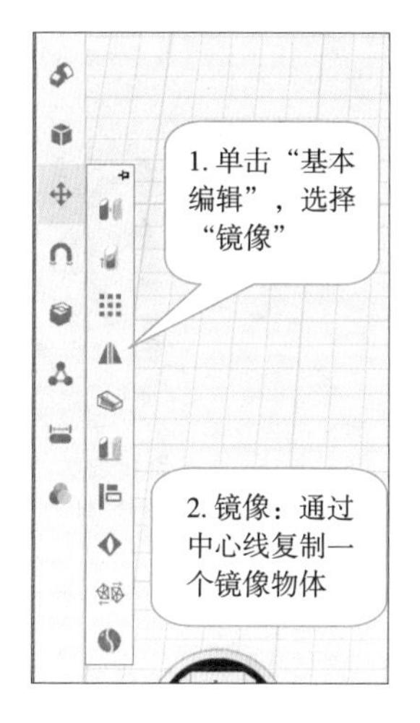

图 3-1-21　指令选择

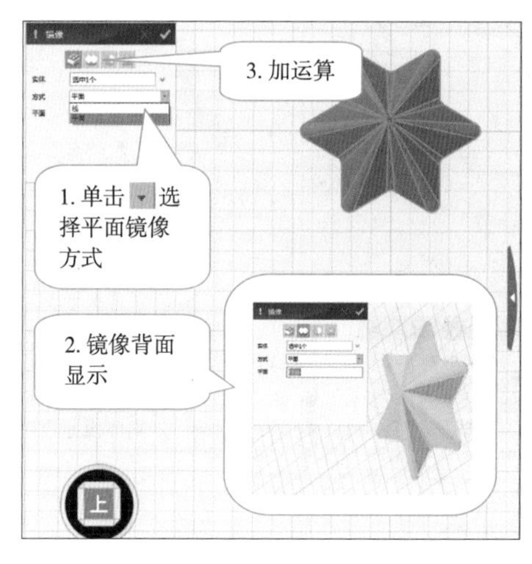

图 3-1-22　镜像绘制

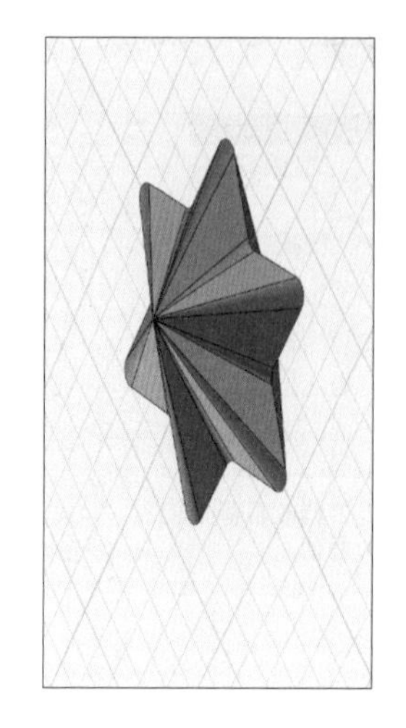

图 3-1-23　镜像

3．挂饰整体结构绘制

（1）单击基本实体→圆柱，如图 3-1-24 所示，打开“圆柱体”指令对话框；单击指令对话框“中心”输入 0，按【Enter】键确定输入，选择（0,0,0）原点绘制圆柱体，依次单击数值进行修改，按【Enter】键确认输入，圆柱尺寸为半径 1 mm，高度 20 mm，如图 3-1-25 所示；单击完成圆柱体绘制，如图 3-1-26 所示。

图 3-1-24　指令选择

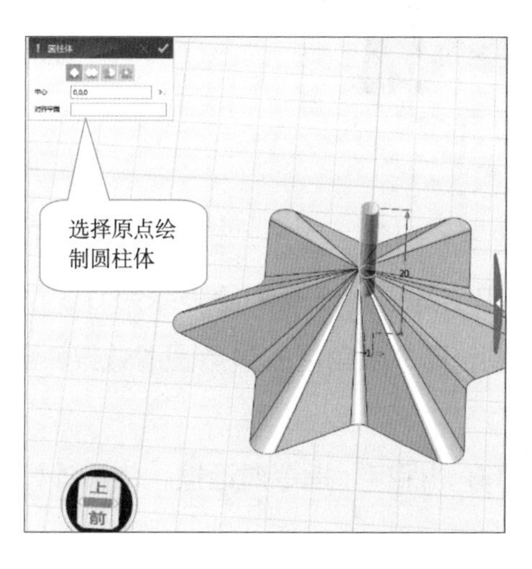

图 3-1-25　圆柱绘制

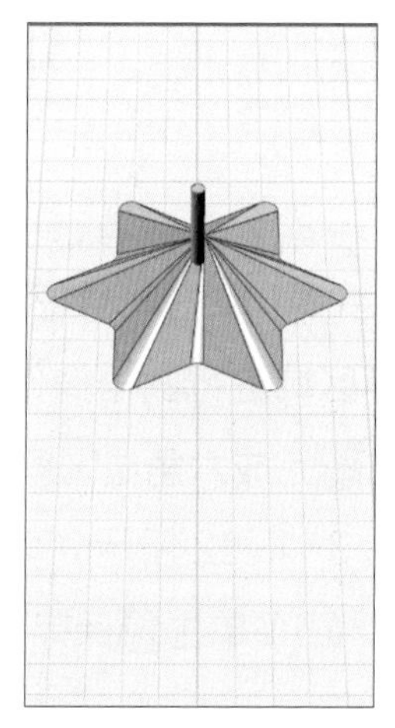

图 3-1-26　圆柱

（2）单击基本编辑→移动→点到点移动，打开“点到点移动”指令对话框，单击“实体”选择圆柱体分割体，“起始点”输入 0，按【Enter】键确定输入，“目标点”选择挂饰挂口合适位置并单击确定，修改对话框“目标点”数值为整数（5,–14,–5）按【Enter】键确定输入，进行圆柱体分割体移动操作，如图 3–1–27 所示；单击完成圆柱体移动绘制，如图 3–1–28 所示。

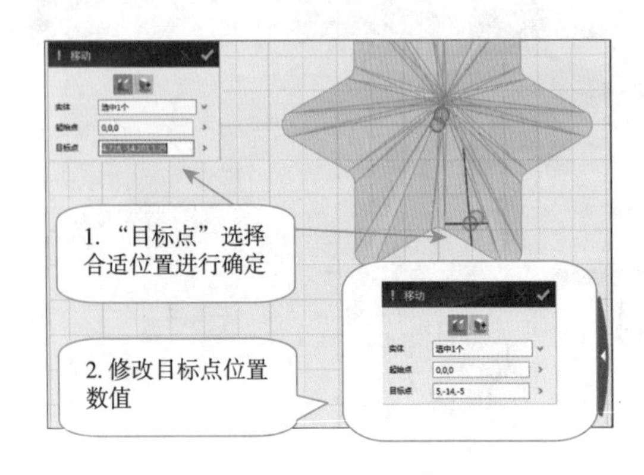

图 3–1–27　移动绘制

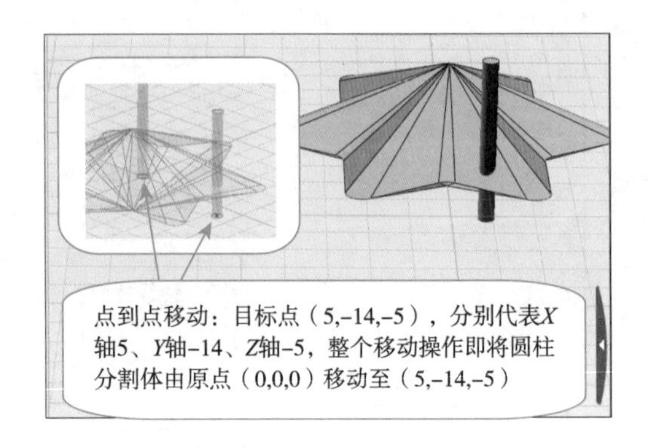

图 3–1–28　点到点移动

（3）单击组合编辑→减运算，打开“减运算”指令对话框，单击 “基体”选择六角星，“合并体”选择圆柱分割体进行减运算操作，如图 3–1–29 所示；单击完成六角星减运算，形成六角星挂饰挂口功能，如图 3–1–30 所示。

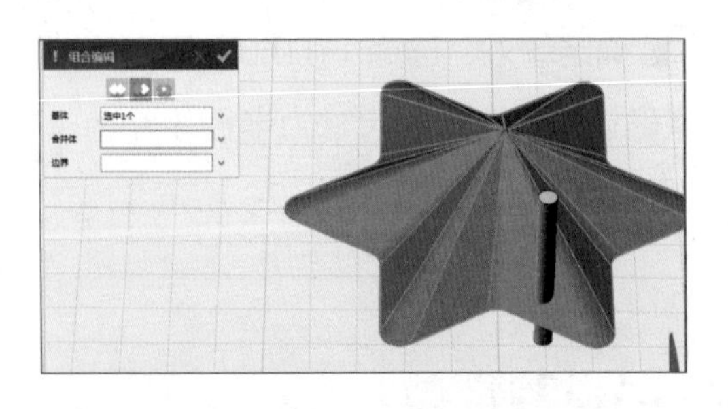

图 3–1–29　组合编辑绘制

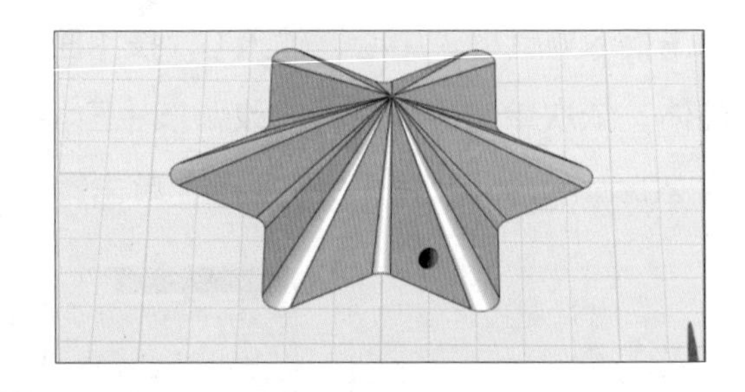

图 3–1–30　减运算

（4）单击特征造型→圆角，打开“圆角”指令对话框，选择六角星边缘、顶角等区域进行圆角操作，单击数值，修改倒角边缘为 0.3 mm，如图 3–1–31 所示；单击完成六角星圆角绘制，形成六角星的边角圆滑效果，最终完成六角星挂饰设计，如图 3–1–32 所示。

（5）单击保存，打开“保存”指令对话框，将设计好的 3D 模型进行保存。

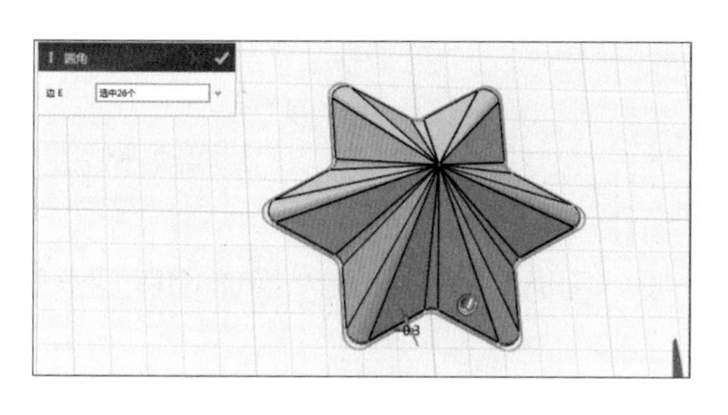

图 3-1-31　圆角绘制

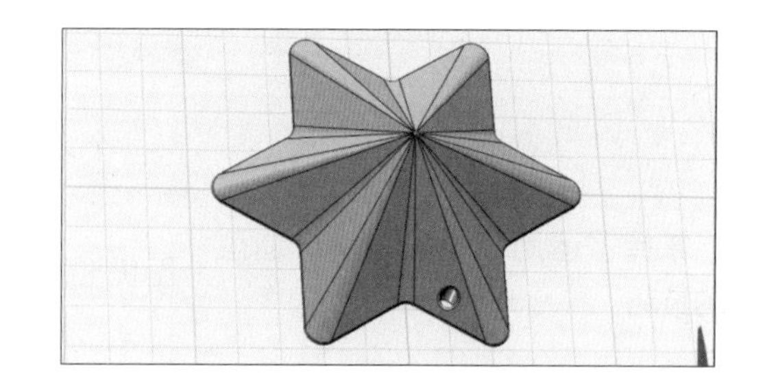

图 3-1-32　星星挂饰

实　践

同学们以小组为单位，从以下几款挂饰造型选项中选择一种，参照“六星挂饰”绘制流程，充分发挥小组成员的想象力，自主完成挂饰设计，最后用创客空间的 3D 打印机打印出来在班级讨论会上进行展示分享。

★ 八星挂饰

★ 五星挂饰

★ 镂空星星挂饰

★ 其他

成果交流

各小组运用数字可视化工具，将完成的项目成果分别在小组和全班展示分享，或通过网络将设计作品进行展示、交流与评价。

思　考

通过“六星挂饰”的设计，掌握所学的设计指令后，请同学们思考一下如何用圆规和尺子在纸上绘制正五角星 / 正六角星图纸。

活动评价

完成“六星挂饰”的设计后，请同学们根据表 3-1-2，对项目学习效果进行评价。

表 3-1-2　活动评价表

评价内容	个人评价	小组评价	教师评价
掌握了运用草图绘制设计造型的技巧	□优 □良 □一般	□优 □良 □一般	□优 □良 □一般
掌握了多段线、修剪、链状圆角、锥销、镜像、圆柱等指令的使用	□优 □良 □一般	□优 □良 □一般	□优 □良 □一般
能够与同学们交流和分享自己的设计经验	□优 □良 □一般	□优 □良 □一般	□优 □良 □一般

项目二　旋转花瓶

情景导入

花瓶是一种用来盛放花枝等植物的器皿，多为陶瓷或玻璃制成，也有用水晶等昂贵材料制成，外表美观光滑，花瓶底部通常盛水，让植物保持生命与美丽。然而要满足人们的审美需求，仅仅实用已经不够，还需要设计者融入更多巧妙的心思进行创意，做出新颖别致的造型，如图 3-2-1 所示。本项目将以花瓶造型设计为例，学习如何用 3D One 进行 3D 造型设计。

图 3-2-1　花瓶

项目主题

以“旋转花瓶”为主题，利用互联网收集花瓶的相关资料，了解和分析花瓶的形状、结构、大小等知识。应用 3D One 设计软件设计一款花瓶，在花瓶设计过程中，掌握软件基本操作命令和 3D 建模设计的基础知识。

“旋转花瓶”的建模设计视频介绍

项目目标

◆ 掌握运用多个轮廓图设计造型的绘制技巧。

◆ 掌握圆形、阵列、缩放、放样、扭曲等指令的使用。

项目探究

根据项目目标要求，开展“旋转花瓶”项目学习探究活动，如表 3-2-1 所示。

表 3-2-1 “旋转花瓶”设计项目探究

探究活动	项目探究内容	知识技能
旋转花瓶建模设计	草图编辑绘制花瓶基本轮廓图	掌握圆形、阵列指令的使用
	花瓶基本轮廓图修正绘制	掌握缩放指令的使用
	花瓶基本轮廓图实体化绘制	掌握放样、扭曲指令的使用

问　　题

◆ 花瓶与花盆有什么区别?

◆ 常见的花瓶是什么形状的?

构思设计

使用 3D One 软件设计一个花瓶，形状结构为扭曲造型，大小尺寸为半径 65 mm、高 250 mm，在设计过程中需要用到圆形、阵列、修剪、链状圆角、阵列、缩放、放样、抽壳、圆角、扭曲等几个命令，每个命令都有相对应的图标进行操作。

项目实施

1．花瓶基本轮廓图绘制

（1）单击上视图，单击草图绘制→圆形，打开“圆形”指令对话框，选取绘图区为草图绘制工作平面，如图 3-2-2 所示；选取绘图区原点（0,0,0）为圆形绘制中心点，绘制圆形 1，单击半径数值，输入半径为 65 mm，如图 3-2-3 所示，单击完成圆形 1 绘制；单击鼠标中键重复圆形绘制指令，选择圆形 1 象限点，绘制圆形 2，修改半径为 10 mm，单击完成圆形 2 绘制，如图 3-2-4 所示。

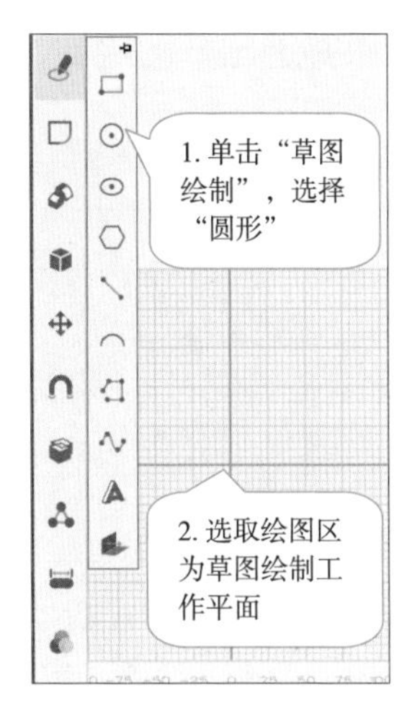

图 3-2-2 指令选择

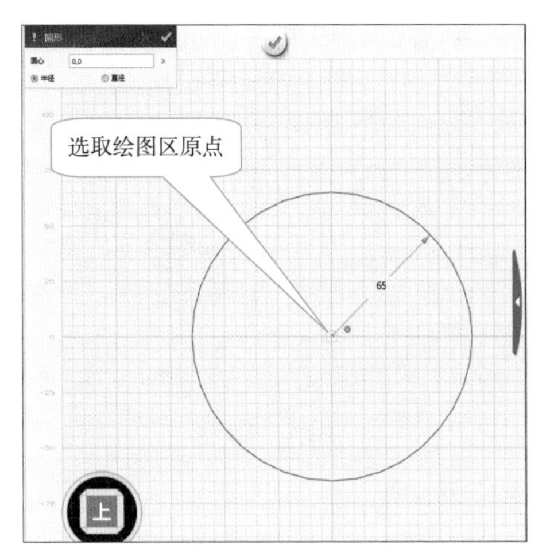

图 3-2-3 圆形绘制

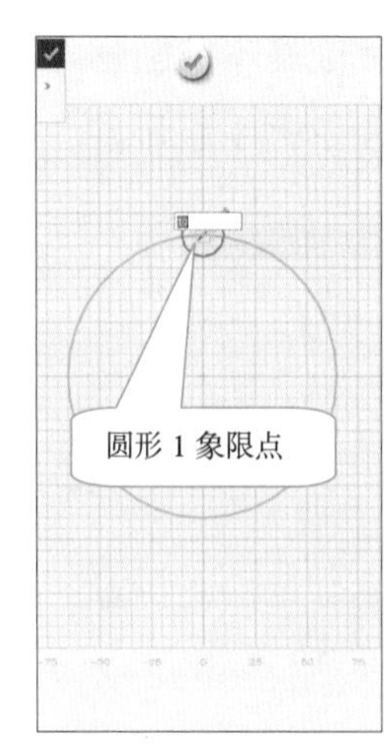

图 3-2-4 圆形

（2）单击基本编辑→阵列→圆形阵列，打开“圆形阵列”指令对话框，如图 3-2-5 所示；选择圆形 2 进行阵列操作，单击 “基体”选择圆形 2，“圆心”选择圆形 1 圆心点，“数量”输入 10，“间距角度”输入 36°，如图 3-2-6 所示；单击完成圆形 2 阵列绘制，如图 3-2-7 所示。

图 3-2-5 指令选择

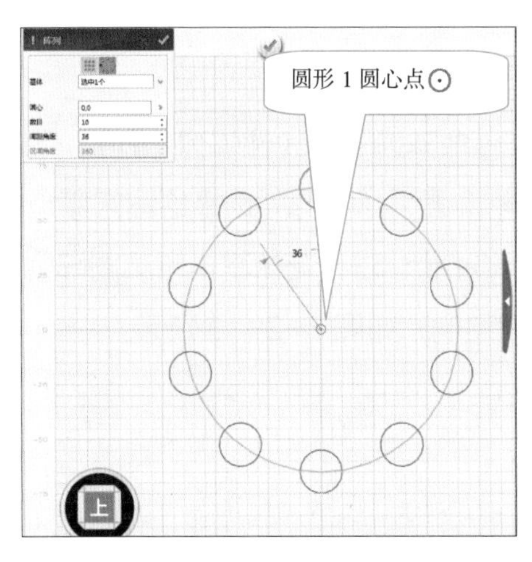

图 3-2-6 阵列绘制

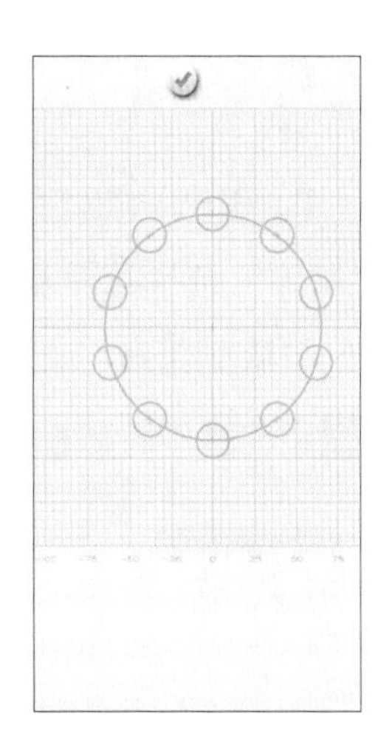

图 3-2-7 阵列

（3）单击草图编辑→修剪，打开“修剪”指令对话框，依次单击选择圆形 1 与圆形 2 相交的圆弧进行修剪操作，如图 3-2-8 所示；单击完成草图修剪绘制，如图 3-2-9 所示。

（4）单击草图编辑→链状圆角，打开“链状圆角”指令对话框，单击 “半径”输入 10 mm，“曲线”按顺序选取曲线边缘进行圆角操作，如图 3-2-10 所示；单击完成基本草图圆角绘制；单击检查曲线连通性；单击结束并退出草图绘制，如图 3-2-11 所示。

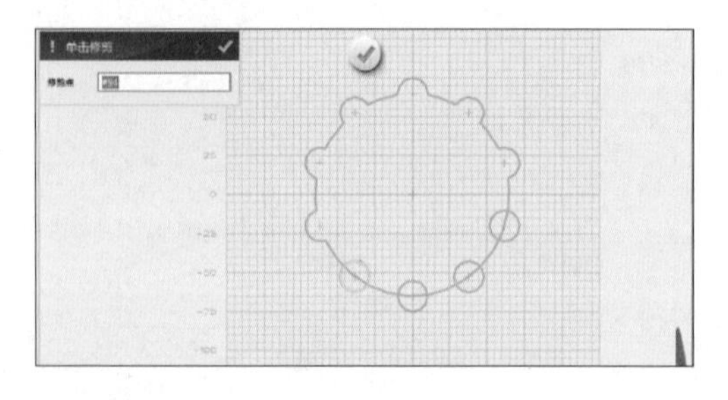

图 3-2-8　修剪绘制

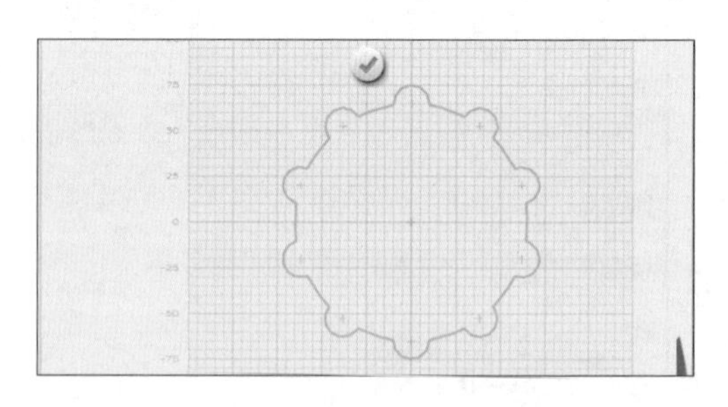

图 3-2-9　修剪

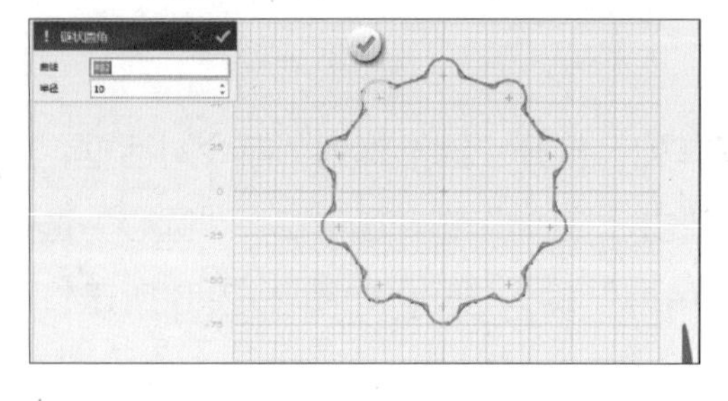

图 3-2-10　链状圆角绘制

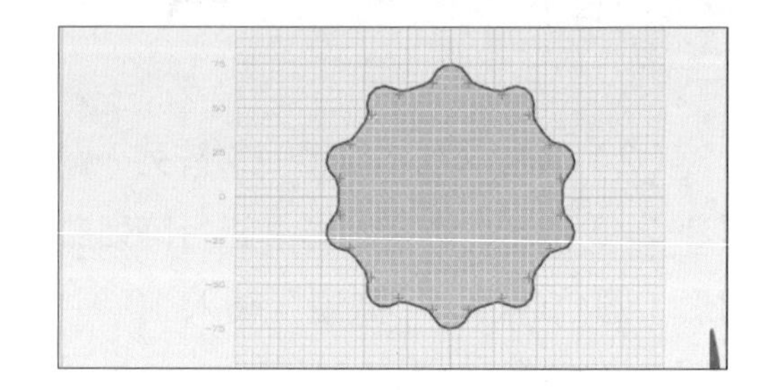

图 3-2-11　花瓶轮廓图

2．花瓶整体轮廓图设计

（1）单击基本编辑→阵列→线性阵列，打开“线性阵列”指令对话框，单击“基体”选择花瓶基本轮廓图，“方向”选择绘图区原点（0,0,1），“阵列数量”输入5，“阵列距离”输入250 mm，进行花瓶基本轮廓图阵列操作，如图 3-2-12 所示；单击完成基本轮廓图阵列绘制，如图 3-2-13 所示。

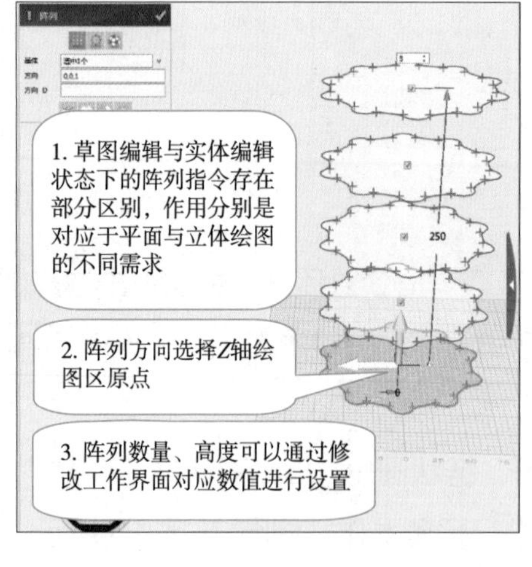

图 3-2-12　阵列绘制

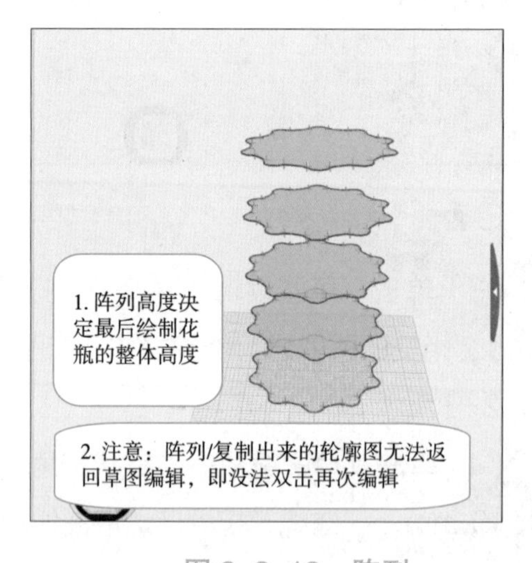

图 3-2-13　阵列

（2）单击基本编辑→移动→动态移动，打开“动态移动”指令对话框，分别选择各个基本轮廓图，拖动移动轴进行移动操作，移动距离不同将会产生不同的花瓶形状，如图 3-2-14 所示；单击完成基本轮廓图移动操作，如图 3-2-15 所示。

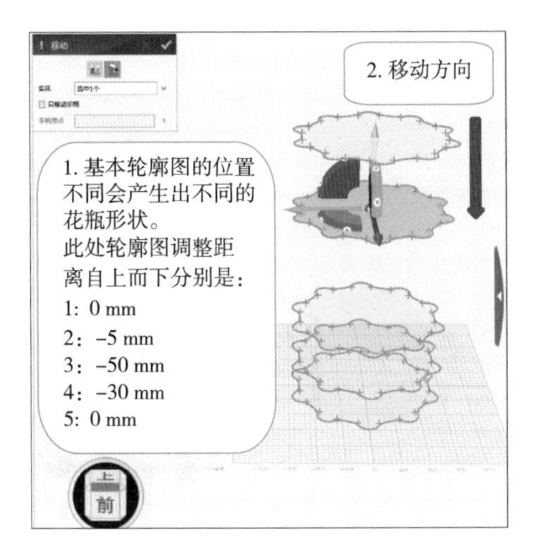

图 3-2-14 动态移动绘制

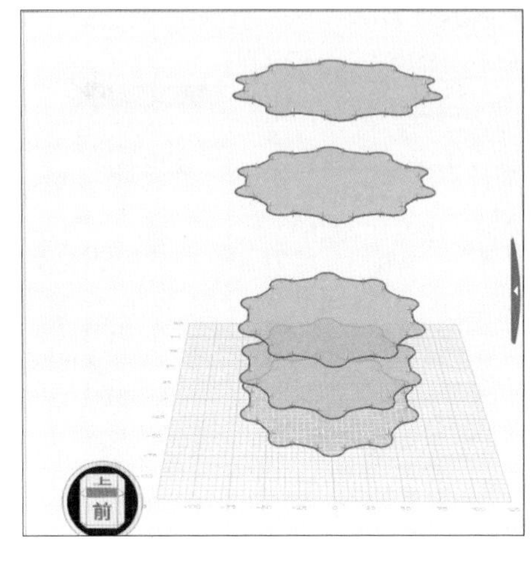

图 3-2-15 移动

（3）单击基本编辑→缩放，如图 3-2-16 所示，打开“缩放”指令对话框；分别选择各个基本轮廓图进行缩放操作（缩放数值 > 1：模型放大；1 > 缩放数值 > 0：模型缩小），单击“比例”，分别输入缩放比例为 0.5、0.4、0.9、1、0.5，缩放比例不同将会产生不同的花瓶形状，如图 3-2-17 所示；单击完成基本轮廓图缩放操作，如图 3-2-18 所示。

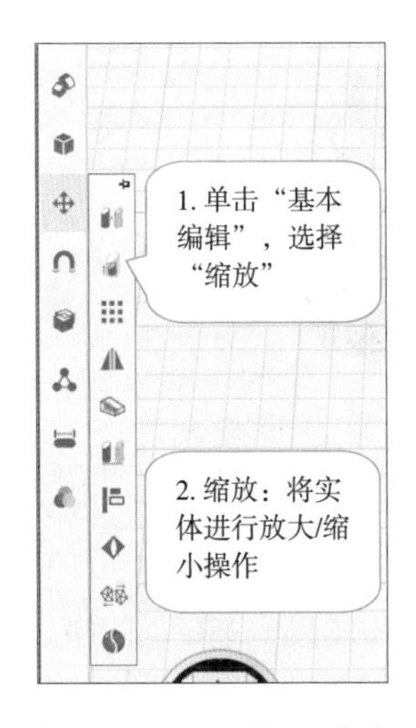

图 3-2-16 指令选择

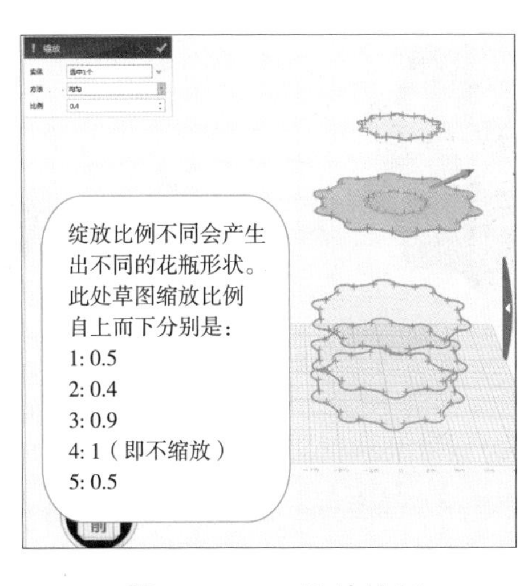

图 3-2-17 缩放绘制

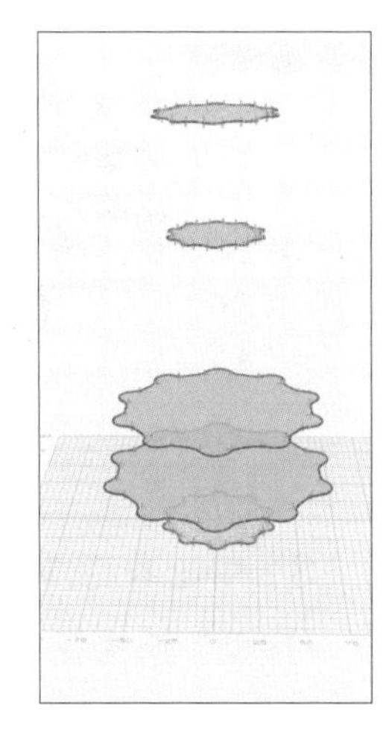

图 3-2-18 缩放

3．花瓶的实体化与变形

（1）单击特征造型→放样，如图 3–2–19 所示，打开“放样”指令对话框；自上而下依次选择轮廓草图边缘进行放样操作，草图轮廓选择时需要注意黄色箭头指向同一方向，如图 3–2–20 所示；单击完成轮廓草图放样绘制，形成花瓶基本造型，如图 3–2–21 所示。

图 3–2–19　指令选择

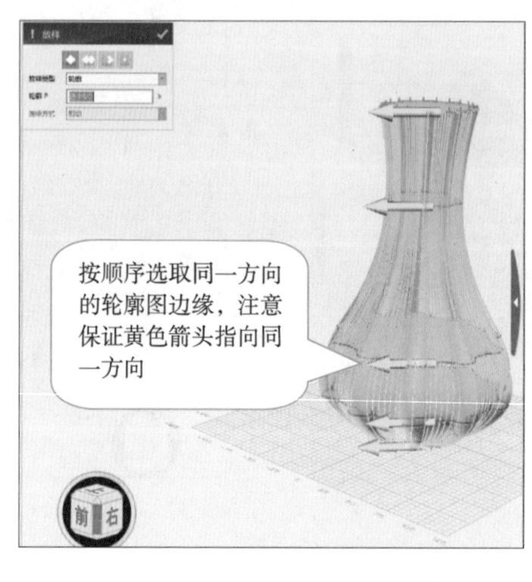

图 3–2–20　放样绘制

图 3–2–21　放样

（2）单击特殊功能→抽壳，打开“抽壳”指令对话框，单击“造型”选择花瓶基本体，“厚度”输入 –3.6 mm，“开放面”选择花瓶顶面，进行花瓶抽壳操作，如图 3–2–22 所示，单击完成花瓶抽壳绘制，形成花瓶造型，如图 3–2–23 所示。

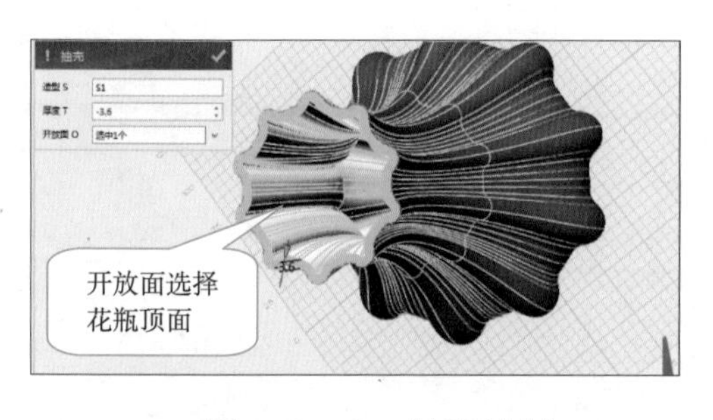

图 3–2–22　抽壳绘制

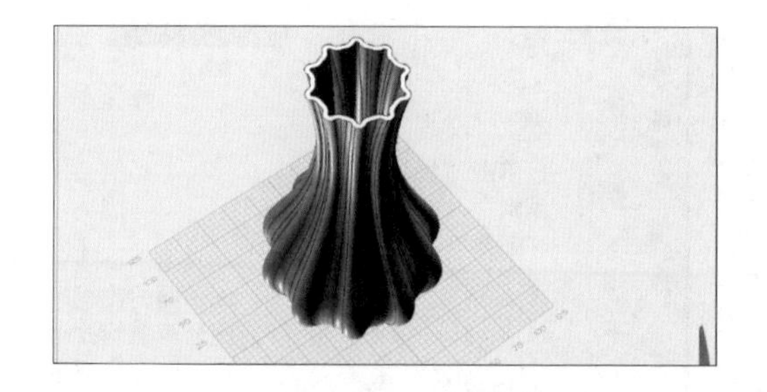

图 3–2–23　抽壳

（3）单击特殊功能→扭曲，打开“扭曲”指令对话框，如图 3–2–24 所示；单击 “造型”选择花瓶实体，“基准面”选择花瓶底面，“扭曲角度”输入 120°，如图 3–2–25 所示；单击完成花瓶扭曲，形成花瓶的旋转美化效果，最终完成旋转花瓶设计，如图 3–2–26 所示。

图 3-2-24　指令选择

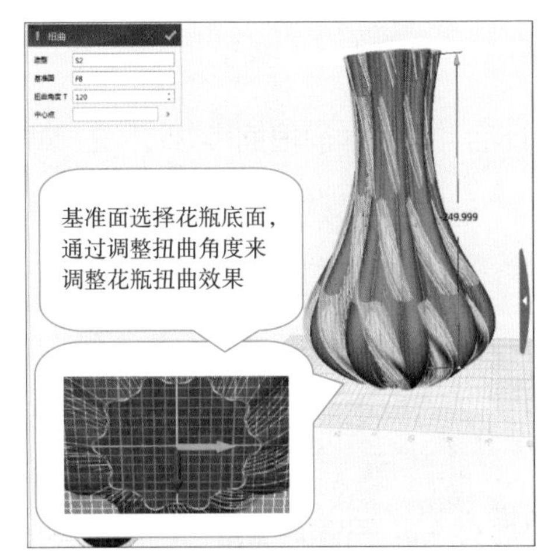

图 3-2-25　扭曲绘制

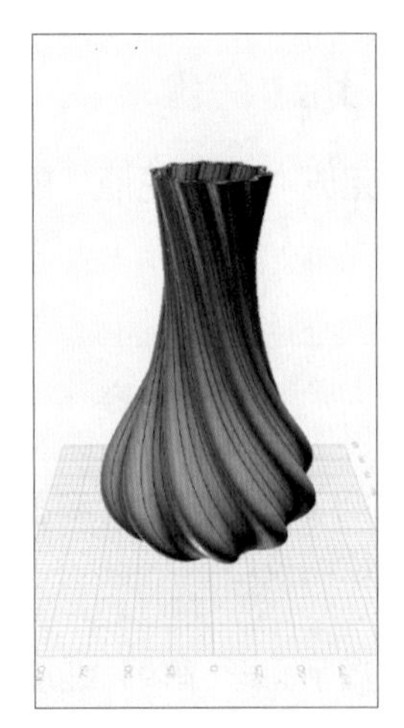

图 3-2-26　扭曲花瓶

（4）单击保存，打开“保存”指令对话框，将设计好的 3D 模型进行保存。

实　　践

同学们以小组为单位，从以下造型选项中选择一种，参照“旋转花瓶”的绘制流程，充分发挥小组成员的想象力，自主完成花瓶 / 花盆设计，最后用创客空间的 3D 打印机打印出来在班级讨论会上进行展示分享。

★ 旋转笔筒

★ 旋转花盆

★ 其他

成果交流

各小组运用数字可视化工具，将完成的项目成果，分别在小组和全班展示分享或通过网络将设计作品进行展示、交流与评价。

思　　考

通过“旋转花瓶”的设计，掌握所学的设计指令后，请同学们思考一下，花盆底部孔洞起什么作用？不同的季节气候类型种植什么水生、土生植物比较合适？结合所学知识用花瓶或花盆进行种植。

活动评价

完成“旋转花瓶”的设计后，请同学们根据表 3-2-2，对项目学习效果进行评价。

表 3-2-2　活动评价表

评价内容	个人评价	小组评价	教师评价
掌握了运用多个轮廓图设计造型的绘制技巧	□优 □良 □一般	□优 □良 □一般	□优 □良 □一般
掌握了圆形、阵列、缩放、放样、扭曲等指令的使用	□优 □良 □一般	□优 □良 □一般	□优 □良 □一般
能够与同学们交流和分享自己的设计经验	□优 □良 □一般	□优 □良 □一般	□优 □良 □一般

项目三　火箭模型

情景导入

火箭（Rocket）是实现航天飞行的运载工具，是一种靠火箭发动机喷射工作介质产生的反作用力向前推进的飞行器。它自身携带全部推进剂，不依赖外界推力，可以在稠密的大气层内飞行，也可脱离大气层飞向太空。火箭的基本模型如图 3-3-1 所示。本项目将以火箭模型为例，学习如何用 3D One 进行 3D 模型设计。

图 3-3-1　火箭模型

项目主题

以“火箭模型”为主题，利用互联网收集火箭的相关资料，了解和分析火箭的形状、结构、大小等知识。应用 3D One 设计软件设计一款火箭模型，在火箭模型设计过程中，掌握软件基本操作命令和 3D 建模设计的基础知识。

“火箭模型”的建模设计视频介绍

项目目标

◆ 掌握运用截面轮廓图设计造型的技巧。

◆ 掌握矩形、直线、通过点绘制曲线、旋转、复制、分割等指令的使用。

项目探究

根据项目目标要求，开展“火箭模型”项目学习探究活动，如表 3-3-1 所示。

表 3-3-1 “火箭模型设计”项目探究

探究活动	项目探究内容	知识技能
火箭模型建模设计	旋转体旋转绘制火箭基本体	掌握矩形、直线、旋转指令的使用
	火箭尾翼、导流绘制	融合运用草图绘制与实体编辑指令
	火箭造型修整与美化	掌握复制、分割指令的使用

问　　题

◆ 常见的火箭有什么形状和造型?

◆ 火箭在现实世界中有什么作用?

◆ 火箭运用什么原理实现飞行？其动力来源是什么?

构思设计

使用 3D One 软件设计一个火箭模型，形状结构为类椭圆形，大小尺寸为半径 40 mm、高 200 mm，在设计过程中需要用到矩形、直线、通过点绘制曲线、修剪、旋转、圆、阵列、缩放、圆柱、减运算、拉伸、圆角、圆柱、六面体、复制、实体分割、颜色等命令，每个命令都有相对应的图标进行操作。

项目实施

1. 火箭基本主体绘制

（1）单击上视图，单击草图绘制→矩形，打开“矩形”指令对话框，选取绘图区为草图绘制工作平面，如图 3-3-2 所示；选取绘图区原点（0,0）为矩形绘制起点，绘制矩形，单击数值，分别输入长为 50 mm，宽为 200 mm，如图 3-3-3 所示；单击完成参照矩形绘制，如图 3-3-4 所示。

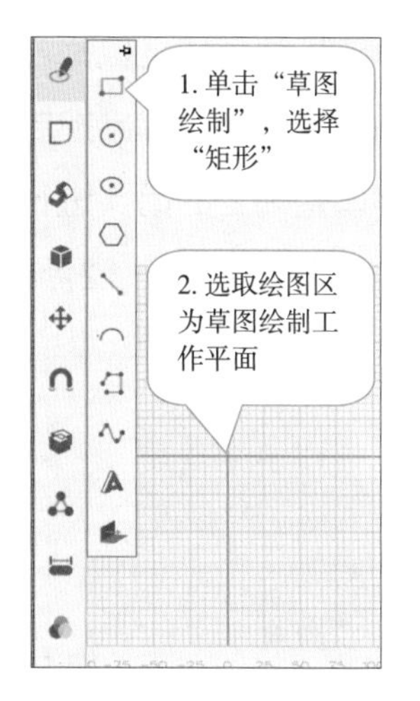

图 3-3-2　指令选择

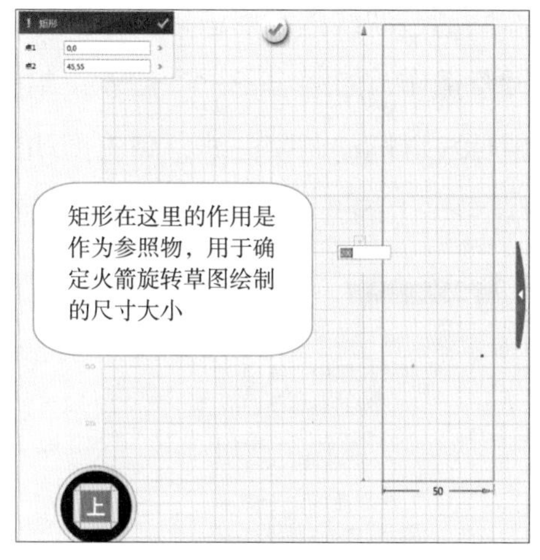

图 3-3-3　矩形绘制

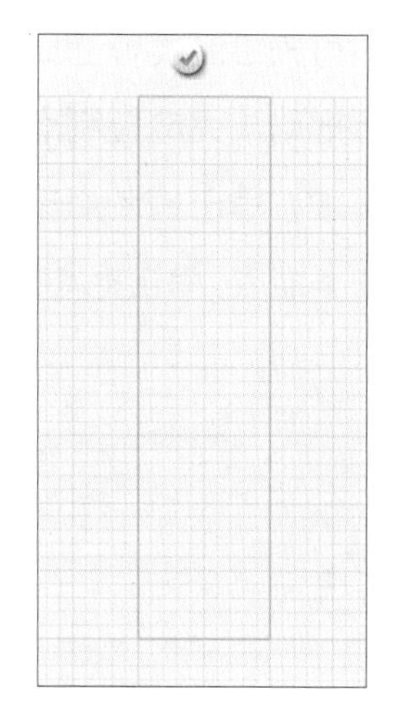

图 3-3-4　矩形

（2）单击草图绘制→直线，如图 3-3-5 所示，打开“直线”指令对话框；选择参照矩形“长边”的中心点⊙，确定为直线的点 1，移动光标单击另一条“长边”的中心点确定为点 2，绘制出直线，如图 3-3-6 所示；单击完成中心线绘制，如图 3-3-7 所示。

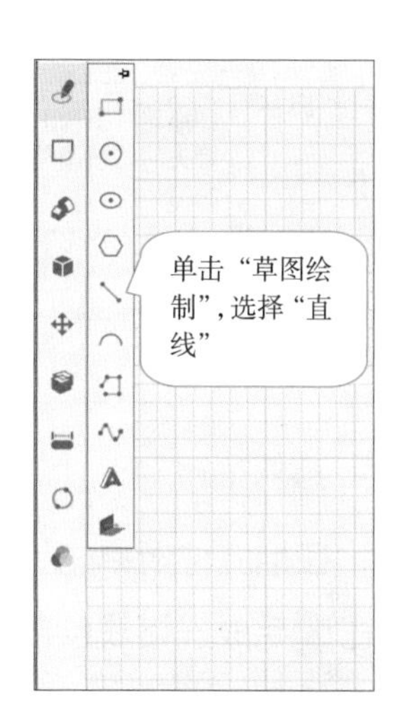

图 3-3-5　指令选择

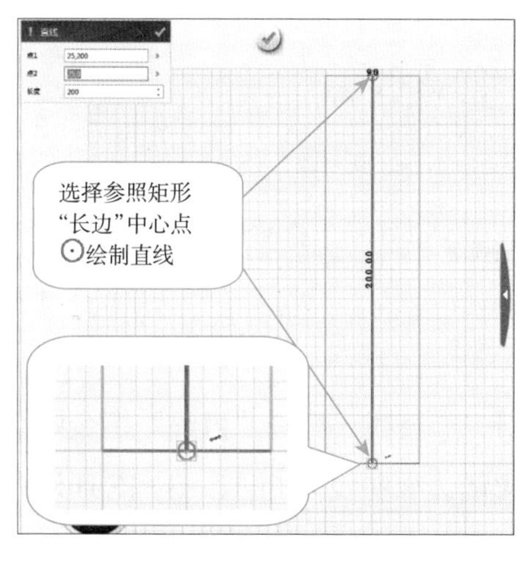

图 3-3-6　直线绘制

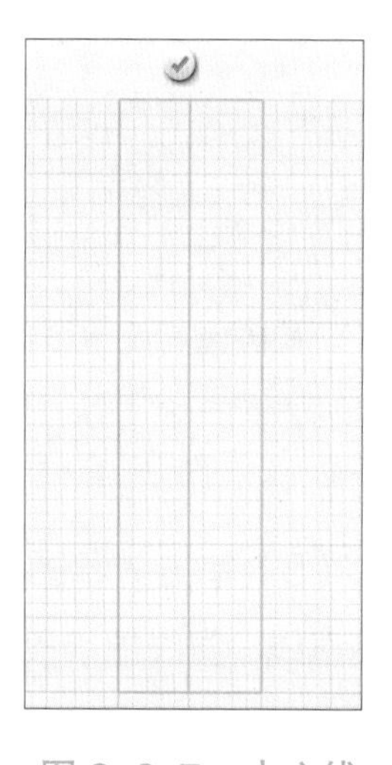

图 3-3-7　中心线

（3）单击草图绘制→通过点绘制曲线，如图 3-3-8 所示，打开“通过点绘制曲线”指令对话框；在矩形与中心线范围内多次单击确定曲线点的位置，绘制火箭边缘曲线，如图 3-3-9 所示；单击完成火箭边缘曲线绘制，选择参照矩形按【Delete】键进行删除，如图 3-3-10 所示。

（4）选择通过点绘制曲线：由于曲率限制，曲线的绘制难度比较大，在绘制过程中可先绘制类似曲线，然后通过曲线控制点进行调整操作；单击控制点按住鼠标左键进行拖动，完成控制点的调整操作，如图 3-3-11 所示；单击曲线控制点，弹出控制点曲率轴，单击控制点按住鼠标左键拖动调整曲线，单击拖动曲率调整轴上的箭头进行曲线曲率缩放，单击拖动曲率调整轴上的圆球进行曲率控制点旋转控制，如图 3-3-12 所示。

图 3-3-8　指令选择

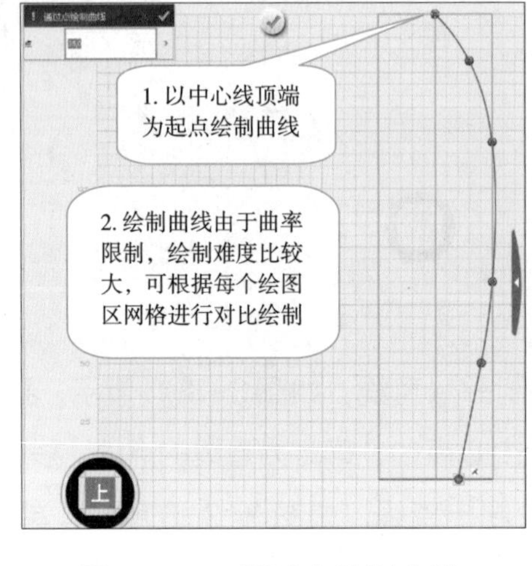

图 3-3-9　通过点绘制曲线

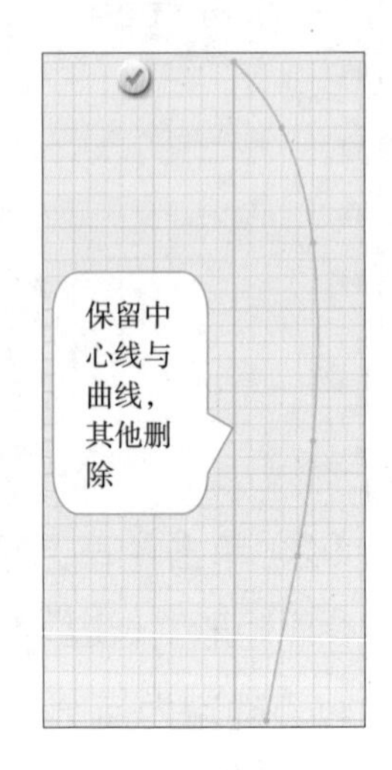

图 3-3-10　曲线

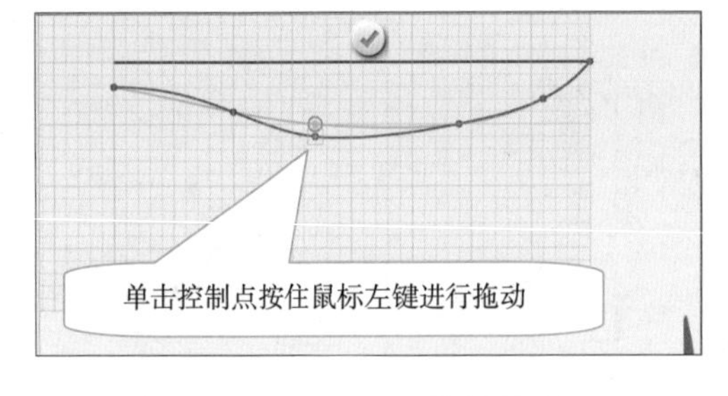

图 3-3-11　曲线调整

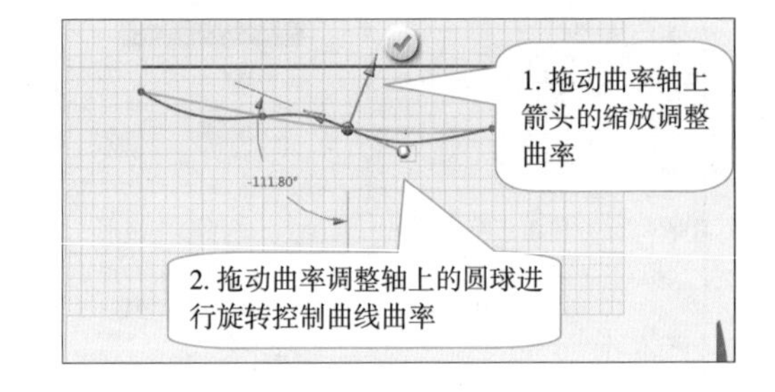

图 3-3-12　曲线控制

（5）单击草图绘制→直线，打开“直线”指令对话框，在相应位置单击绘制连接直线，直线端点接触火箭边缘曲线，如图 3-3-13 所示；单击完成连接线绘制，如图 3-3-14 所示。

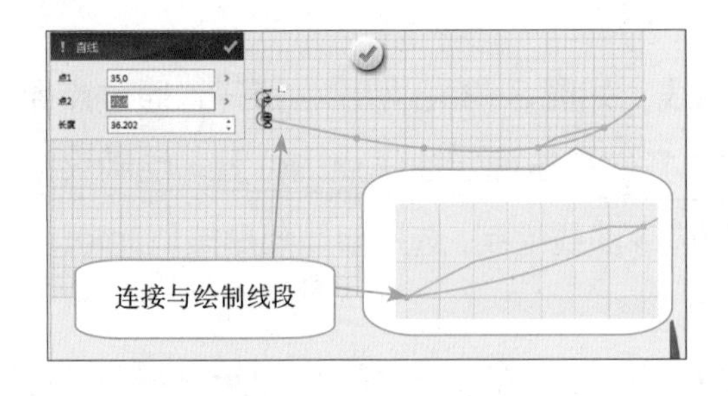

图 3-3-13　直线绘制

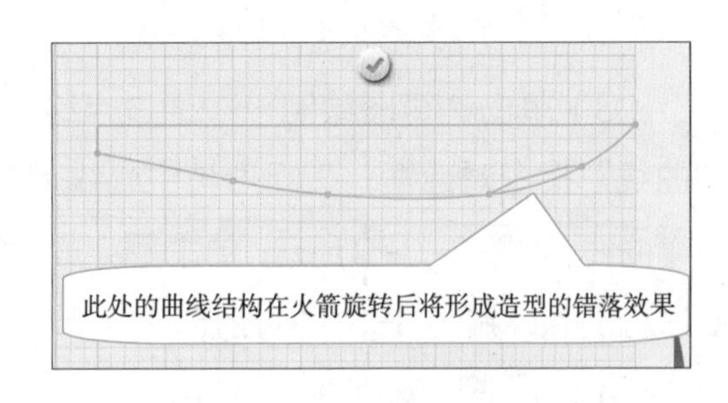

图 3-3-14　主体草图

（6）单击□草图编辑→修剪，打开“修剪”指令对话框，选择火箭主体草图中的相交线段进行修剪操作，单击✔完成火箭主体草图修剪绘制，如图 3-3-15 所示；单击○检查曲线连通性；单击✔结束并退出草图绘制，如图 3-3-16 所示。

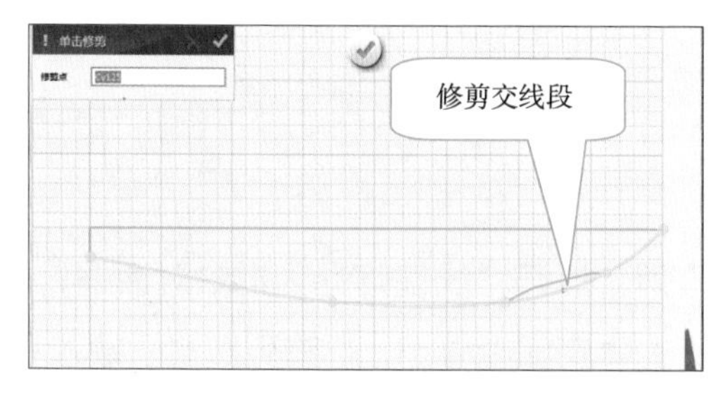

图 3-3-15　修剪绘制

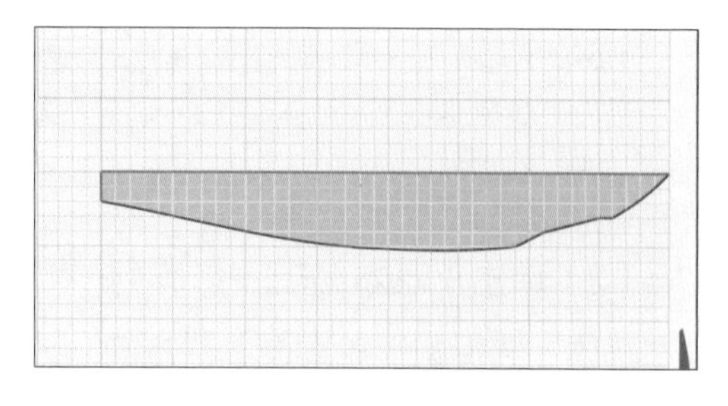

图 3-3-16　主体轮廓图

（7）单击特征造型→旋转，如图 3-3-17 所示，打开“旋转”指令对话框；单击“轮廓”选择火箭轮廓图，“轴”选择轮廓图中心线，进行轮廓图旋转操作，如图 3-3-18 所示；单击✔完成火箭轮廓图旋转绘制，形成火箭主体造型效果，如图 3-3-19 所示。

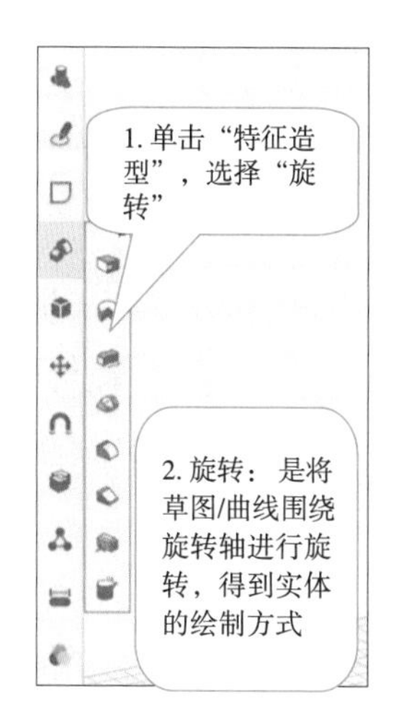

图 3-3-17　指令选择

图 3-3-18　旋转绘制

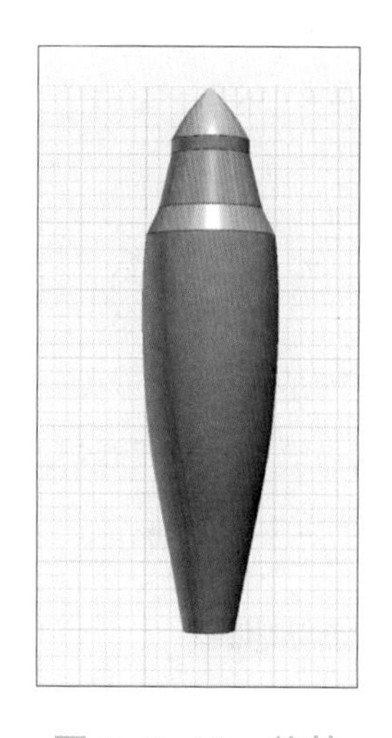

图 3-3-19　旋转

2. 火箭尾翼导流绘制

（1）单击草图绘制→⊙圆形，打开“圆形”指令对话框，选取火箭底部中心点⊙为绘图工作平面，单击火箭底部中心点为圆形圆心，绘制圆形，单击数值，输入半径为 40 mm，如图 3-3-20 所示；单击✔完成圆形绘制，单击✔结束并退出草图绘制，如图 3-3-21 所示。

图 3-3-20　圆形绘制

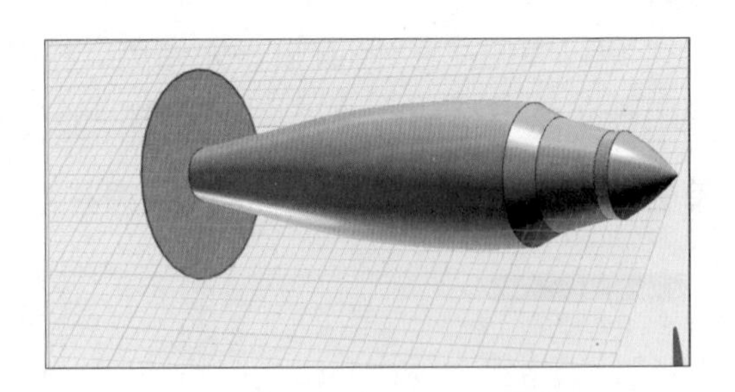

图 3-3-21　圆形轮廓图

（2）单击基本编辑→阵列→线性阵列，打开“线性阵列”指令对话框，单击“基体”选择圆形轮廓图，“方向”选择火箭主体底部中心点，“阵列数量”输入 4，“阵列距离”输入 -20 mm，进行轮廓图阵列操作，如图 3-3-22 所示；单击完成圆形轮廓图阵列绘制，如图 3-3-23 所示。

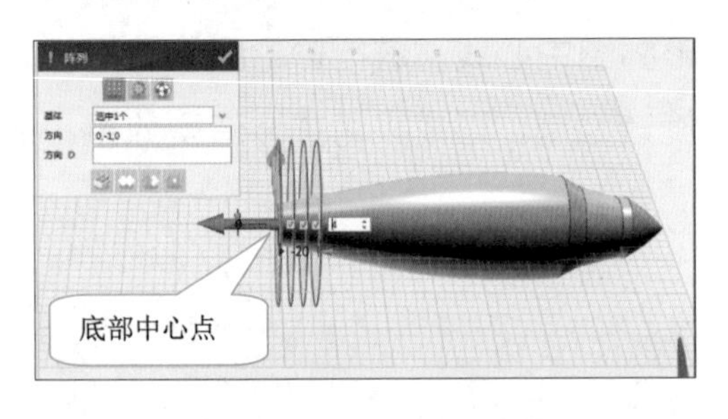

图 3-3-22　阵列绘制

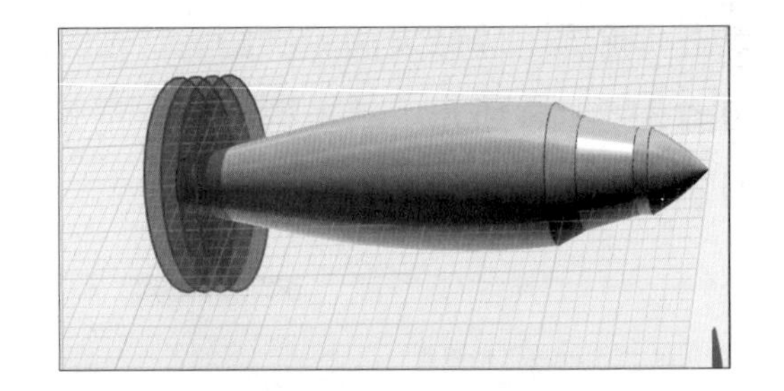

图 3-3-23　阵列

（3）单击基本编辑→缩放，打开“缩放”指令对话框，分别选择各个轮廓图进行缩放操作，单击“比例”，分别输入缩放比例为 0.95、1、0.9、0.95，缩放比例不同将会产生不同的尾翼形状，如图 3-3-24 所示；单击完成圆形轮廓图缩放绘制，如图 3-3-25 所示。

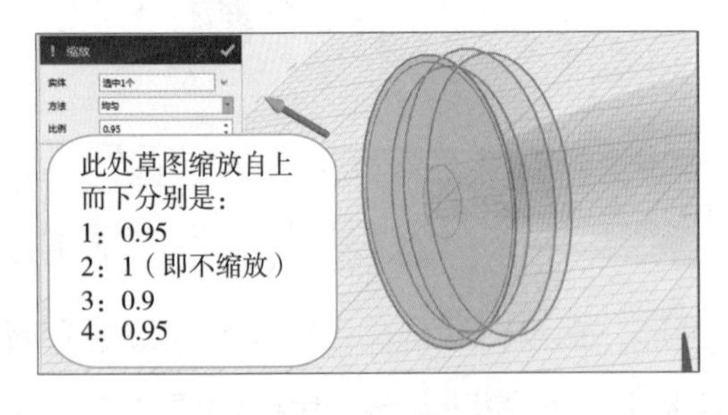

图 3-3-24　缩放绘制

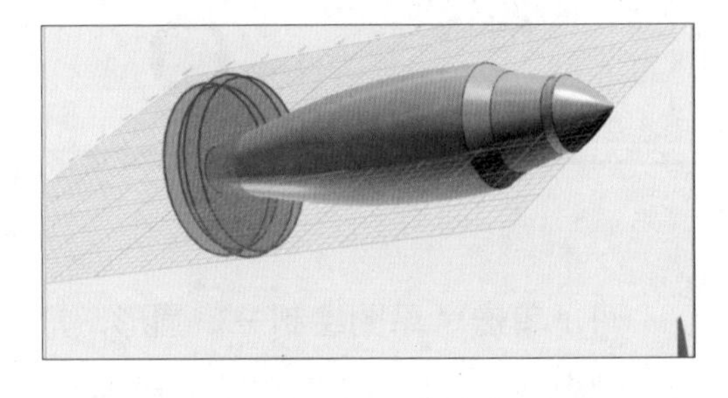

图 3-3-25　缩放

（4）单击特征造型→放样，打开“放样”指令对话框，自上而下依次选择圆形轮廓图边缘进行放样操作，轮廓选择需要注意保证黄色箭头指向同一方向，如图 3-3-26

所示；单击完成轮廓草图放样绘制，形成火箭尾翼基本造型，如图 3-3-27 所示。

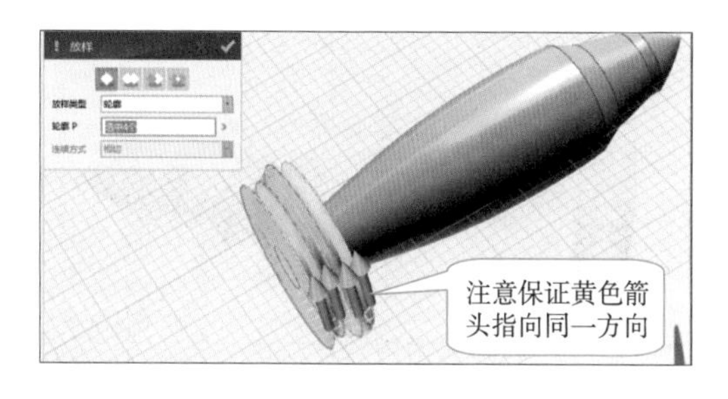

图 3-3-26 放样绘制

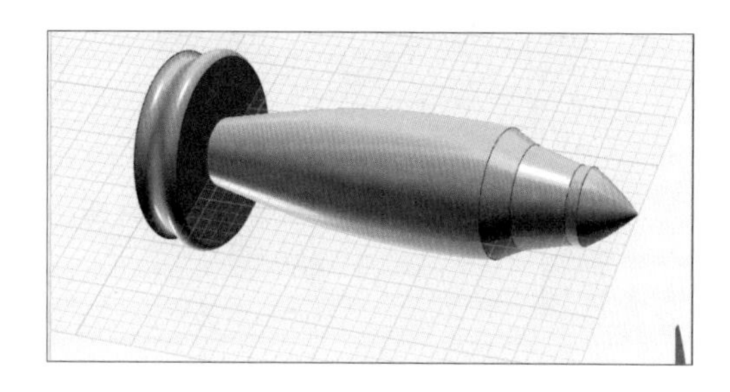
图 3-3-27 放样

（5）单击 基本实体→ 圆柱，打开“圆柱”指令对话框，选取火箭底部中心点为起点，绘制圆柱，单击数值输入半径为 32 mm，单击“对齐平面”选择火箭尾翼顶面，如图 3-3-28 所示；单击完成圆柱绘制，如图 3-3-29 所示。

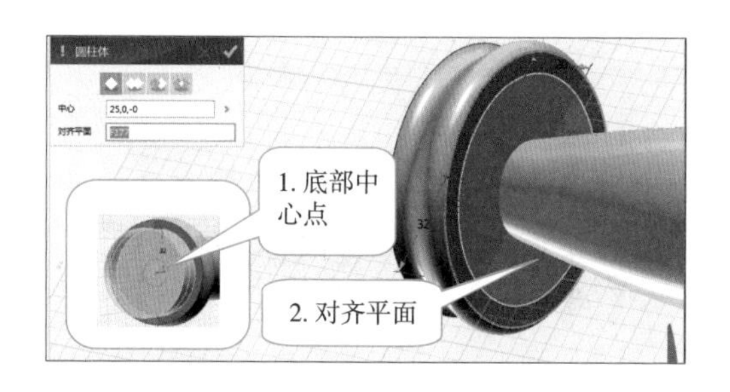

图 3-3-28 圆柱绘制

图 3-3-29 圆柱

（6）单击组合编辑→减运算，打开“减运算”指令对话框，单击“基体”选择尾翼基本体，“合并体”选择圆柱体进行减运算操作，如图 3-3-30 所示；单击完成尾翼减基本造型绘制，如图 3-3-31 所示。

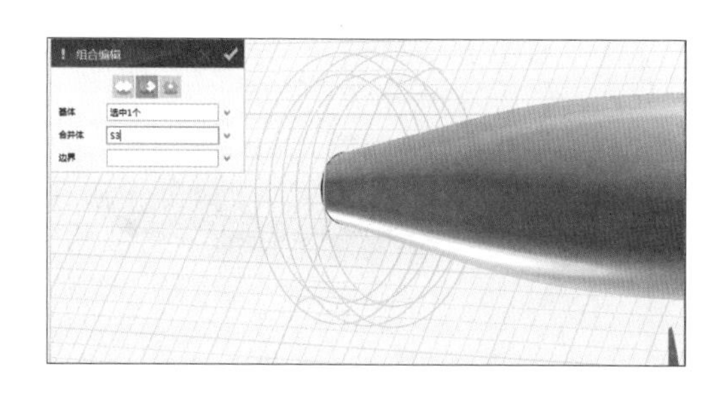
图 3-3-30 组合编辑绘制

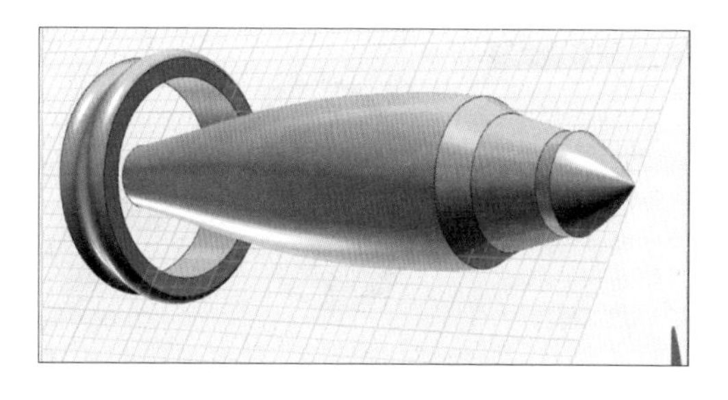
图 3-3-31 减运算

（7）单击上视图，单击草图绘制→多段线 / 通过点绘制曲线，选取绘图区为草图绘制工作平面，在相应区域多次单击确定曲线点的位置，绘制火箭导流草图，如图 3-3-32 所示；单击完成火箭导流草图绘制，单击结束并退出草图绘制，如

图 3-3-33 所示。

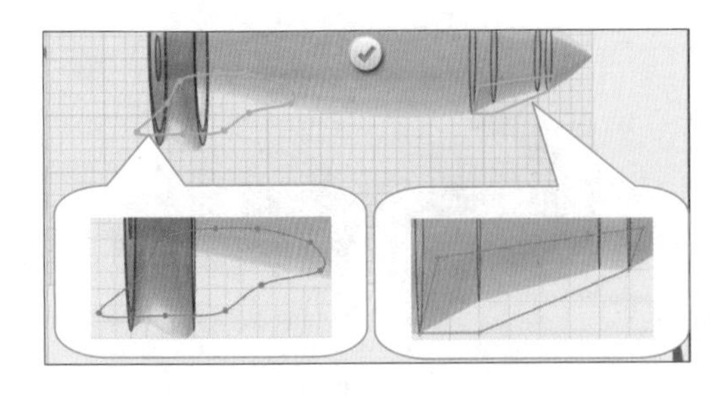

图 3-3-32　草图绘制

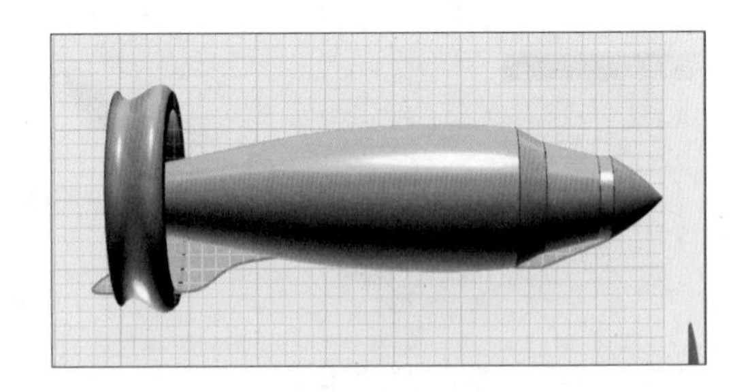

图 3-3-33　倒流轮廓图

（8）单击特征造型→拉伸，打开“拉伸”指令对话框，单击“轮廓”选择导流轮廓图，“拉伸类型”选择“对称”，单击数值，输入拉伸高度为 1.5 mm 进行火箭导流轮廓图拉伸操作，如图 3-3-34 所示；单击完成导流造型实体图拉伸绘制，如图 3-3-35 所示。

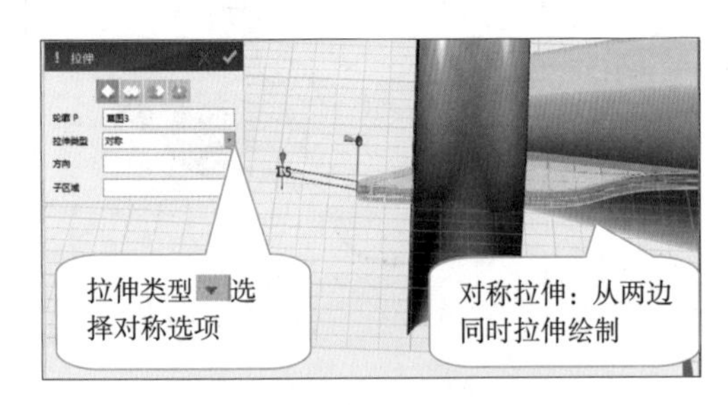

图 3-3-34　拉伸绘制

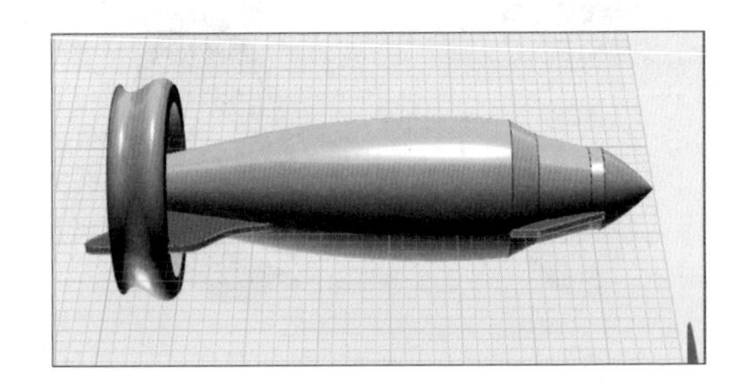

图 3-3-35　拉伸

（9）单击特征造型→圆角，打开“圆角”指令，分别对导流 / 尾翼实体边缘进行圆角操作，单击数值，分别输入导流实体倒角边缘为 1 mm，尾翼实体倒角边缘为 4 mm，如图 3-3-36 所示；单击完成导流 / 尾翼圆角绘制，如图 3-3-37 所示。

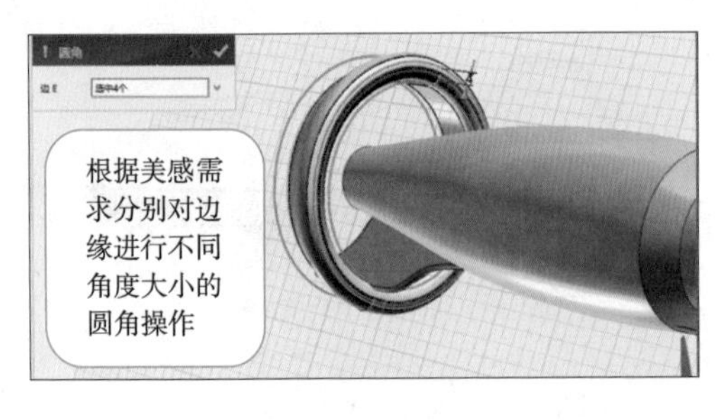

图 3-3-36　圆角绘制

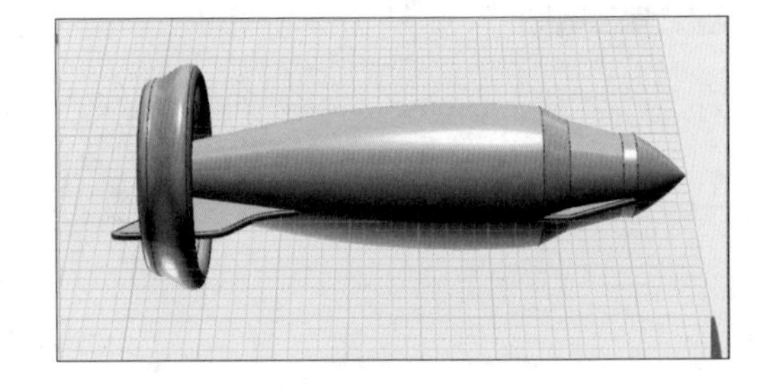

图 3-3-37　圆角

（10）单击基本编辑→阵列→圆形阵列，打开“圆形阵列”指令对话框，单击“基体”选择导流实体，“方向”选择火箭主体底部中心点⊙，进行阵列绘制，顶部导流阵列数量 12，底部导流阵列数量 6，如图 3-3-38 所示；单击完成导流实体阵列绘制，如图 3-3-39 所示。

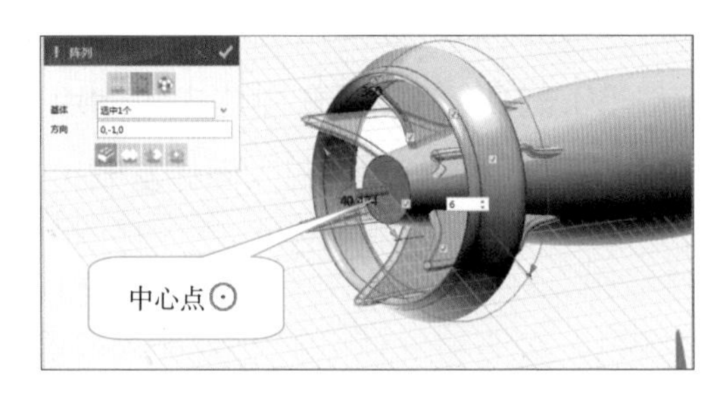

图 3-3-38 阵列绘制

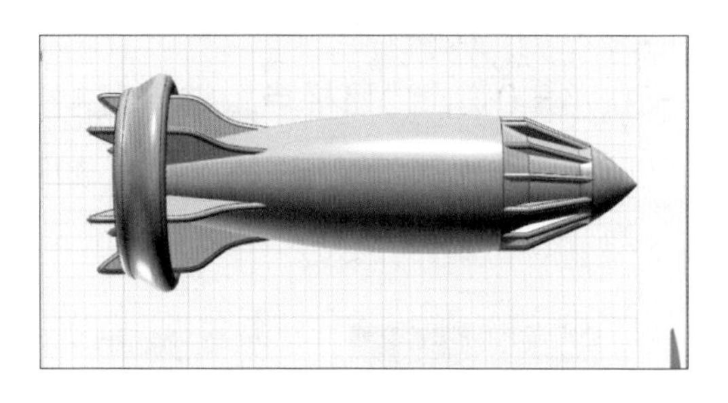

图 3-3-39 阵列

3．火箭造型修饰美化

（1）单击基本实体→圆柱，打开“圆柱”指令对话框，选取火箭底部中心点⊙为起点，绘制圆柱，单击数值，分别输入半径为 6 mm，高度为 −15 mm，单击启用叠加指令减运算，如图 3-3-40 所示；单击完成火焰喷射口减运算绘制，如图 3-3-41 所示。

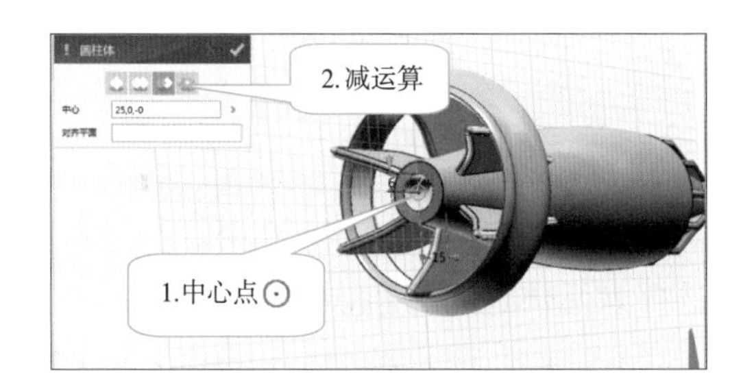

图 3-3-40 圆柱绘制

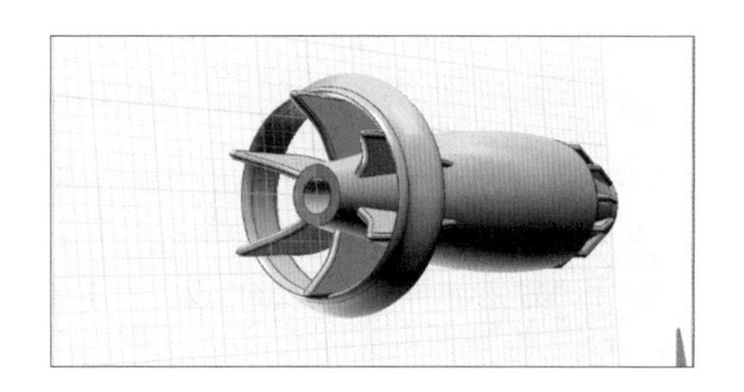

图 3-3-41 圆柱减运算

（2）单击基本实体→六面体，打开“六面体”指令对话框，单击“点”输入 0，按【Enter】键确定输入，修改对话框点数值为（30,190,−60），按【Enter】键确认输入，绘制六面体，单击数值，分别输入长为 160 mm，宽为 120 mm，高为 2 mm，如图 3-3-42 所示；单击完成六面体绘制，如图 3-3-43 所示。

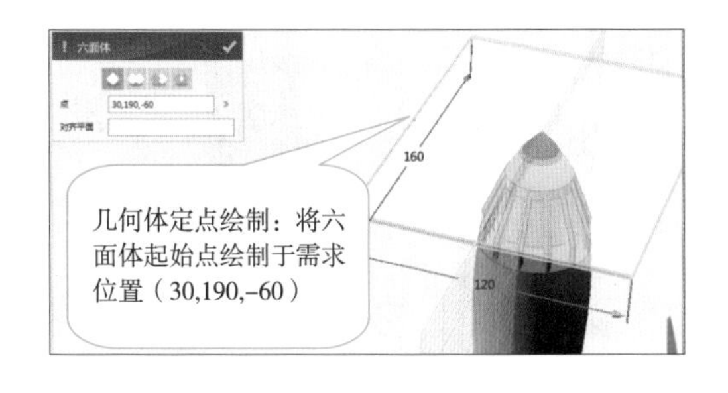

图 3-3-42 六面体绘制

图 3-3-43 六面体

（3）使用【Ctrl+C】复制操作：按【Ctrl+C】组合键弹出“复制”指令对话框，如图 3-3-44 所示；单击 “实体”选择六面体，“起始点”选择绘图区的任意一点（-50,715,0），“目标点”选择复制目标点（-50,-10,0），将六面体由起始点复制到目标点（火箭尾翼相交位置），如图 3-3-45 所示；单击✔完成六面体复制，如图 3-3-46 所示。

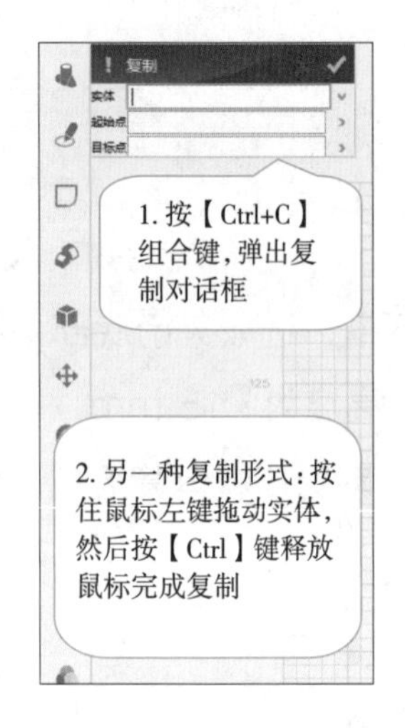

图 3-3-44 指令选择

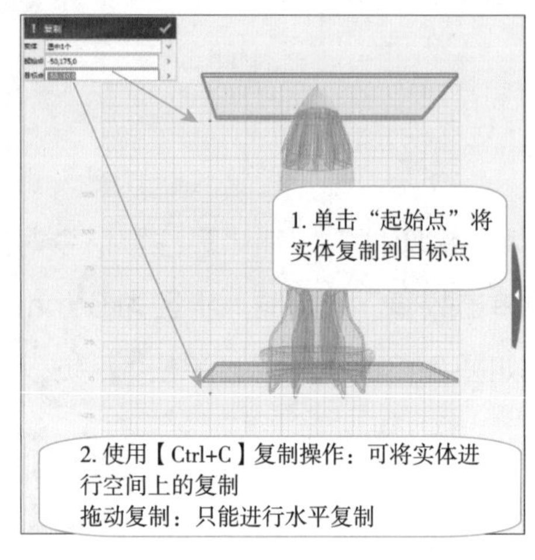

图 3-3-45 复制绘制

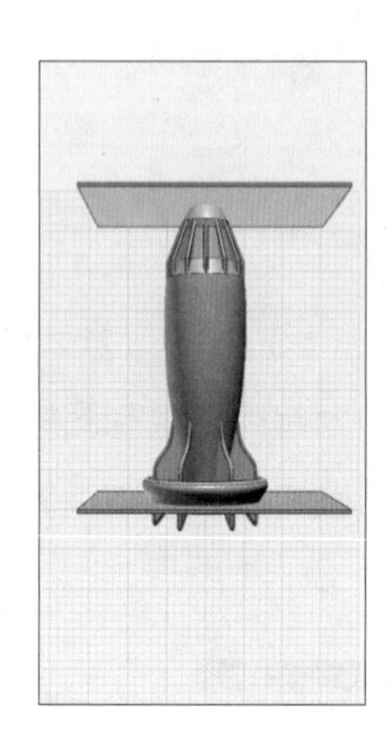

图 3-3-46 复制

（4）单击特殊功能→实体分割，如图 3-3-47 所示，打开“实体分割”指令对话框；单击“基本体”选择火箭主体，“分割体”选择六面体进行分割操作，如图 3-3-48 所示；单击✔完成火箭主体的实体分割操作，形成火箭基本造型的分块绘制，单击✖删除六面体，如图 3-3-49 所示。

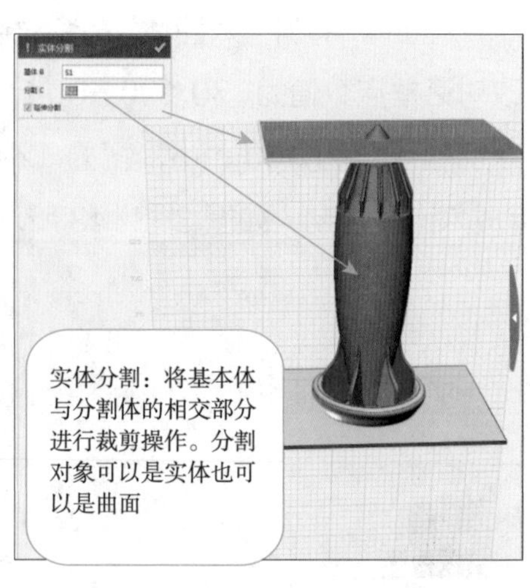

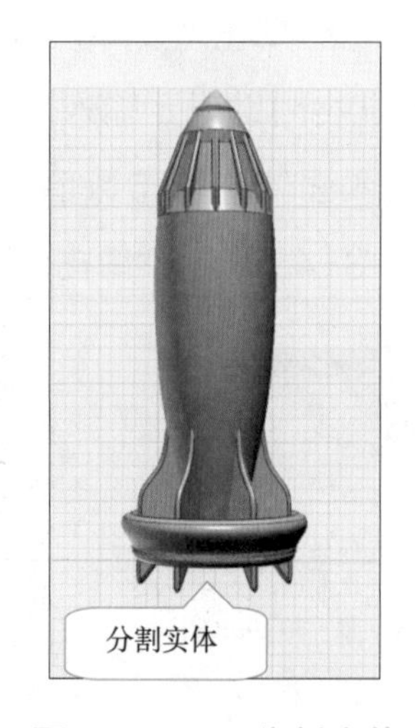

图 3-3-47 指令选择　　图 3-3-48 实体分割绘制　　图 3-3-49 分割实体

（5）单击颜色，打开“颜色”指令对话框，选择适合颜色对火箭进行渲染操作，如图 3-3-50 所示；单击完成火箭绘制，如图 3-3-51 所示。

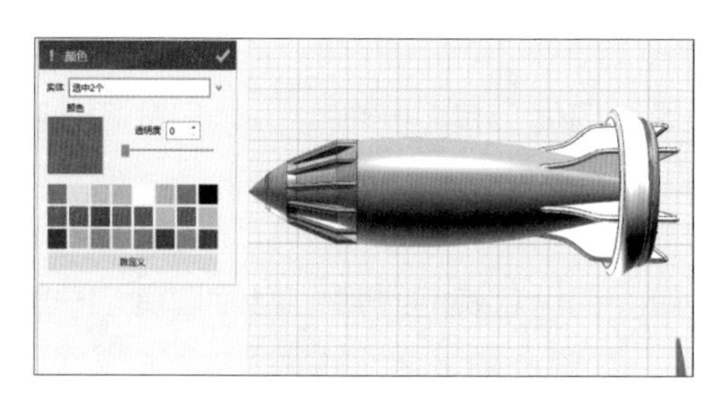

图 3-3-50　颜色渲染

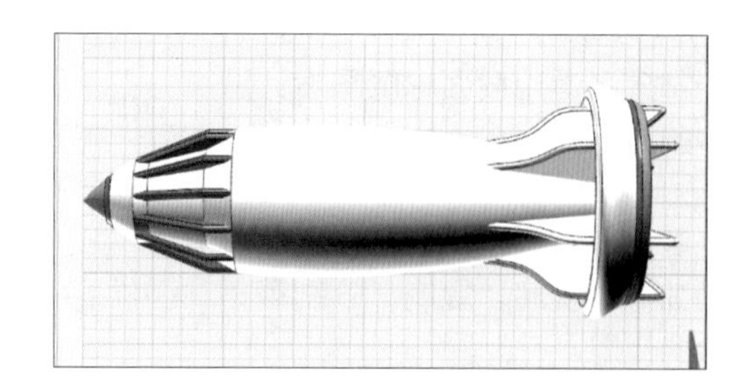

图 3-3-51　渲染火箭

（6）单击保存：打开“保存”指令对话框，将设计好的 3D 模型进行保存。

实　践

同学们以小组为单位，从以下飞船 / 导弹模型中选择一种，参照“火箭模型”的绘制流程，充分发挥小组成员的想象力，自主完成飞船 / 导弹模型设计，最后用创客空间的 3D 打印机打印出来在班级讨论会上进行展示分享。

★ 飞船模型

★ 导弹模型

★ 其他

成果交流

各小组运用数字可视化工具，将完成的项目成果，分别在小组和全班展示分享或通过网络将设计作品进行展示、交流与评价。

思　考

通过“火箭模型”的设计，掌握所学的设计指令后，请同学们思考一下，我国长征系列运载火箭有哪些型号及其作用?

活动评价

完成“火箭模型”的设计后，请同学们根据表 3-3-2，对项目学习效果进行评价。

表 3-3-2　活动评价表

评价内容	个人评价	小组评价	教师评价
掌握了运用截面轮廓图设计造型的技巧	□优 □良 □一般	□优 □良 □一般	□优 □良 □一般
掌握了矩形、直线、通过点绘制曲线、旋转、复制、分割等指令的使用	□优 □良 □一般	□优 □良 □一般	□优 □良 □一般
能够与同学们交流和分享自己的设计经验	□优 □良 □一般	□优 □良 □一般	□优 □良 □一般

知识拓展

插入电子元件与快速建模

在机械类模型设计过程中，需要用到统一性的常见机械 / 电气类部件，购买类似的机械 / 电气部件进行测量绘制费时费力，3 D One 设计软件里嵌入了常见的机械 / 电气类部件，需要用到类似部件时，单击插入即可使用。单击特殊功能→插入电子件，打开“插入电子件”指令对话框，“供应商”处单击，在下拉列表框中选择“少年创客”进行模型下载，“类型”处单击，在下拉列表框中选择高转速风扇模块，“原点”选择插入模块区域（选择风扇支柱），如图 3-3-52 所示；单击完成电子件的插入应用，如图 3-3-53 所示。

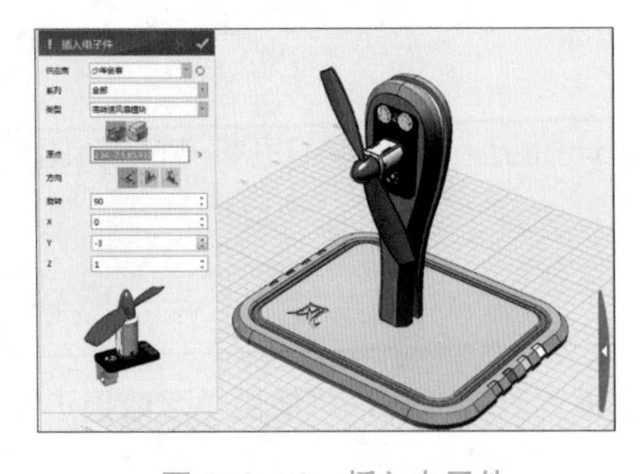

图 3-3-52　插入电子件

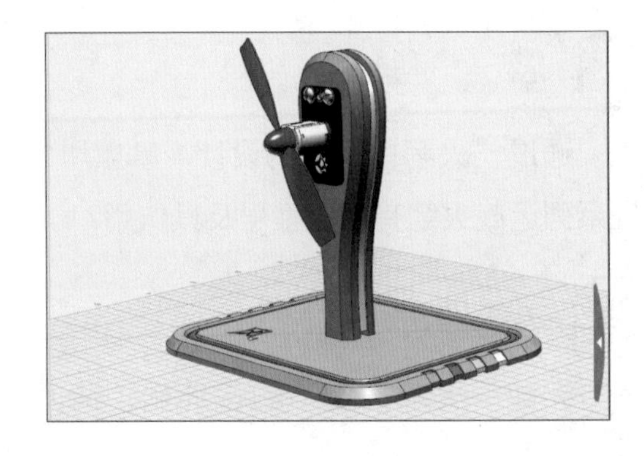

图 3-3-53　风扇

项目四　日用茶壶

情景导入

茶壶（Teapot）是一种供泡茶和斟茶用的带嘴器皿，茶壶由壶盖、壶身、壶底、圈足四部分组成。壶盖有孔、钮、座、盖等细部。壶身有口、延（唇墙）、嘴、流、腹、肩、把（柄、扳）等部分。由于茶壶的把、盖、底、形的细微差别，其基本形态就有 200 余种。泡茶时，茶壶大小依饮茶人数多少而定。茶壶的质地有很多种，目前使用较多的是紫砂陶壶或瓷器茶壶，如图 3-4-1 所示。本项目将以茶壶造型设计为例，学习如何用 3D One 设计出各种日用茶壶的 3D 模型。

图 3-4-1　各种日用茶壶

项目主题

以“日用茶壶”为主题，收集并分析日用茶壶的形状结构、大小尺寸等相关信息，应用 3D One 设计软件完成项目设计与制作，在茶壶设计过程中，掌握软件基本操作命令和 3D 建模设计的基础知识。

“日用茶壶”的建模设计视频介绍

项目目标

◆ 掌握通过显示、隐藏的切换提高建模操作的方便性。

◆ 掌握指定点开始变形、拔模、DE 移动、椭圆形、投影曲线、镶嵌曲线等指令的使用。

项目探究

根据项目目标要求，开展“日用茶壶”设计项目探究活动，如表 2-8-1 所示。

表 3-4-1 “日用茶壶”设计项目探究

探究活动	项目探究内容	知识技能
日用茶壶建模设计	茶壶基本体绘制	融合运用草图编辑指令绘制茶壶基本体
	茶壶壶嘴壶盖绘制	掌握变形、显示、隐藏、DE 移动指令的使用
	茶壶手柄绘制	融合运用实体编辑指令绘制茶壶壶柄
	曲面文字绘制与美化	掌握投影曲线、镶嵌曲线指令的使用

问　题

◆ 常见的日用茶壶有什么形状和造型?

◆ 日用茶壶一般采用什么材质制作?

构思设计

使用 3D One 软件设计一个茶壶，形状结构为椭圆形旋转体，主体尺寸为半径 40 mm、高 70 mm，在设计过程中需要用到矩形、直线、通过点绘制曲线、修剪、偏移、曲线连通性、旋转、圆、阵列、缩放、圆柱、加运算、拉伸、圆角、椭圆形、对齐实体、抽壳、分割、DE 移动、移动、颜色等命令，每个命令都有相应的图标进行操作。

项目实施

1. 茶壶基本体绘制

（1）单击上视图，单击草图绘制→矩形，打开“矩形”指令对话框，选取绘图区为草图绘制工作平面，单击绘图区原点（0,0,0）为矩形绘制起点，绘制矩形，单击数值，分别输入长为 80 mm，宽为 70 mm，如图 3-4-2 所示；单击完成参照矩形绘制，如图 3-4-3 所示。

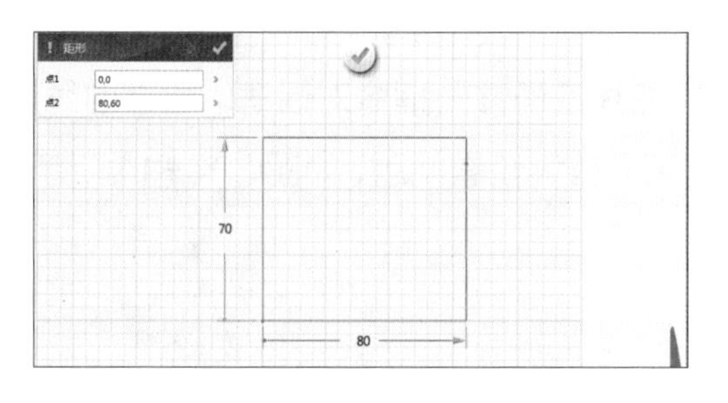

图 3-4-2 矩形绘制

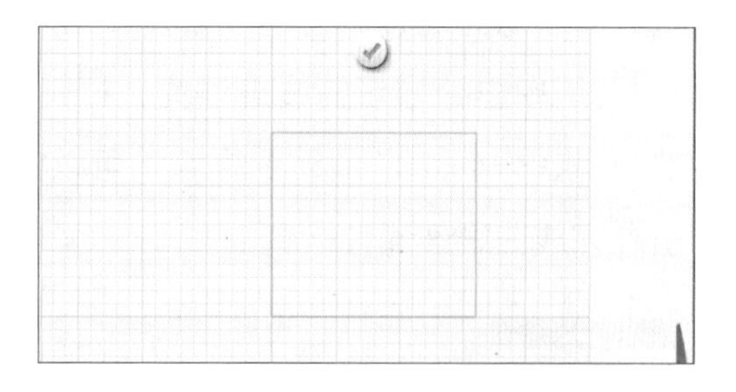

图 3-4-3 矩形

（2）单击草图绘制→直线，打开“直线”指令对话框，单击选择参照矩形的一条“长边”的中心点⊙确定为直线的点 1，移动光标单击另一条“长边”的中心点确定为直线的点 2，绘制出直线，如图 3-4-4 所示；单击完成中心线绘制，如图 3-4-5 所示。

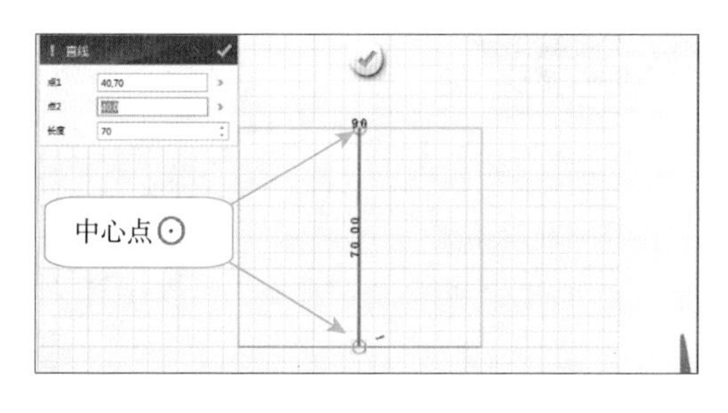

图 3-4-4 直线绘制

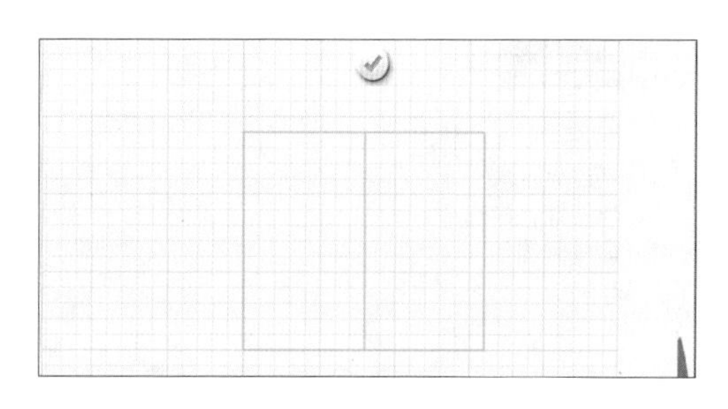

图 3-4-5 中心线

（3）单击草图绘制→通过点绘制曲线，打开“通过点绘制曲线”指令对话框，在矩形与中心线范围内多次单击确定曲线点的位置，绘制茶壶边缘曲线，如图 3-4-6 所示；单击完成茶壶边缘曲线绘制，选择参照矩形按【Delete】键进行删除，如图 3-4-7 所示。

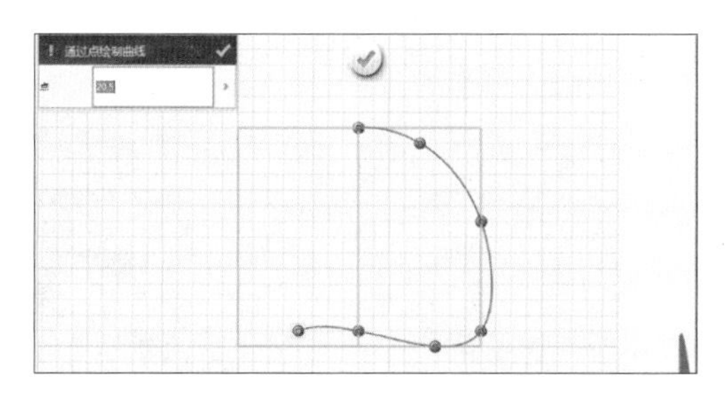

图 3-4-6 通过点绘制曲线

图 3-4-7 曲线

（4）单击草图编辑→偏移曲线，打开“偏移曲线”指令对话框，单击“曲线”

选择茶壶边缘曲线，“距离”输入 2 mm，进行曲线偏移操作，如图 3-4-8 所示；单击完成边缘曲线偏移绘制，如图 3-4-9 所示。

（5）单击显示曲线连通性，打开“显示曲线连通性”指令对话框，检查曲线连通性，如图 3-4-10；滑动鼠标滚轮可以将检查区域放大查看问题，如图 3-4-11 所示；单击完成曲线连通性检查。

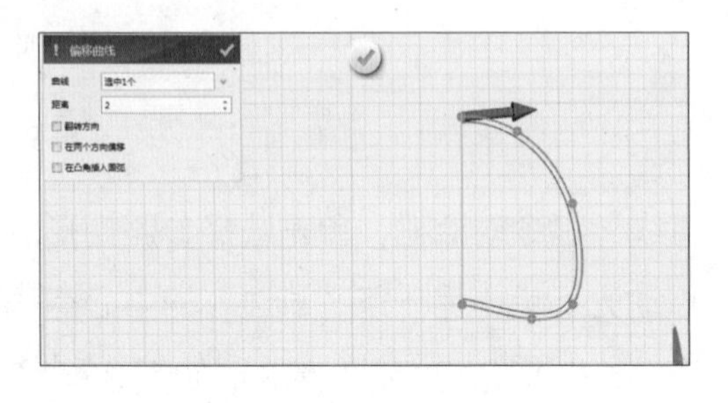

图 3-4-8　偏移绘制

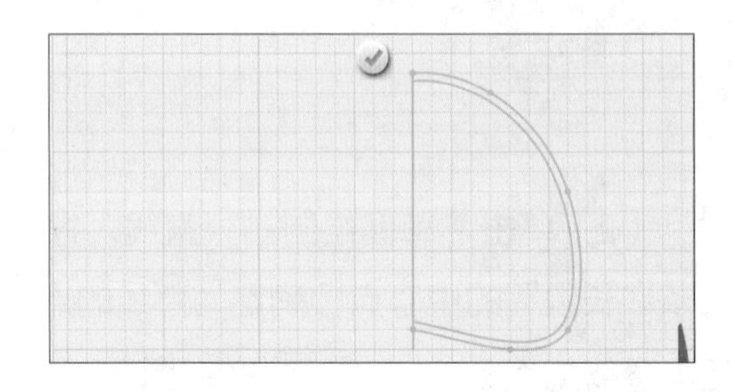

图 3-4-9　偏移

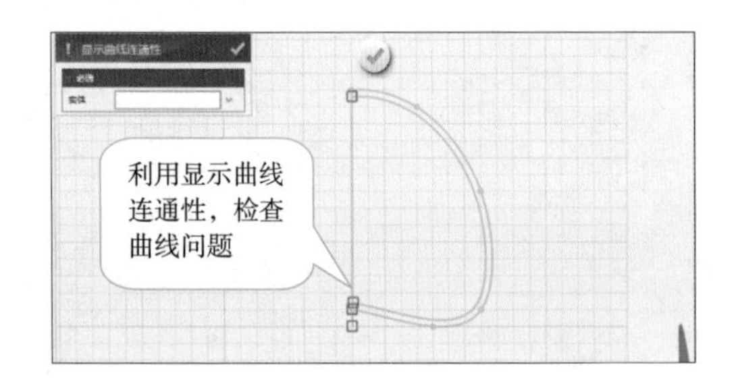

图 3-4-10　连通性检查

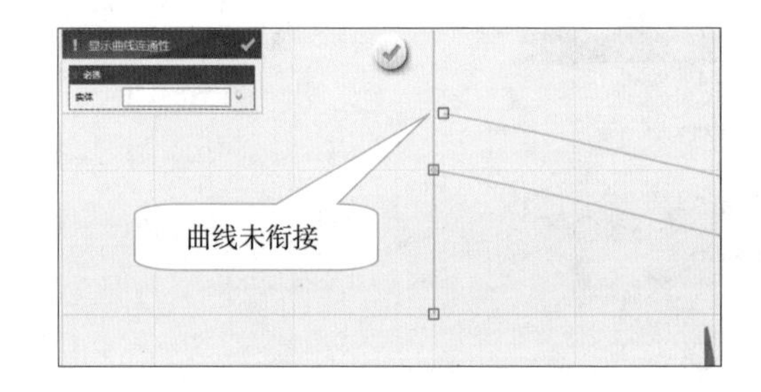

图 3-4-11　曲线未衔接

（6）在连接问题界面中，将光标移动到曲线上，曲线显示为黄色，出现控制点，单击控制点按住左键拖动到中心线，如图 3-4-12 所示；完成曲线衔接，如图 3-4-13 所示；同理衔接其他曲线。

图 3-4-12　衔接绘制

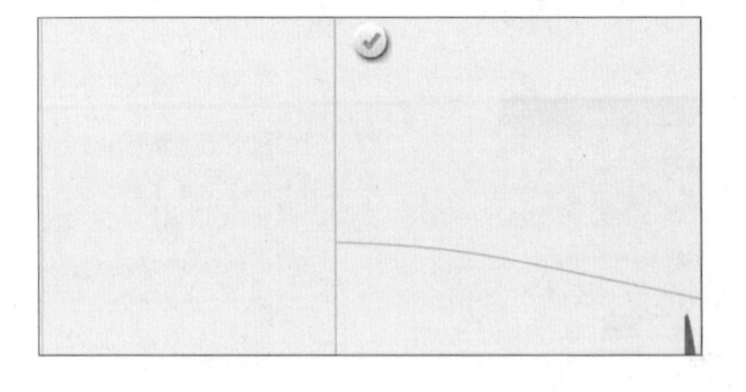

图 3-4-13　曲线衔接

（7）单击草图编辑→修剪，打开“修剪”指令对话框，选择茶壶主体轮廓图与草图相交线段进行修剪操作，如图 3-4-14 所示；单击完成茶壶主体轮廓图的修剪绘制；单击结束并退出草图绘制，如图 3-4-15 所示。

（8）单击特征造型→旋转，打开“旋转”指令对话框，单击“轮廓”选择茶壶轮廓图，“轴”选择轮廓图中心线，进行轮廓图旋转操作，如图 3-4-16 所示；单击完成茶壶主体基本造型旋转绘制，如图 3-4-17 所示。

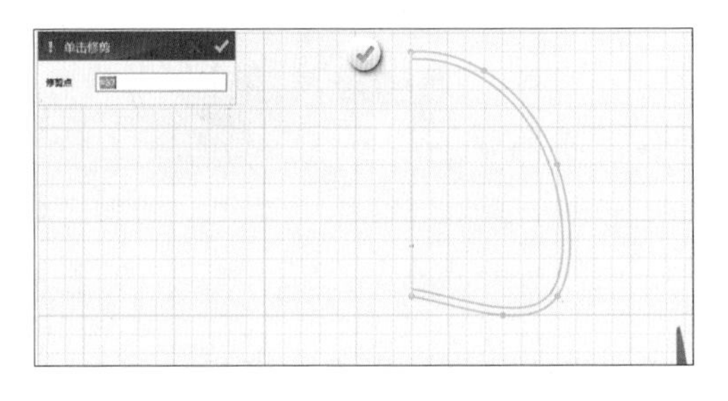

图 3-4-14　修剪绘制

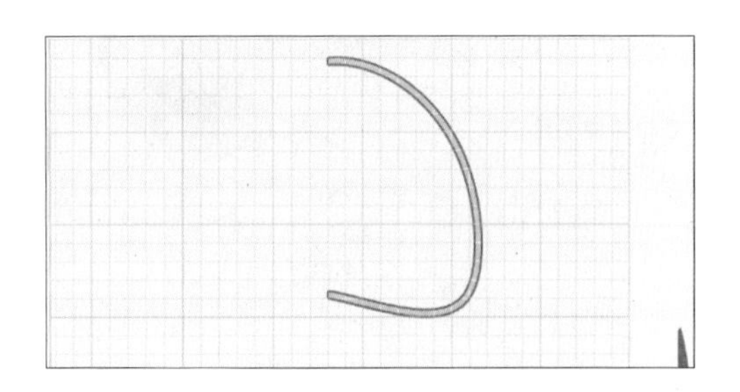

图 3-4-15　茶壶轮廓图

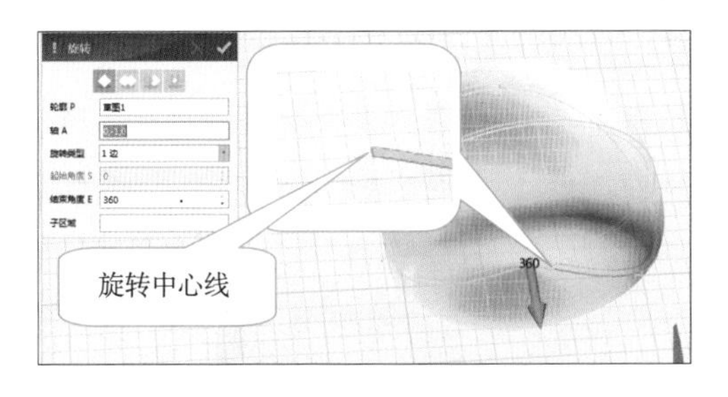

图 3-4-16　旋转绘制

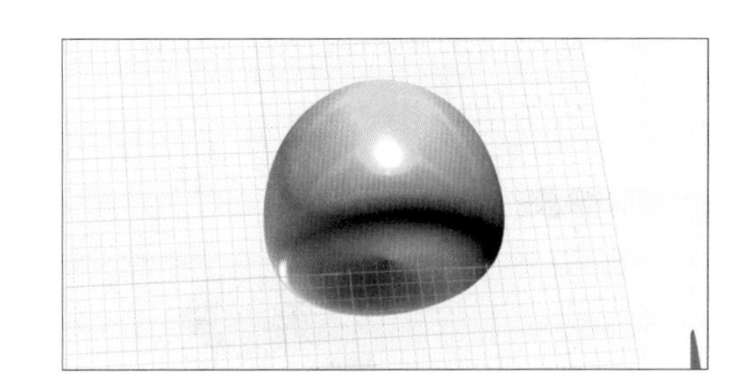

图 3-4-17　旋转

（9）单击上视图，选择草图绘制→直线，打开“直线”指令对话框，选取绘图区为草图绘制工作平面，单击“点 1”输入（-15,55），“长度”输入 100 mm，绘制出直线，如图 2-8-18 所示；单击完成分割直线的绘制，单击结束并退出草图绘制，如图 3-4-19 所示。

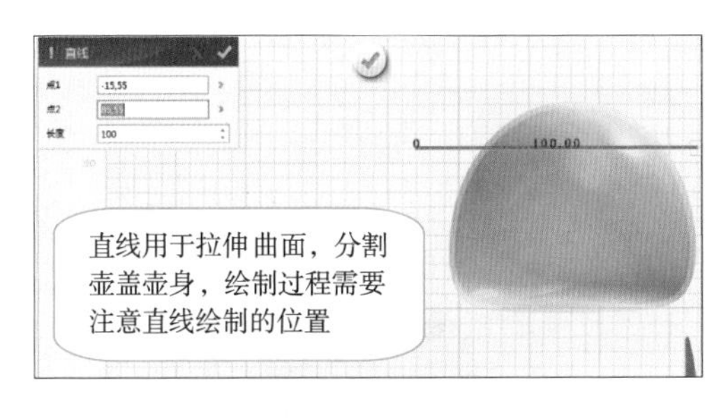

图 3-4-18　直线绘制

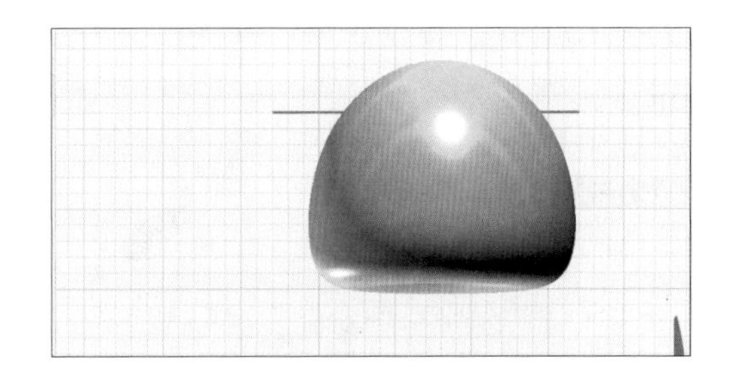

图 3-4-19　直线

（10）单击特征造型→拉伸，打开“拉伸”指令对话框，单击“轮廓”选择直线轮廓图，“拉伸类型”选择“对称”，单击数值，输入拉伸高度为 40 mm，进行直线拉伸操作，如图 3-4-20 所示；单击完成分割直线的拉伸，形成横穿茶壶基本造型的分割平面，如图 3-4-21 所示。

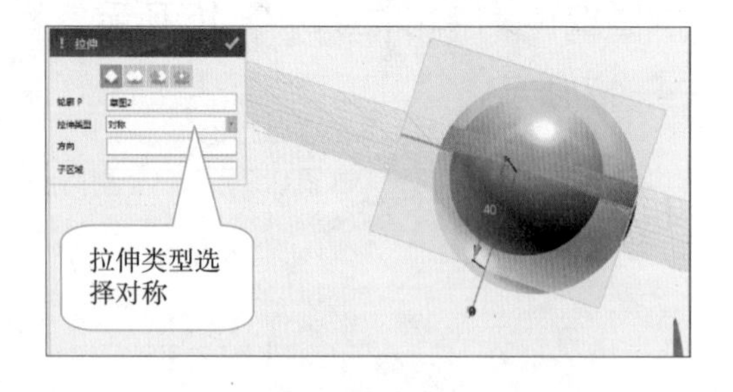

图 3-4-20 拉伸绘制

图 3-4-21 拉伸面

（11）单击特殊功能→实体分割，打开“实体分割”指令对话框，单击“基本体”选择茶壶基本主体，“分割体”选择分割平面进行分割操作，如图 3-4-22 所示；单击完成茶壶主体的实体分割绘制，形成壶身、壶盖两个部分，单击删除拉伸面，如图 3-4-23 所示。

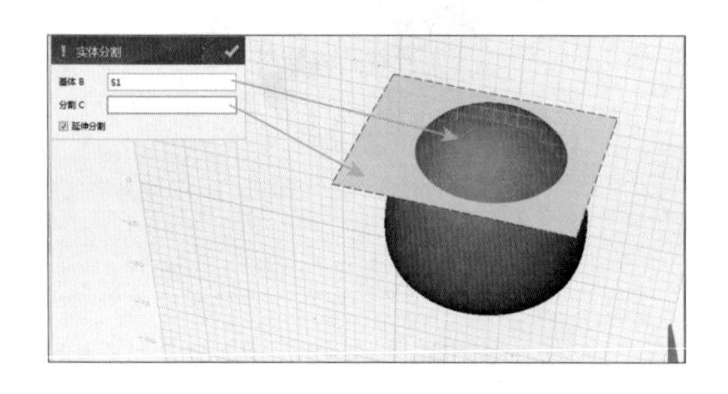

图 3-4-22 实体分割绘制

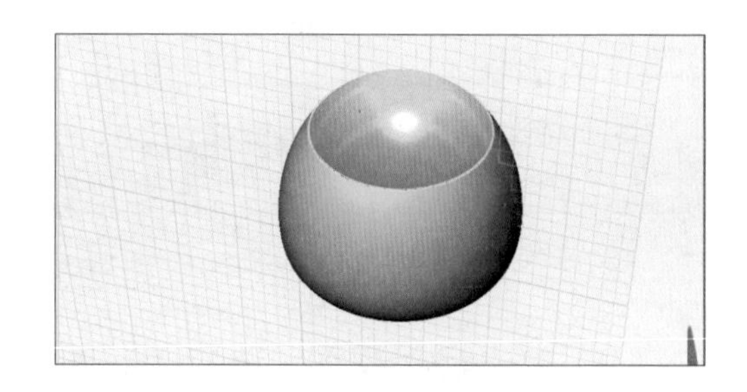

图 3-4-23 实体分割

（12）单击基本编辑→移动→动态移动，打开“动态移动”指令对话框，选择茶壶盖子基本体，拖动移动轴进行移动操作，单击移动数值，输入移动距离为 −20 mm，如图 3-4-24 所示；单击完成盖子基本体的移动操作，如图 3-4-25 所示。

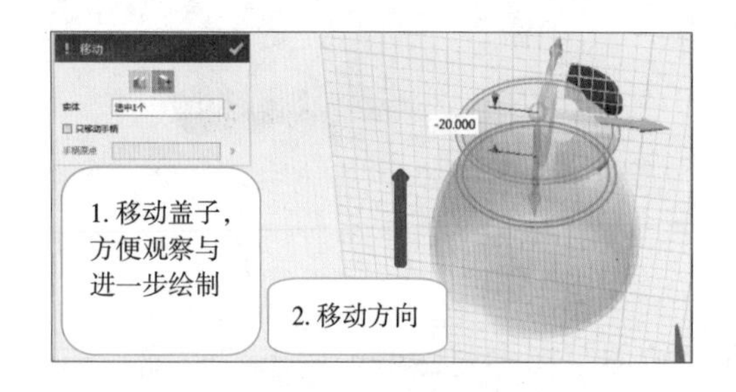

图 3-4-24 移动绘制

图 3-4-25 移动

2．壶嘴和壶盖绘制

（1）单击基本实体→六面体，打开“六面体”指令对话框，单击“点”输入 0，按【Enter】键确定输入，修改“点”数值为（-35,25,0），按【Enter】键确定输入，绘制六面体，分别单击数值，输入长为 20 mm，宽为 20 mm，高为 20 mm，如图 3-4-26 所示；单击完成参考辅助六面体的绘制，如图 3-4-27 所示。

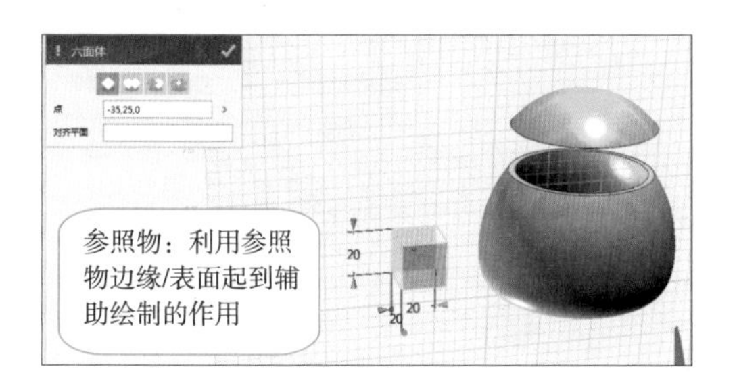

图 3-4-26　六面绘制

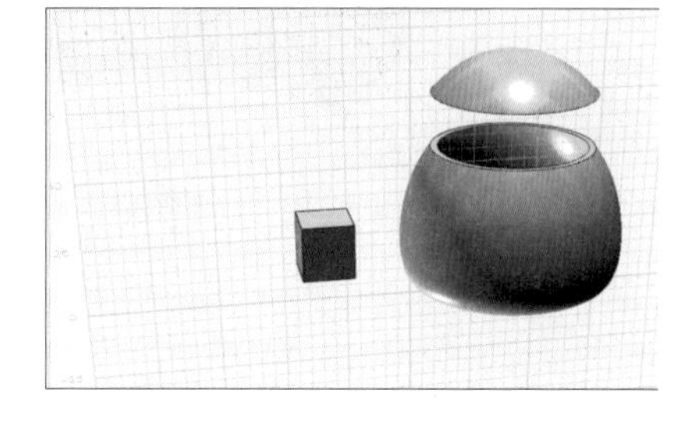

图 3-4-27　六面体

（2）单击特征造型→由指定点开始变形实体，如图 3-4-28 所示，打开“由指定点开始变形实体”指令对话框；单击 “几何体”选择变形的实体表面（所有涉及到变形的面均需要选择），“点”选择“壶身象限点”，“方向”选择参考六面体边缘，分别单击数值，输入变形高度为 13 mm，变形半径为 30 mm，如图 3-4-29 所示；单击完成茶壶实体变形，形成茶壶壶嘴的基本形体，如图 3-4-30 所示。

图 3-4-28　指令选择

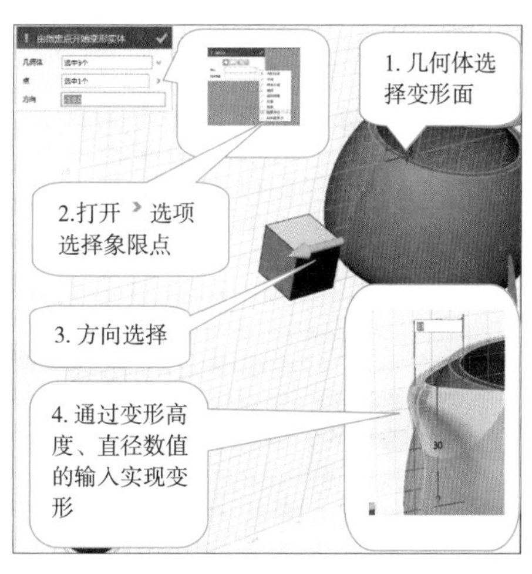

图 3-4-29　由指定点开始变形实体

图 3-4-30　变形

（3）单击草图绘制→参考几何体，打开“参考几何体”指令对话框，选取茶壶盖子底面为草图绘制工作平面，如图 3-4-31 所示；选择壶盖底面边缘为参考线；单击完成茶盖圆形边缘参考线提取，如图 3-4-32 所示。

（4）单击草图编辑→偏移曲线，打开“偏移曲线”指令对话框，单击“距离”输入 −3 mm，“曲线”选择参考提取圆形边缘进行曲线偏移操作，如图 3−4−33 所示；单击完成圆形偏移绘制，单击结束并退出草图绘制，如图 3−4−34 所示。

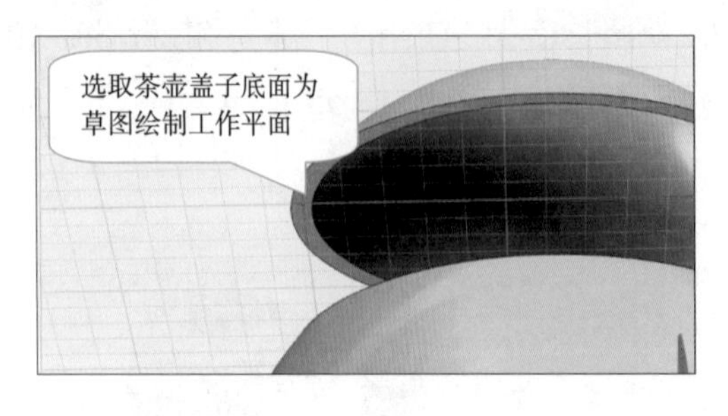

图 3−4−31 参考几何体绘制

图 3−4−32 参考圆形

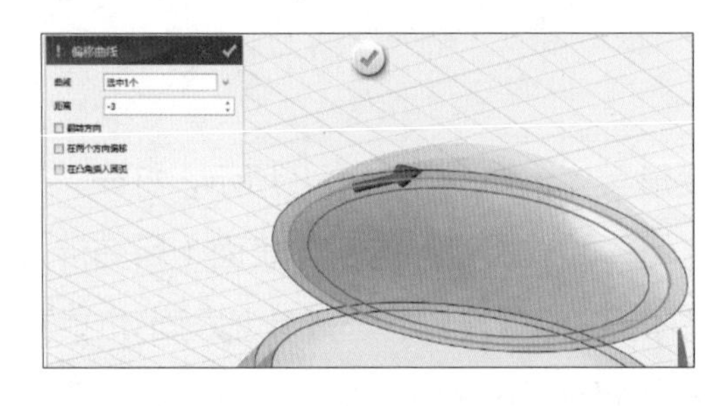

图 3−4−33 偏移曲线绘制

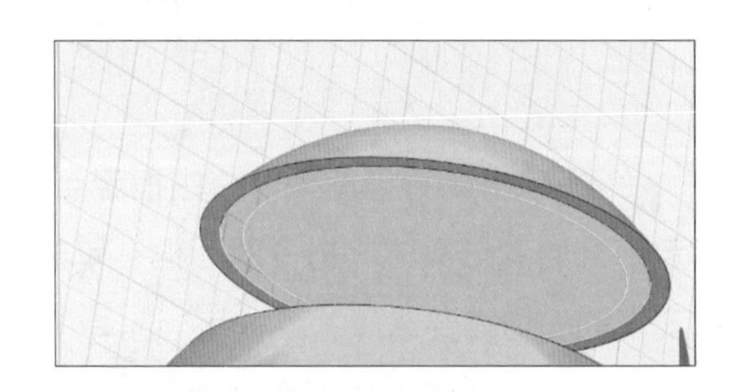

图 3−4−34 偏移

（5）单击特征造型→拉伸，打开“拉伸”指令对话框，选择同心圆轮廓图进行拉伸操作，单击数值，输入拉伸高度为 5 mm，如图 3−4−35 所示；单击完成同心圆轮廓图拉伸，形成壶盖卡扣基本体，如图 3−4−36 所示。

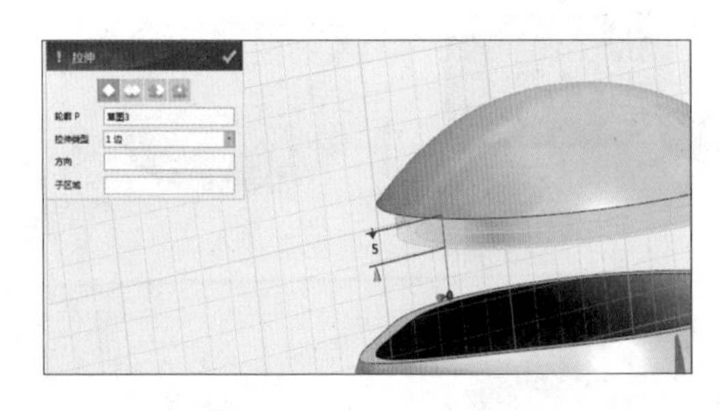

图 3−4−35 拉伸绘制

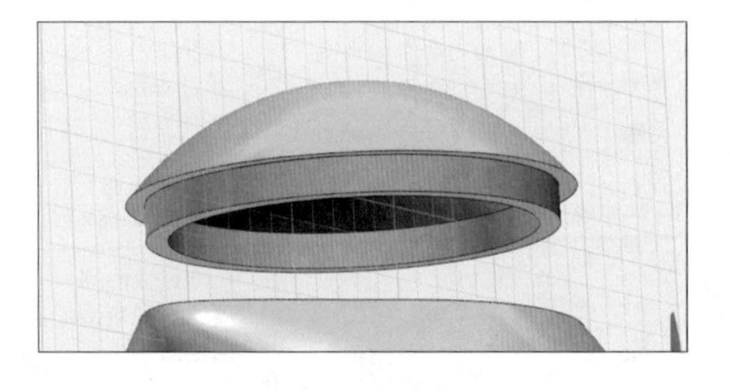

图 3−4−36 拉伸

（6）单击显示 / 隐藏→隐藏几何体，打开“底部工具栏隐藏几何体”指令对话框，如图 3−4−37 所示；选择茶壶盖子基本体进行隐藏操作，如图 3−4−38 所示；单击完成茶壶盖子基本体的隐藏绘制，如图 3−4−39 所示。

（7）单击特征造型→拔模，打开“拔模”指令对话框，如图 3−4−40 所示；

单击“拔模体”选择卡扣顶面，“角度”输入 8，进行壶盖卡扣拔模操作，如图 3-4-41 所示；单击✔完成壶盖卡扣基本体的拔模绘制，形成拔模倾斜角度，如图 3-4-42 所示。

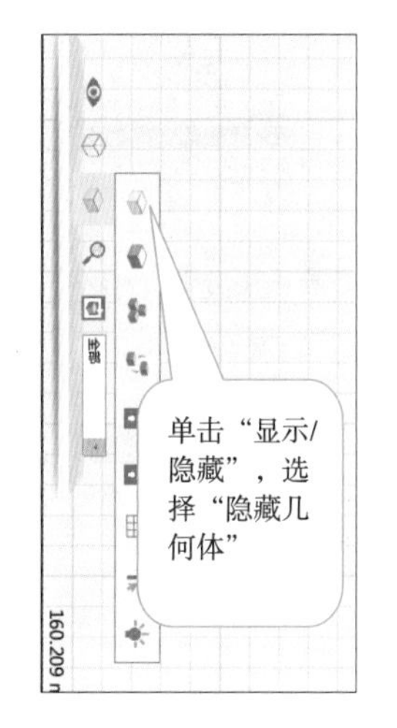

图 3-4-37 指令选择

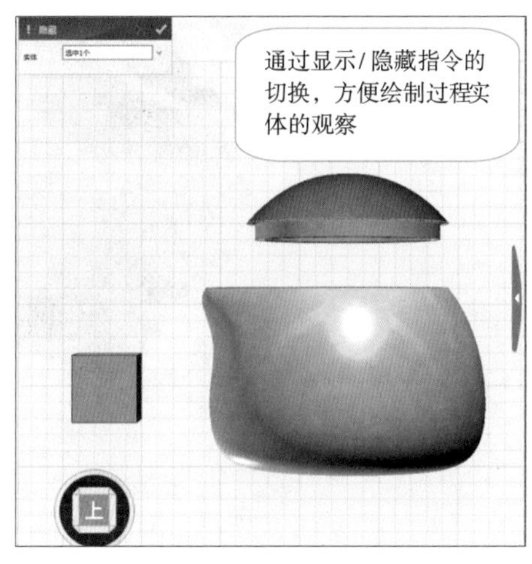

图 3-4-38 隐藏操作

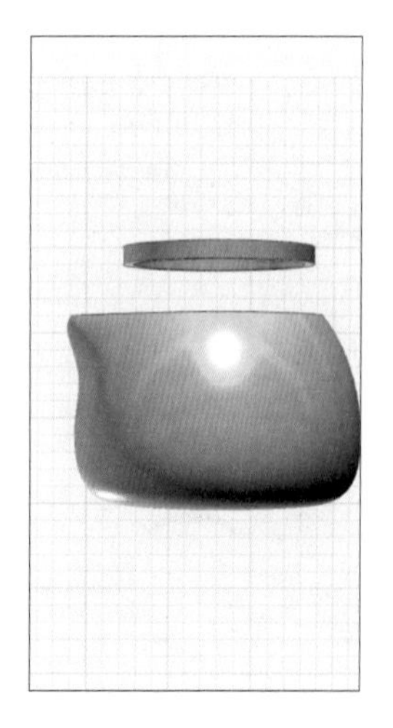

图 3-4-39 隐藏

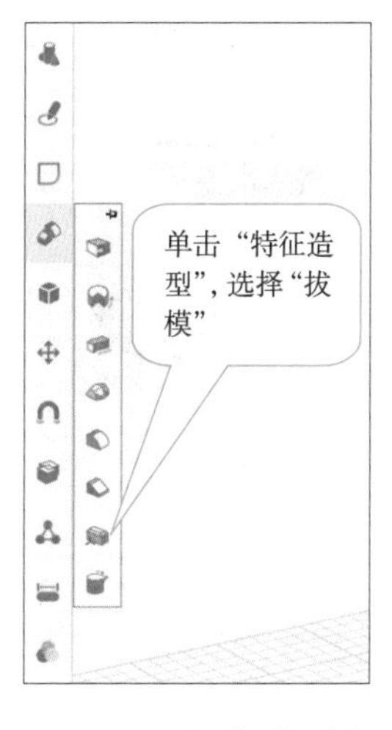

图 3-4-40 指令选择

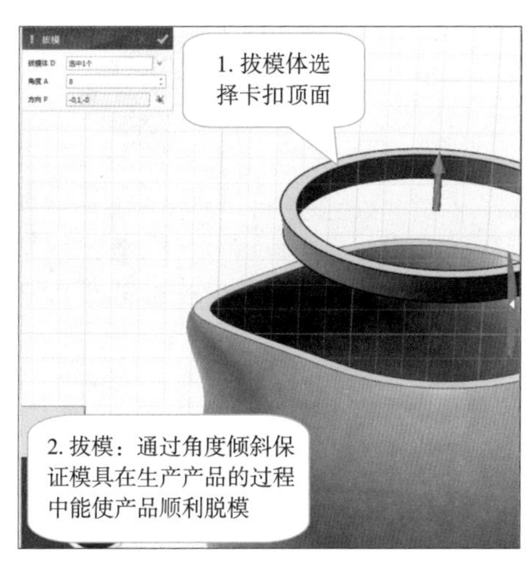

图 3-4-41 拔模绘制

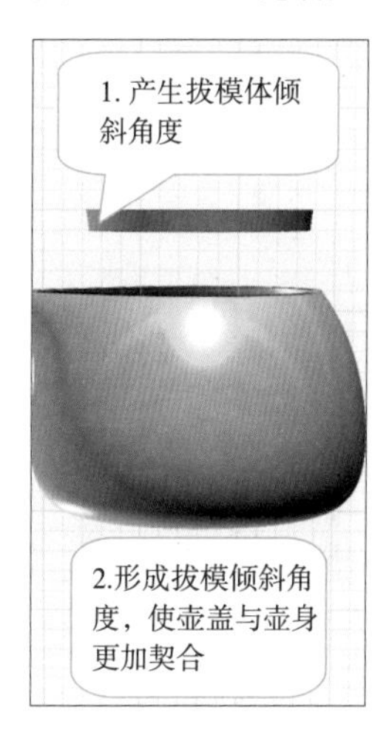

图 3-4-42 拔模

（8）单击基本编辑→ DE 移动，打开“DE 移动”指令对话框，如图 3-4-43 所示；单击 “面”选择壶盖卡扣顶面，在工作界面中弹出移动 / 转动轴，拖动移动轴对顶面进行延展操作，单击移动数值，输入移动距离为 5 mm，进行卡扣顶面 DE 移动操作，如图 3-4-44 所示；单击✔完成壶盖卡扣的 DE 移动操作，如图 3-4-45 所示。

（9）单击显示 / 隐藏→显示几何体，如图 3-4-46 所示，打开“显示几何体”指令对话框；软件绘图区显示所有隐藏模型，单击 “实体”选择壶盖基本体进行显示，如图 3-4-47 所示；单击✔完成壶盖基本体的显示绘制，如图 3-4-48 所示。

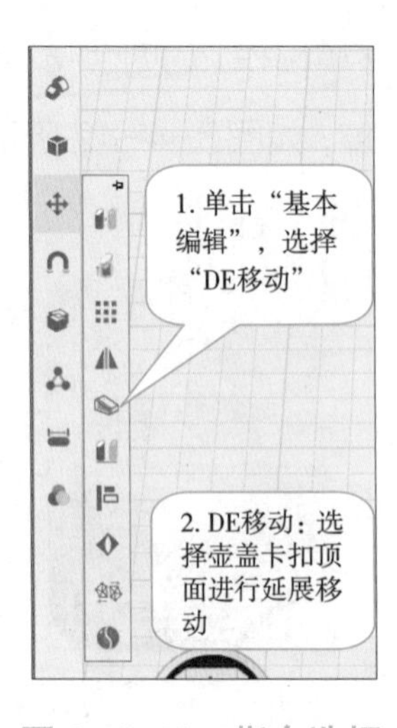

图 3-4-43　指令选择

图 3-4-44　DE 移动绘制

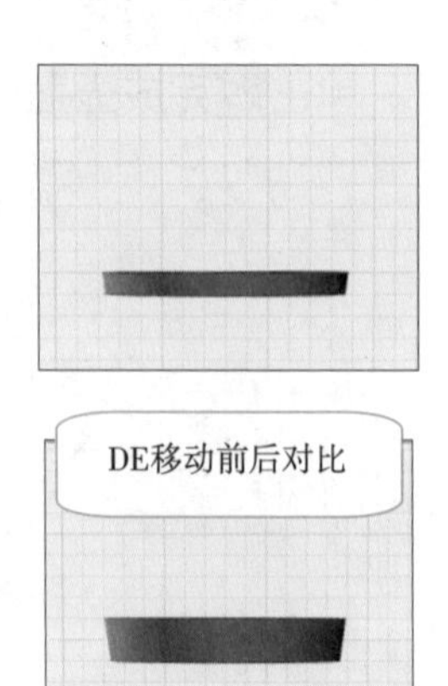

图 3-4-45　对比

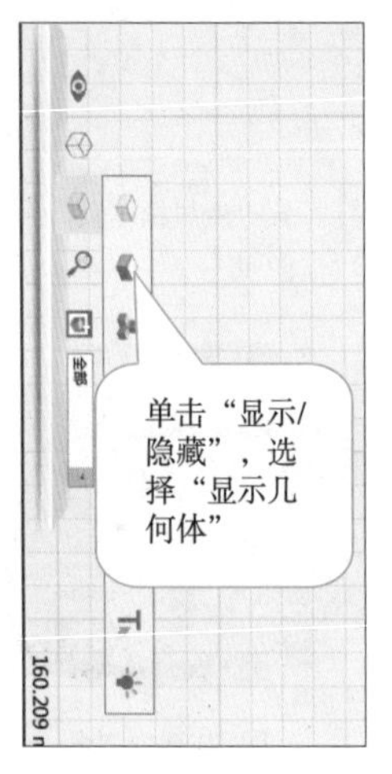

图 3-4-46　指令选择

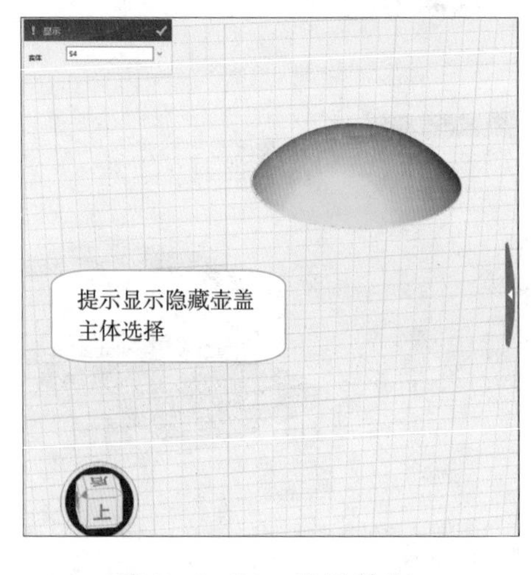

图 3-4-47　显示绘制

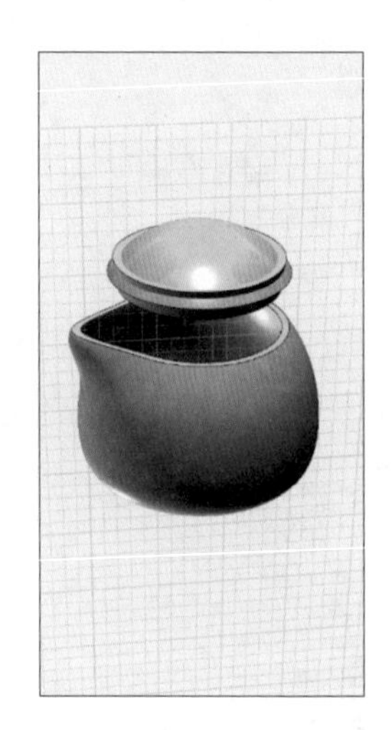

图 3-4-48　显示

（10）单击组合编辑→加运算：打开“加运算”指令对话框，单击 “基体”选择壶盖基本体，“合并体”选择壶盖卡扣基本体，“边界”选择壶盖基本体内表面进行加运算操作，如图 3-4-49 所示；单击完成壶盖卡扣加运算绘制，如图 3-4-50 所示。

图 3-4-49　组合编辑绘制

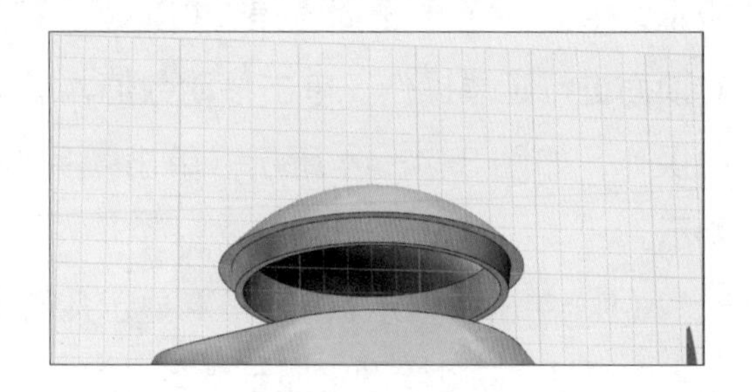

图 3-4-50　加运算

3. 茶壶手柄的绘制

（1）单击基本实体→圆环体，打开“圆环体”指令对话框，选取壶盖顶部中心点⊙为起点，绘制圆环体，分别单击数值，输入环半径为 8 mm，圆半径为 2 mm，如图 3-4-51 所示；单击完成圆环体绘制，如图 3-4-52 所示。

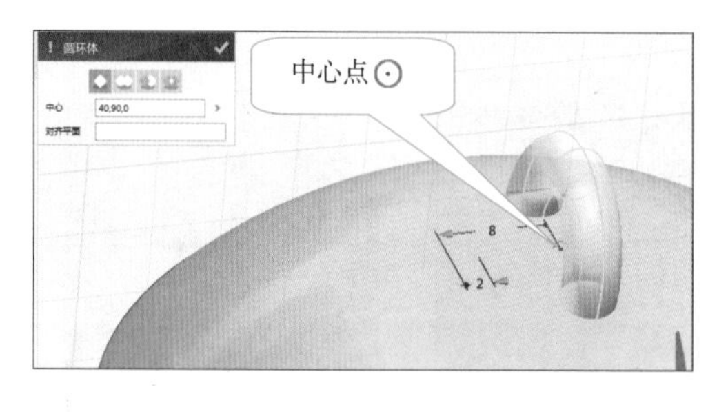

图 3-4-51　圆环绘制

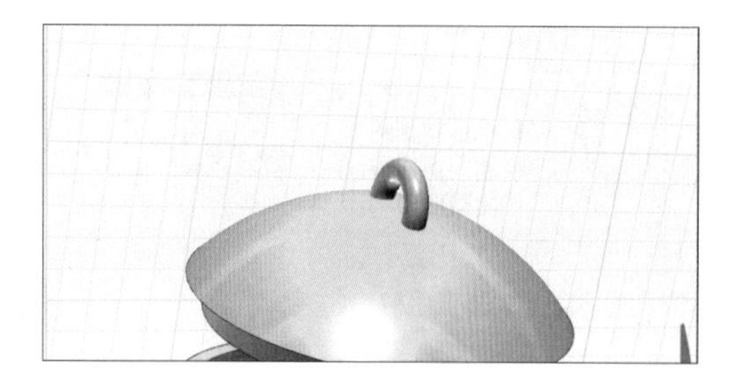

图 3-4-52　圆环

（2）单击组合编辑→加运算，打开“加运算”指令对话框，单击 “基体”选择壶盖，“合并体”选择圆环体，“边界”选择壶盖外表面进行加运算操作，如图 3-4-53 所示；单击完成壶盖与手柄的加运算绘制，如图 3-4-54 所示。

图 3-4-53　组合编辑绘制

图 3-4-54　加运算

（3）单击上视图，选择草图绘制→通过点绘制曲线，打开“通过点绘制曲线”指令，选取绘图区为草图绘制工作平面，多次单击确定曲线点的位置，绘制茶壶手柄曲线，如图 3-4-55 所示；单击完成茶壶手柄曲线绘制，单击结束并退出草图绘制，如图 3-4-56 所示。

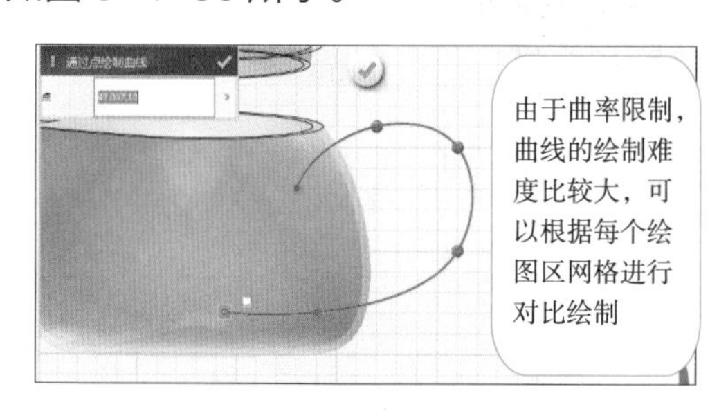

图 3-4-55　通过点绘制曲线

图 3-4-56　曲线

（4）单击草图绘制→椭圆形，打开“椭圆形”指令对话框，选取茶壶手柄轮廓图端点为草图绘制工作平面，如图 3-4-57 所示；以茶壶手柄曲线端点为中心点绘制椭圆，分别单击数值，输入半径 a 为 5 mm，半径 b 为 7 mm，如图 3-4-58 所示；单击完成椭圆绘制，单击结束草图绘制，如图 3-4-59 所示。

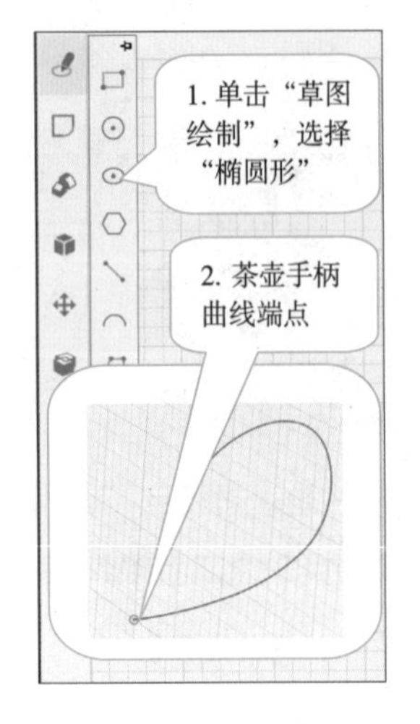

图 3-4-57　指令选择

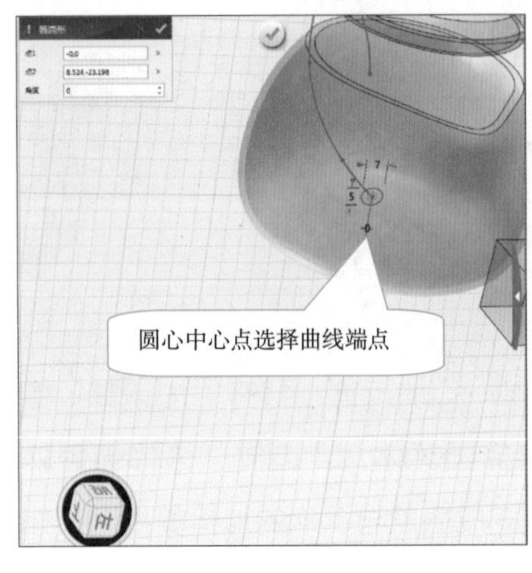

图 3-4-58　椭圆形绘制

图 3-4-59　椭圆轮廓图

（5）单击特征造型→扫掠，如图 3-4-60 所示，打开“扫掠”指令对话框；单击“轮廓”选择椭圆，“路径”选择曲线轮廓进行扫掠操作，如图 3-4-61 所示；单击完成椭圆轮廓图的扫掠绘制，形成茶壶壶柄基本造型的绘制，如图 3-4-62 所示。

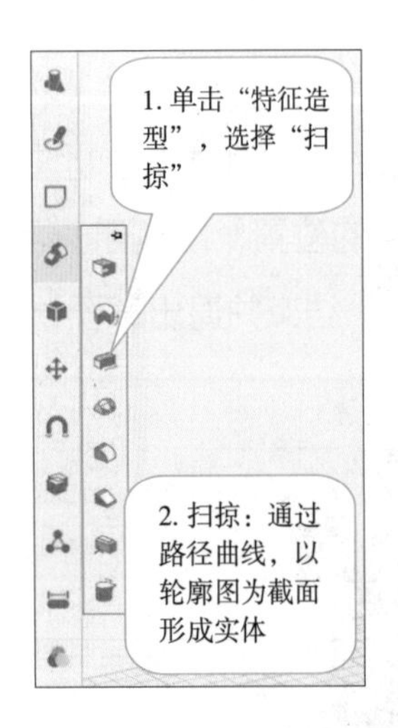

图 3-4-60　指令选择

图 3-4-61　扫掠绘制

图 3-4-62　扫掠

（6）单击组合编辑→加运算，打开“加运算”指令对话框，单击 “基体”

选择壶身基本体，“合并体”选择手柄基本体，“边界”选择壶身外表面，进行加运算操作，如图 3-4-63 所示；单击完成壶身与壶柄的加运算绘制，如图 3-4-64 所示。

图 3-4-63　组合编辑绘制

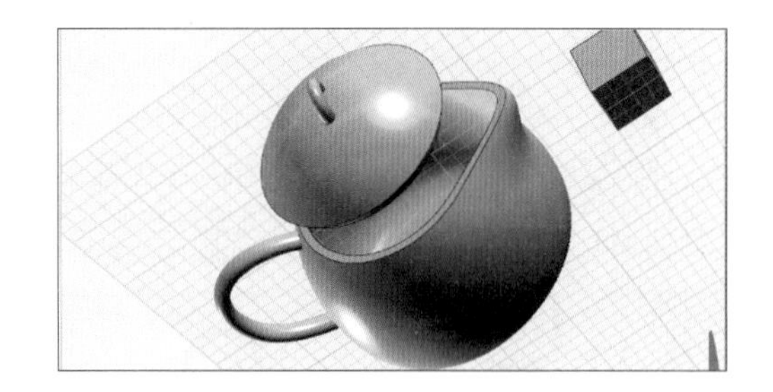

图 3-4-64　加运算

4．曲面文字与美化

（1）单击草图绘制→预制文字，打开“预制文字”指令对话框，选取绘图区为草图绘制工作平面，单击“文字”输入“茶香”，“字体”选择“微软简中圆”，“样式”选择“常规”，“大小”输入 10 mm，“原点”选择文字键入区域，进行文字预制操作，如图 3-4-65 所示；单击完成文字预制，单击结束并退出草图绘制，如图 3-4-66 所示。

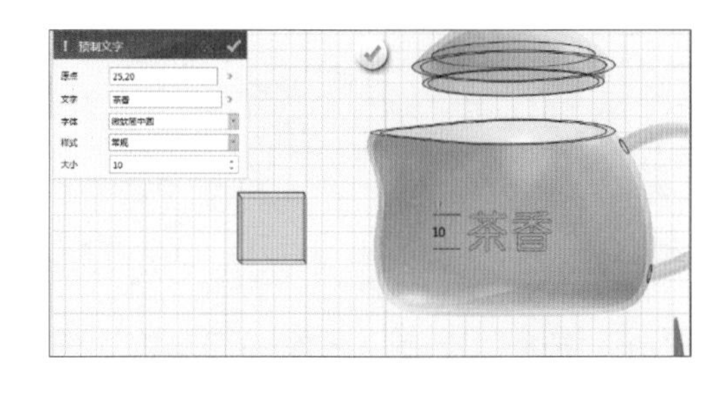

图 3-4-65　预制文字绘制

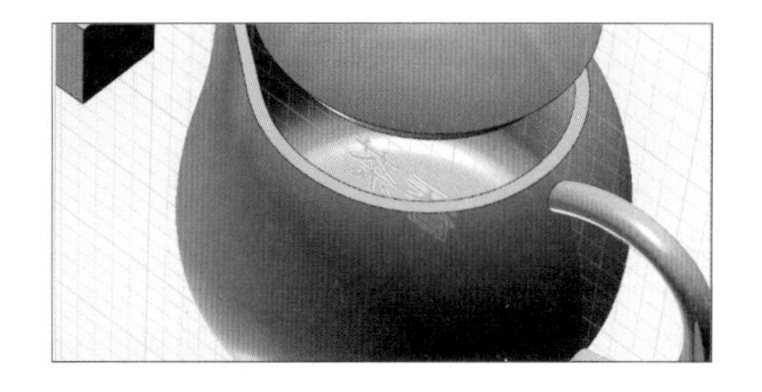

图 3-4-66　文字轮廓图

（2）单击特殊功能→投影曲线，打开“投影曲线”指令对话框，如图 3-4-67 所示；单击“曲线”选择文字轮廓图，“面”选择茶壶外表面，“方向”选择参考六面体边缘，进行投影曲线操作，如图 3-4-68 所示；单击完成文字投影绘制，形成曲面上的文字轮廓图，如图 3-4-69 所示。

（3）单击特殊功能→镶嵌曲线，打开“镶嵌曲线”指令对话框，如图 3-4-70 所示；单击“面”选择茶壶外表面，“曲线”选择投影文字轮廓图，“偏移”输入 1 mm，“方向”选择六面体边缘，进行文字镶嵌操作，如图 3-4-71 所示；单击完成文字轮廓图的镶嵌绘制，形成贴合圆弧面的实体文字，如图 3-4-72 所示。

图 3-4-67　指令选择

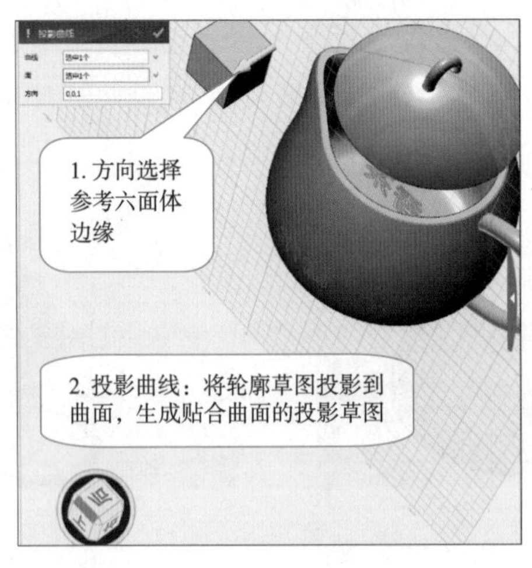

图 3-4-68　投影曲线绘制

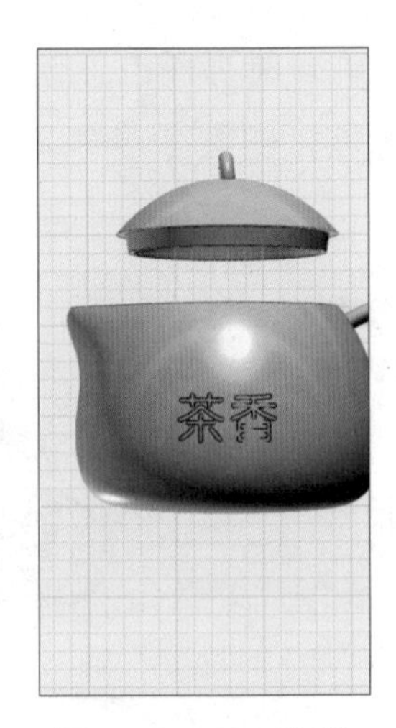

图 3-4-69　投影

图 3-4-70　指令选择

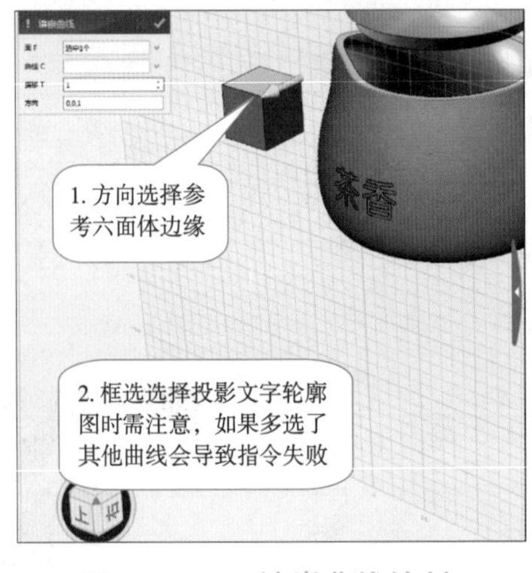

图 3-4-71　镶嵌曲线绘制

图 3-4-72　文字实体

（4）单击特征造型→圆角，打开“圆角”指令对话框，依次选择茶壶边缘、衔接处、角落等区域进行圆角操作，单击茶壶边缘数值，输入倒角边缘为 0.4 mm，同样修改其他数值，如图 3-4-73 所示；单击完成茶壶边角圆滑效果，如图 3-4-74 所示。

图 3-4-73　圆角绘制

图 3-4-74　圆角

（5）单击基本编辑→移动→动态移动，打开“动态移动”指令对话框，选择壶盖，拖动移动轴对壶盖进行移动操作，单击移动数值，输入移动距离为 20 mm，如图 3-4-75 所示；单击完成茶壶盖子移动绘制，如图 3-4-76 所示。

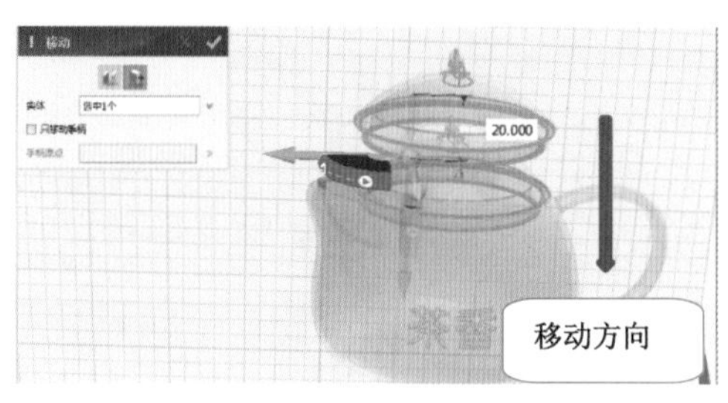

图 3-4-75 动态移动绘制

图 3-4-76 移动

（6）单击颜色，打开“颜色”指令对话框，选择适合颜色对茶壶进行渲染操作，如图 3-4-77 所示；单击完成茶壶绘制，如图 3-4-78 所示。

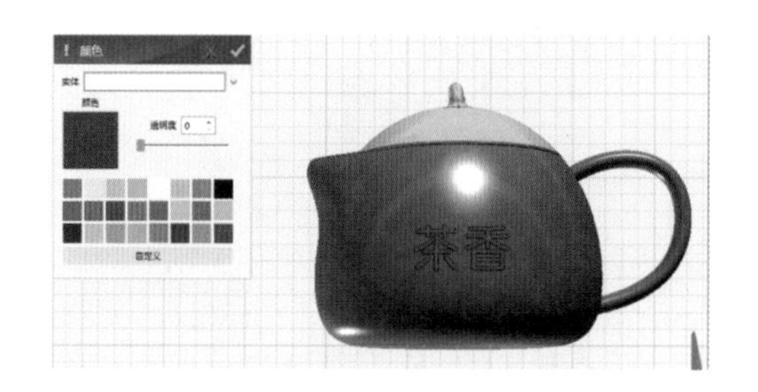

图 3-4-77 颜色渲染

图 3-4-78 渲染茶壶

（7）单击保存：打开“保存”指令对话框，将设计好的 3D 模型进行保存。

实 践

同学们以小组为单位，从以下几款茶壶造型选项中选择一种，参照“日用茶壶”的绘制流程，充分发挥小组成员的想象力，自主完成各种茶壶设计，最后用创客空间的 3D 打印机打印出来在班级讨论会上进行展示分享。

★ 椭圆形茶壶

★ 球形茶壶

★ 方形茶壶

★ 其他造型茶壶

成果交流

各小组运用数字可视化工具，将完成的项目成果，分别在小组和全班展示分享或通过网络将设计作品进行展示、交流与评价。

思　考

通过“日用茶壶”的设计，掌握所学的设计指令后，请同学们思考一下，为什么茶杯多使用陶瓷 / 玻璃制品？冬天往杯子里面倒开水为什么会导致杯子崩裂？如何解决？

活动评价

完成“日用茶壶”的设计后，请同学们根据表 3-4-2，对项目学习效果进行评价。

表 3-4-2　活动评价表

评价内容	个人评价	小组评价	教师评价
掌握了通过显示、隐藏的切换提高建模操作的方便性	□优 □良 □一般	□优 □良 □一般	□优 □良 □一般
掌握了指定点开始变形、拔模、DE 移动、椭圆形、投影曲线、镶嵌曲线等指令的使用	□优 □良 □一般	□优 □良 □一般	□优 □良 □一般
能够与同学们交流和分享自己的设计经验	□优 □良 □一般	□优 □良 □一般	□优 □良 □一般

第四章　3D 建模创意设计实战

同学们通过第二、三章中的 8 个 3D 建模创意设计项目的学习，掌握了 3D One 设计软件各种指令的基本操作和 3D 建模创意设计技巧，运用 STEAM 教育理念掌握多学科融合的基础知识，通过创意制作设计出具有一定实用价值的创客作品。

本章将通过 3 个 3D 建模创意设计综合案例“地标建筑”“交通工具”“吹奏乐器”等涉及多学科知识的创客作品，在巩固 3D One 建模指令的同时，不断提高同学们的空间思维、工程思维、设计思维和创意思维能力。

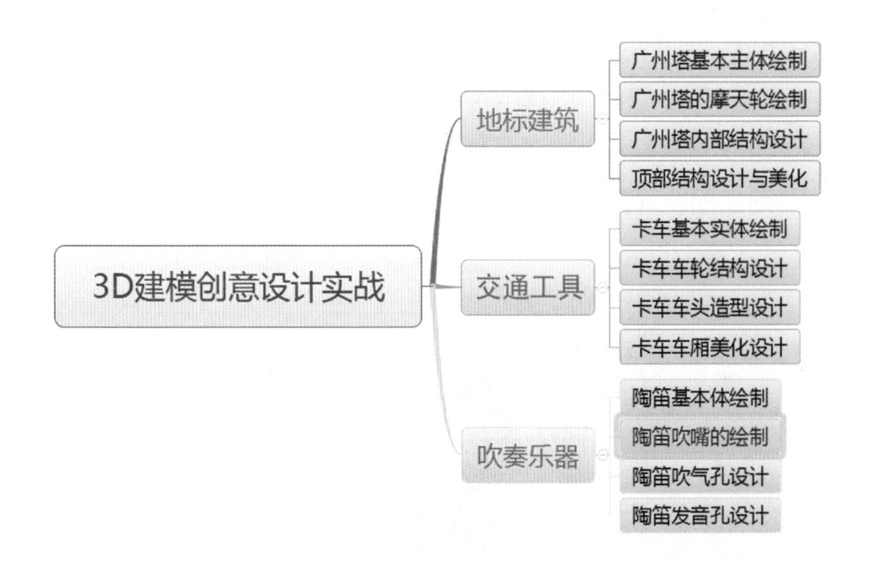

项目一　地标建筑

情景导入

地标建筑，简称“地标”。标志性建筑的基本特征就是人们可以用最简单的形态和最少的笔画来唤起对于它的记忆，一看到它就可以联想到其所在城市乃至整个国家，就像悉尼歌剧院、巴黎埃菲尔铁塔、北京天安门、比萨斜塔、东京铁塔、纽约自由女神像等世界著名的标志性建筑一样。标志性建筑是一个城市的名片和象征，如图 4–1–1 所示。本项目将以广州塔为例，学习如何用进行 3D 造型设计。

图 4–1–1　地标建筑

项目主题

以“地标建筑”为主题，利用互联网收集并分析我国有哪些地标性建筑及其基础知识。应用 3D One 设计软件，设计建模广州的地标性建筑“广州塔”，在“广州塔”设计过程中，学习巩固软件指令运用和 3D 建模设计的基础知识。

“地标建筑”的建模设计视频介绍

项目目标

- ◆ 掌握根据物体造型进行分析绘图的技巧。
- ◆ 掌握融合使用草图绘制、实体绘制指令绘制建筑物。
- ◆ 掌握草图尺寸的读取与绘制。

项目探究

根据项目目标要求，开展“地标建筑－广州塔”项目探究活动，如表 4–1–1 所示。

表 4–1–1　“地标建筑－广州塔”项目探究

探究活动	项目探究内容	知识技能
地标建筑 广州塔 建模设计	广州塔基本主体绘制	掌握根据物体造型进行分析绘图的技巧
	广州塔摩天轮绘制	掌握草图尺寸的读取与绘制 巩固草图、实体绘制指令的运用
	广州塔内部结构绘制	
	顶部结构绘制与美化	

问　题

- ◆ 什么是地标性建筑？我国的著名地标性建筑有哪些？
- ◆ 建筑物设计过程要注意什么因素？

构思设计

使用 3D One 软件设计一个地标建筑模型——广州塔，大小尺寸为半径 50 mm、高 310 mm，设计过程需要融合运用草图绘制、草图编辑、实体绘制、实体编辑等指令。

项目实施

1．广州塔基本主体绘制

（1）造型：广州塔（俗称“小蛮腰”）形状呈 X 造型，上下大、中间小，整体中间是一个圆柱贯通整座塔，其外部由圆柱体环绕组成，中间的主体建筑共分 5 段，顶部为环绕摩天轮以及塔尖结构。

（2）分析：广州塔外层造型可以通过圆柱体位置调整进行阵列绘制，中间为主体需要以轮廓图进行旋转绘制，环绕摩天轮可以运用圆球进行阵列绘制，结合圆柱与圆锥贯通塔身，即可完成广州塔的模型绘制。

（3）建模：单击基本实体→圆柱，打开“圆柱”指令对话框，单击“中心”输入 0，按【Enter】键确定输入，以原点为起点分别绘制两个圆柱，分别单击数值，输入半径为 0.8 mm、1 mm，高度为 230 mm，如图 4-1-2 所示；单击完成圆柱绘制，如图 4-1-3 所示。

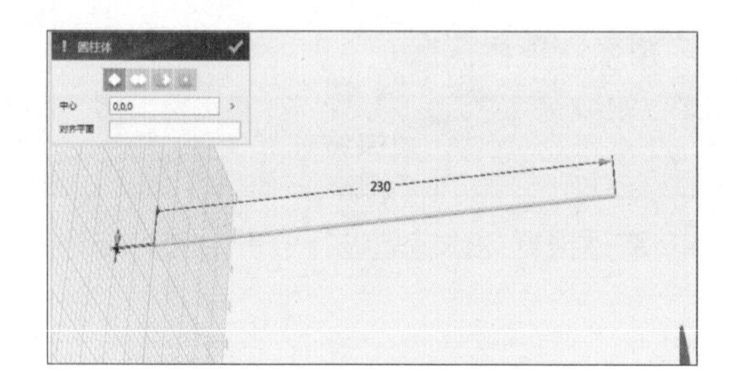

图 4-1-2　圆柱体绘制

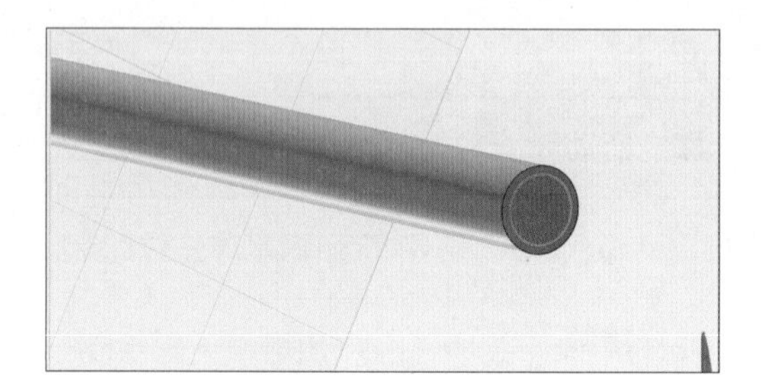

图 4-1-3　圆柱体

（4）单击基本编辑→移动→动态移动，打开“动态移动”指令对话框，选择圆柱体进行移动操作，单击数值，输入移动距离为 8 mm，如图 4-1-4 所示；单击完成圆柱体的移动绘制，如图 4-1-5 所示。

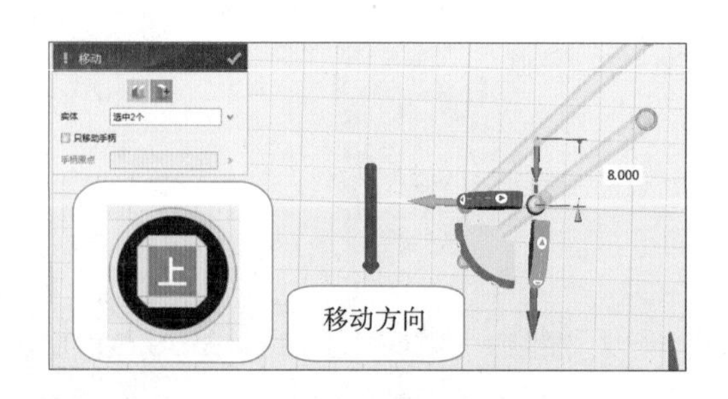

图 4-1-4　动态移动绘制

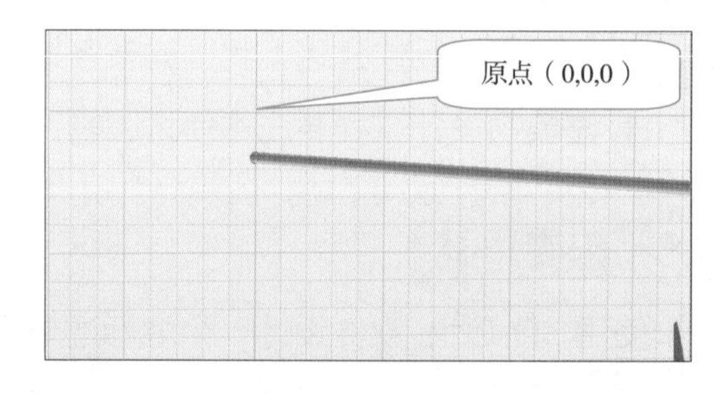

图 4-1-5　移动

（5）单击基本编辑→移动→动态移动（可以单击鼠标中键重复使用动态移动指令），打开“动态移动”指令对话框，分别选择两个圆柱体进行转动操作，分别单击数值，输入转动角度为 8°、-8°，如图 4-1-6 所示；单击完成圆柱体的转动绘制，如图 4-1-7 所示。

（6）单击基本编辑→移动→动态移动（可以单击鼠标中键重复使用动态移动指令），打开“动态移动”指令对话框，分别选择两个圆柱体进行移动操作，分别单击数值，输入移动距离为 5 mm、5 mm，如图 4-1-8 所示；单击✓完成圆柱体移动绘制，如图 4-1-9 所示。

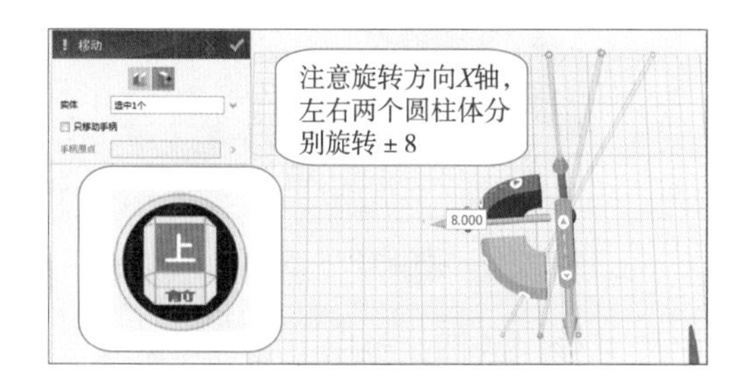

图 4-1-6　转动绘制

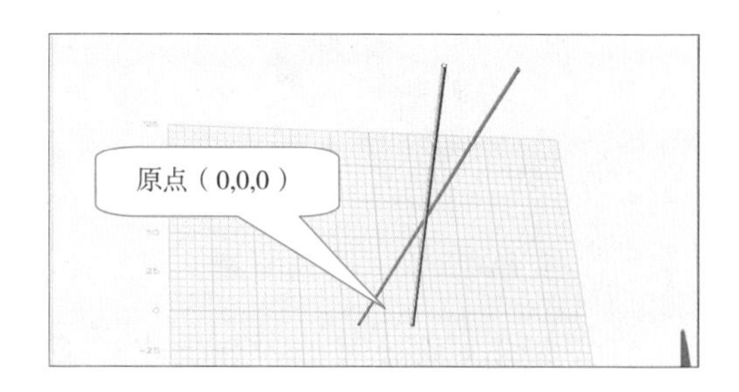

图 4-1-7　转动

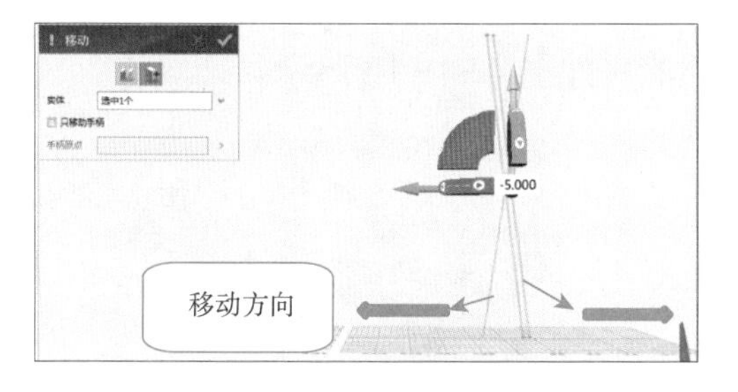

图 4-1-8　动态移动绘制

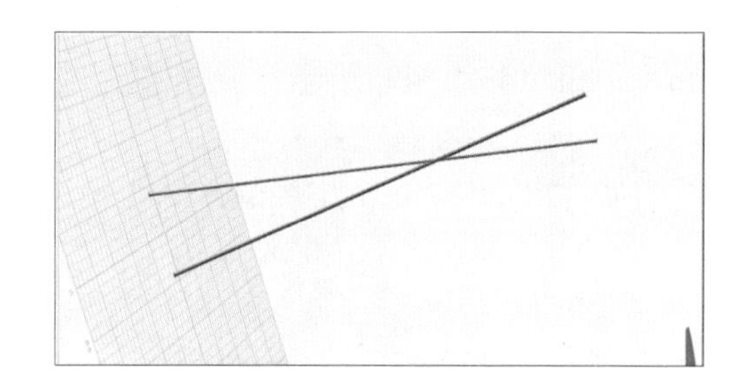

图 4-1-9　移动

（7）单击基本编辑→对齐实体→对齐实体到基实体，打开“对齐实体到基实体”指令对话框，单击“基实体”选择 1 mm 圆柱，“移动实体”选择 0.8 mm 圆柱进行对齐操作，对齐方向选择侧面，如图 4-1-10 所示；单击✓完成两圆柱的对齐操作，如图 4-1-11 所示。

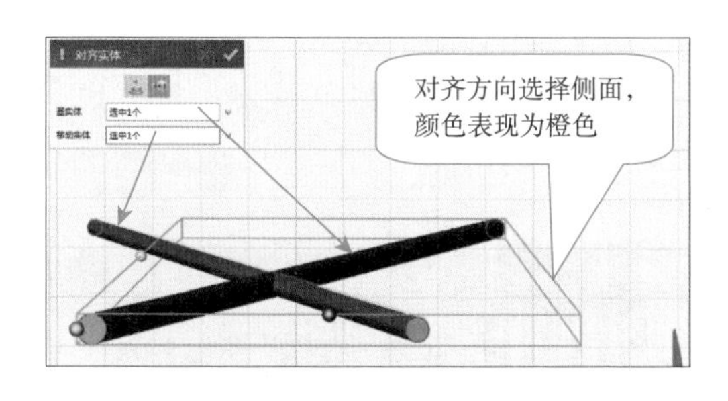

图 4-1-10　对齐实体绘制

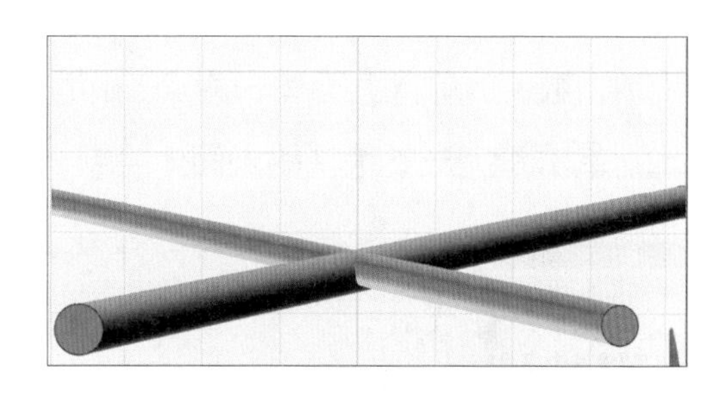

图 4-1-11　对齐

（8）单击基本编辑→阵列→圆形阵列，打开“圆形阵列”指令对话框，单击“基体”选择两圆柱，“方向”输入 0，按【Enter】键确定输入，进行阵列绘制，单击数值，输入阵列数量为 18，如图 4-1-12 所示；单击✓完成圆柱体的阵列绘制，如图 4-1-13 所示。

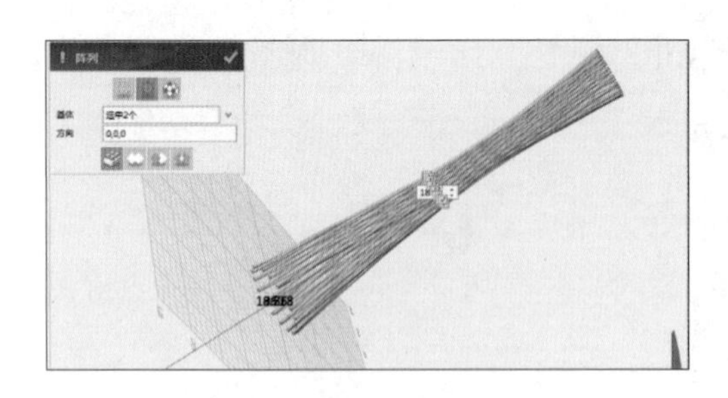

图 4-1-12　阵列绘制

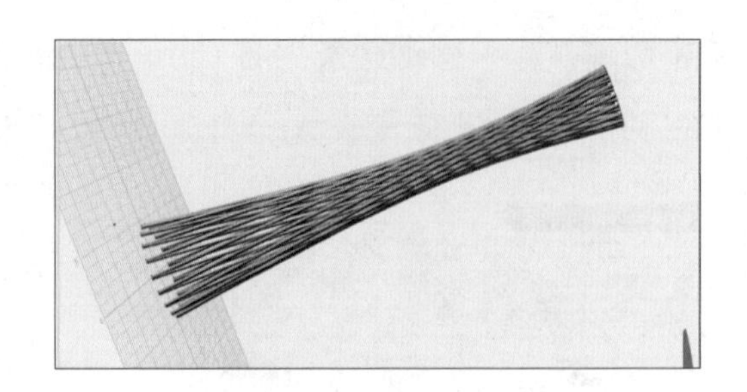

图 4-1-13　阵列

（9）单击基本实体→圆柱，打开“圆柱”指令对话框，单击“中心”输入 0，按【Enter】键确定输入，以原点为起点，分别绘制两个圆柱，分别单击数值，输入圆柱 1 的半径为 25 mm、高度为 8 mm，输入圆柱 2 的半径为 50 mm、高度为 5 mm，如图 4-1-14 所示；单击完成圆柱绘制，如图 4-1-15 所示。

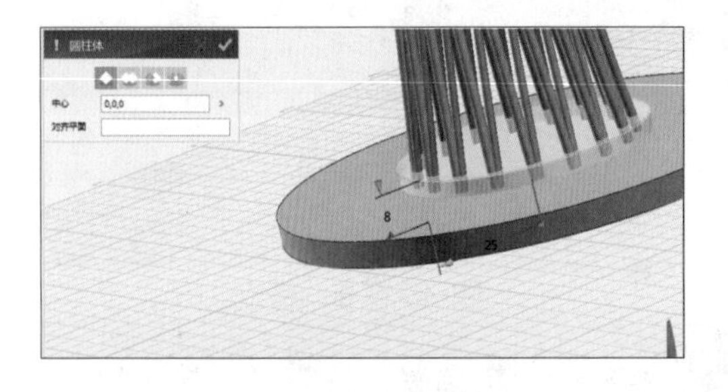

图 4-1-14　圆柱绘制

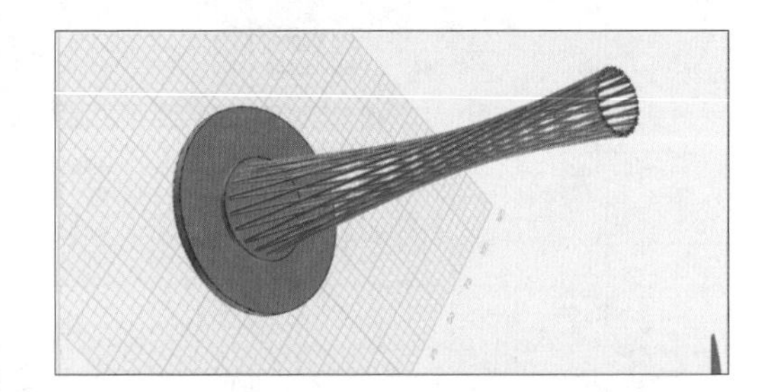

图 4-1-15　圆柱体

2．广州塔的摩天轮绘制

（1）单击基本实体→六面体，打开“六面体”指令对话框，单击“点”输入 0，按【Enter】键确定输入，修改“点”数值为（70,-30,0），单击【Enter】键确定修改；分别单击数值，输入六面体长为 20 mm，宽为 20 mm，高为 20 mm，如图 4-1-16 所示；单击完成参考辅助六面体绘制，如图 4-1-17 所示。

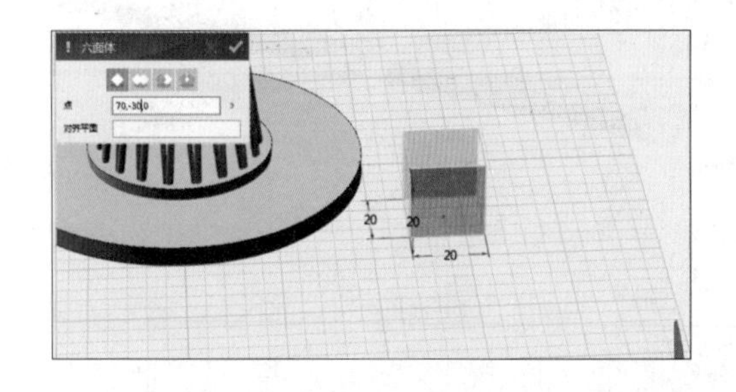

图 4-1-16　六面体绘制

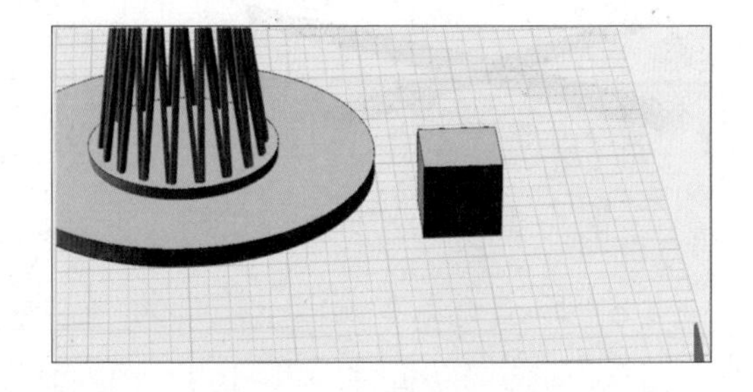

图 4-1-17　六面体

（2）单击前视图，单击草图绘制→矩形，打开“矩形”指令对话框，选取六面体中心点⊙为矩形绘制起点，如图 4-1-18 所示；绘制矩形，单击数值，输入长为 -100 mm，宽为 220 mm，作为草图基准线，结合草图绘制 / 草图编辑指令，在绘图区绘制草图，如图 4-3-19 所示；草图的详细尺寸，如图 4-1-20 所示；删除多余辅助线，得到最终轮廓图，单击结束并退出草图绘制，如图 4-1-21 所示。

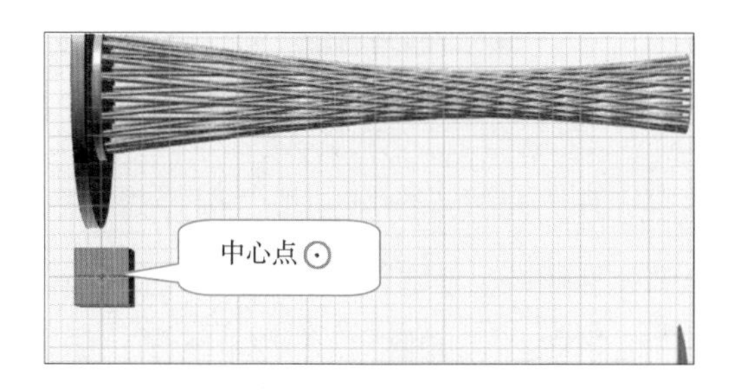

图 4-1-18　选取绘制平面

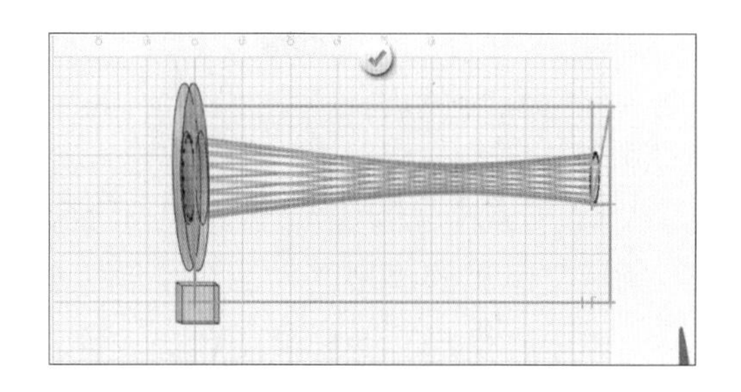

图 4-1-19　轮廓图绘制

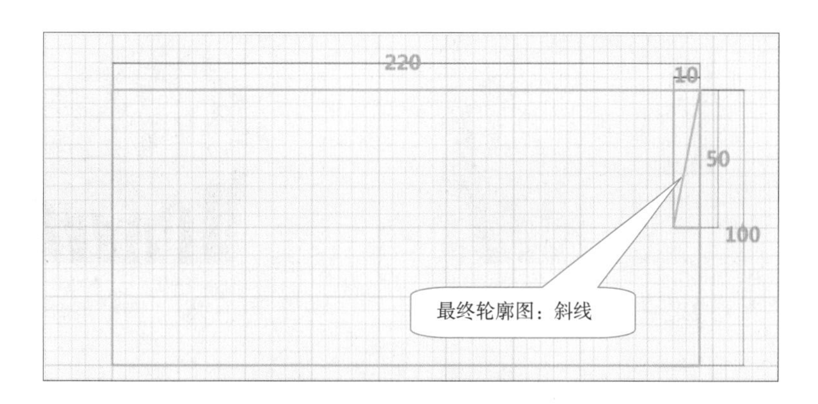

图 4-1-20　草图尺寸

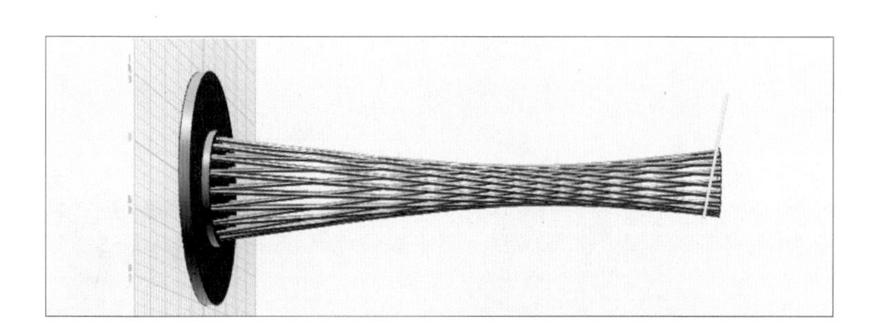

图 4-1-21　分割轮廓图

（3）单击特征造型→拉伸，打开“拉伸”指令对话框，选择直线草图进行拉伸操作，单击数值，输入拉伸高度为 -80 mm，单击启用叠加指令交运算，如图 4-1-22 所示；单击完成直线拉伸交运算绘制，形成塔顶倾斜造型，如图 4-1-23 所示。

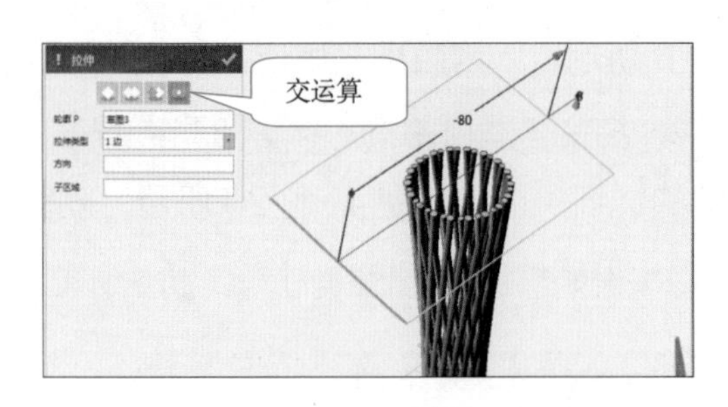

图 4-1-22　拉伸绘制

图 4-1-23　拉伸交运算

（4）单击草图绘制→通过点绘制曲线，打开“通过点绘制曲线”指令对话框，选取圆柱交运算的横截面为草图绘制工作平面，绘制曲线，分别单击 “点”→过滤器→曲率中心选项，选取各圆柱顶面曲率中心⊙绘制曲线，如图 4-1-24 所示；单击完成曲线绘制，单击结束并退出草图绘制，如图 4-1-25 所示。

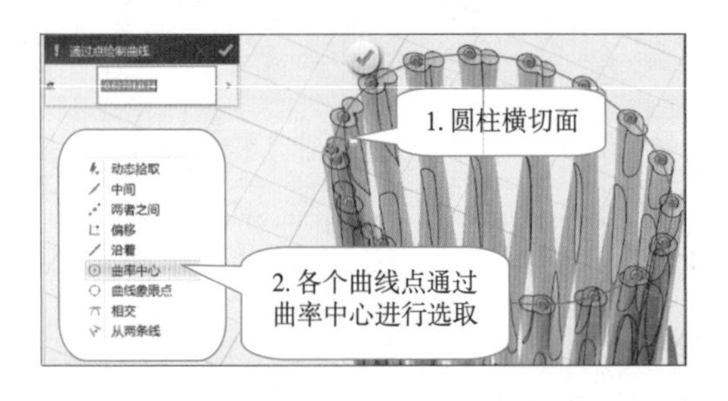

图 4-1-24　通过点绘制曲线

图 4-1-25　曲线轮廓图

（5）单击草图绘制→正多边形，打开“正多边形”指令对话框，选取绘制轮廓图边缘为草图绘制工作平面，绘制六边形，单击数值，输入半径为 1.2 mm，如图 4-1-26 所示；单击完成六边形轮廓图的绘制，单击结束并退出草图绘制，如图 4-1-27 所示。

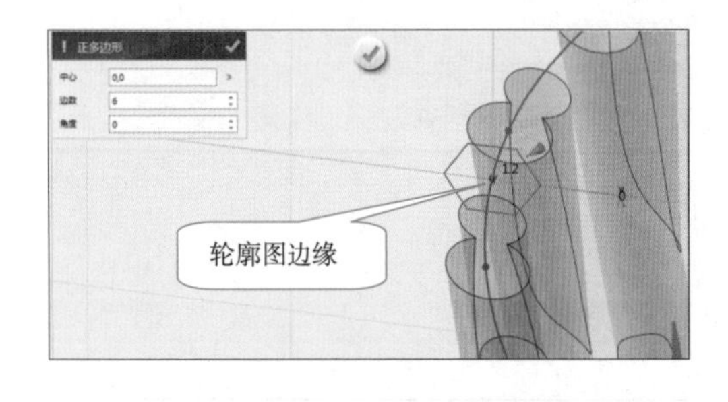

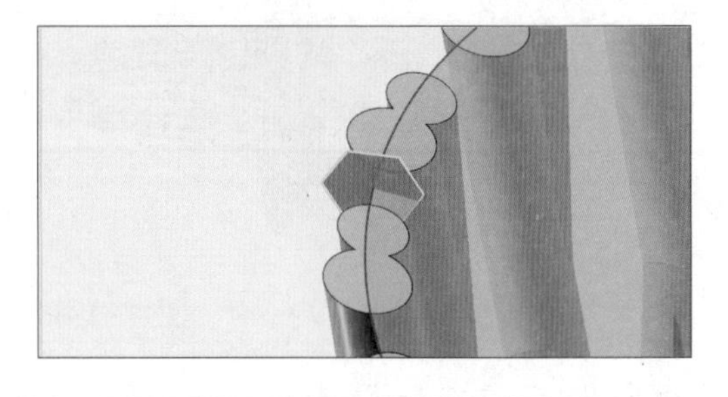

图 4-1-26　正多边形绘制

图 4-1-27　六边形

（6）单击特征造型→扫掠，打开扫掠指令，单击“扫掠”指令对话框，单击“轮廓”选择六边形，“路径”选择曲线轮廓，进行扫掠操作，如图 4-1-28 所示；

单击完成六面体轮廓图的扫掠绘制，形成顶部摩天轮导轨造型，如图 4-1-29 所示。

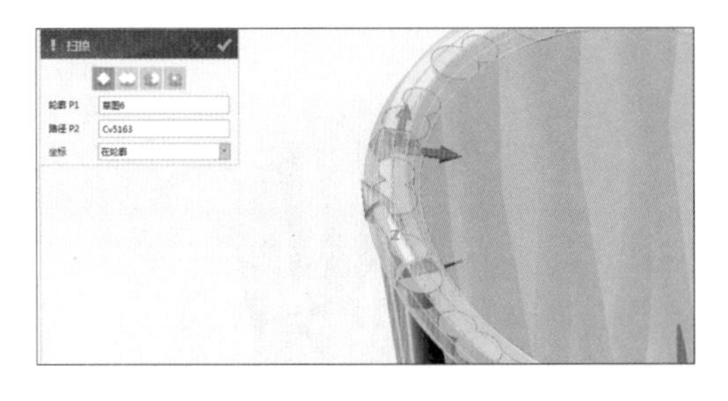

图 4-1-28 扫掠绘制

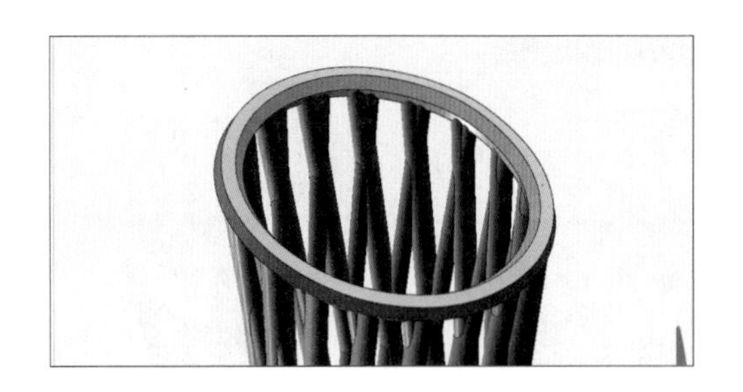

图 4-1-29 扫掠

（7）单击基本实体→球体，打开“球体”指令对话框，选取摩天轮导轨顶面任一点为中心点，绘制球体，单击数值，输入半径为 1.5 mm，如图 4-1-30 所示；单击完成球体绘制，如图 4-1-31 所示。

图 4-1-30 球体绘制

图 4-1-31 球体

（8）单击基本编辑→移动→动态移动，打开“动态移动”指令对话框，选择球体进行移动操作，单击数值，输入移动距离为 1 mm，如图 4-1-32 所示；单击完成球体移动绘制，如图 4-1-33 所示。

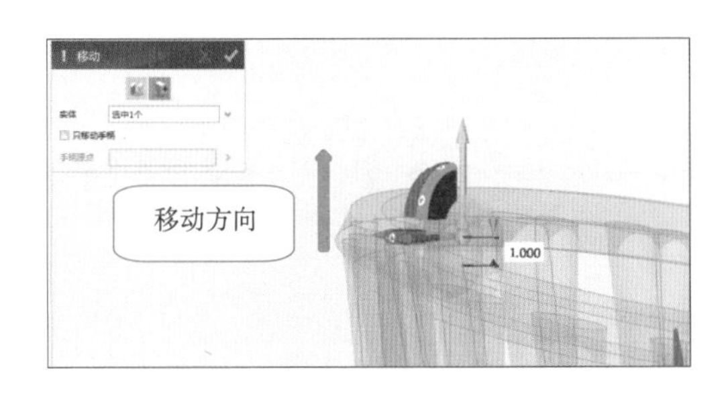

图 4-1-32 动态移动绘制

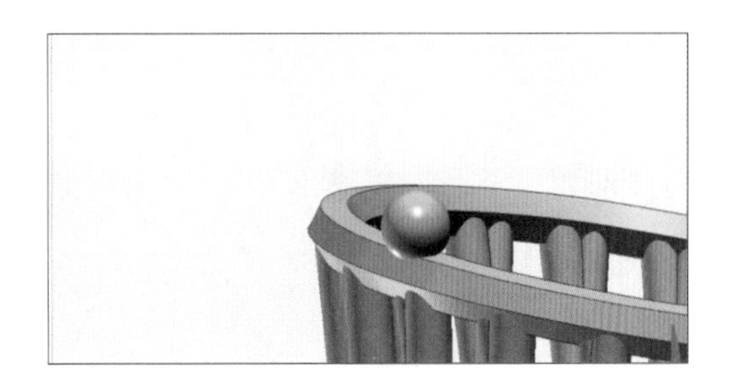

图 4-1-33 移动

（9）单击基本编辑→阵列→在曲线上阵列，打开“在曲线上阵列”指令对话框，单击“基体”选择圆球，“边界”选择摩天轮导轨边缘，“间距”输入 5.4 mm，单击数值，输入阵列数量为 15，进行顶部圆球阵列操作，如图 4-1-34 所示；单击完成圆球体阵列绘制，如图 4-1-35 所示。

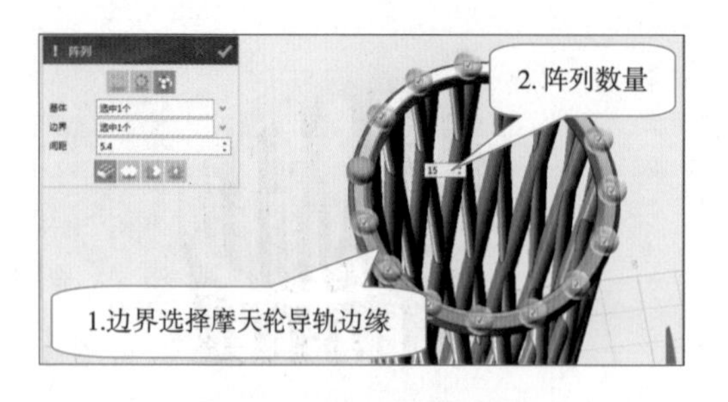

图 4-1-34　阵列绘制

图 4-1-35　阵列

3. 广州塔内部结构设计

（1）单击前视图，单击草图绘制→矩形，打开“矩形”指令对话框，选取六面体中心点为矩形绘制起点，如图 4-1-36 所示；绘制矩形，分别单击数值，输入长为 −100 mm，宽为 220 mm，作为草图基准线，结合草图绘制 / 草图编辑指令，在绘图区绘制草图，如图 4-1-37 所示；草图的详细尺寸，如图 4-1-38 所示；删除多余辅助线，得到广州塔内部结构轮廓图，单击结束并退出草图绘制，如图 4-1-39 所示。

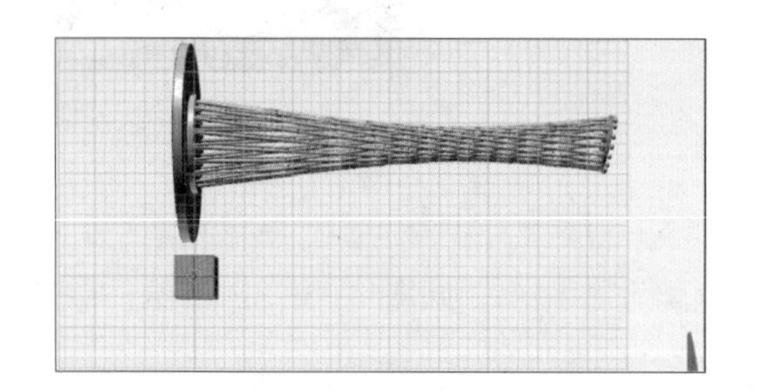

图 4-1-36　选取绘制平面

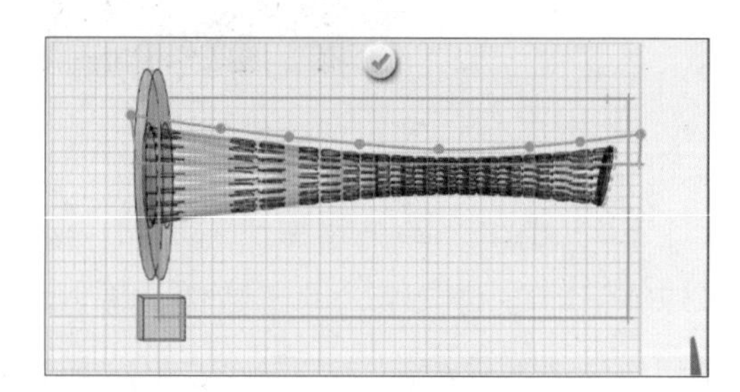

图 4-1-37　轮廓图绘制

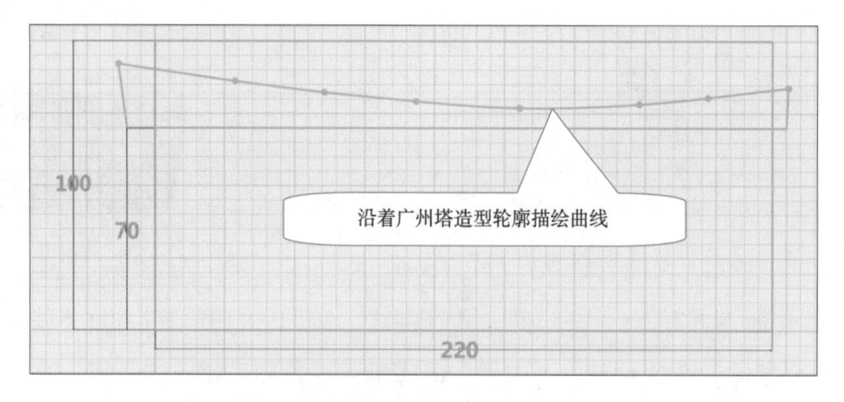

图 4-1-38　草图尺寸

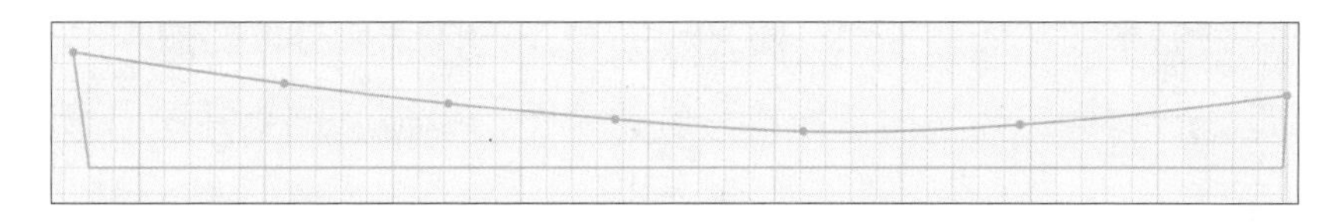

图 4-1-39　广州塔轮廓图

（2）单击特征造型→旋转，打开“旋转”指令对话框，单击“轮廓”选择广州塔轮廓图，“轴”选择轮廓中心线，进行广州塔轮廓图的旋转操作，如图 4-1-40 所示；单击完成广州塔轮廓图旋转绘制，形成广州塔内部基本造型，如图 4-1-41 所示。

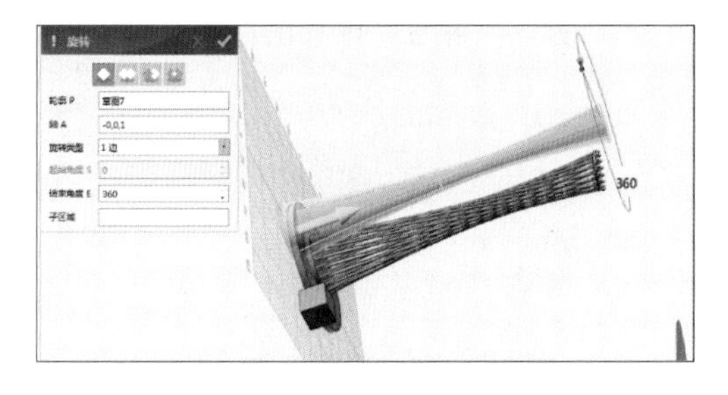

图 4-1-40　旋转绘制

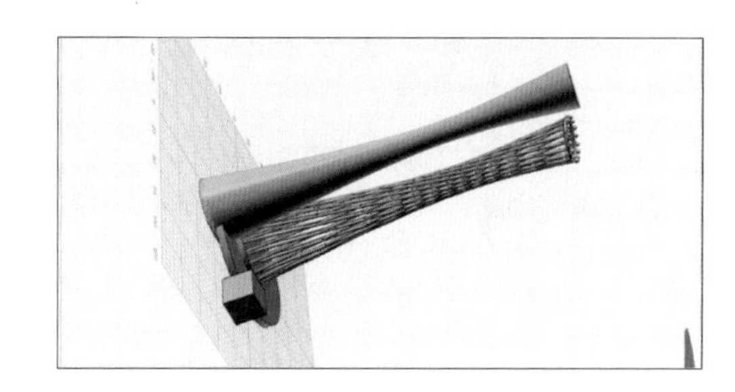

图 4-1-41　旋转

（3）单击基本编辑→对齐实体→对齐实体到基实体，打开“对齐实体到基实体”指令对话框，单击“基实体”选择基底圆柱，“移动实体”选择广州塔内部基本造型进行对齐操作，对齐中心线选择圆球点，如图 4-1-42 所示；单击完成广州塔内部基本造型的对齐绘制，如图 4-1-43 所示。

图 4-1-42　对齐实体绘制

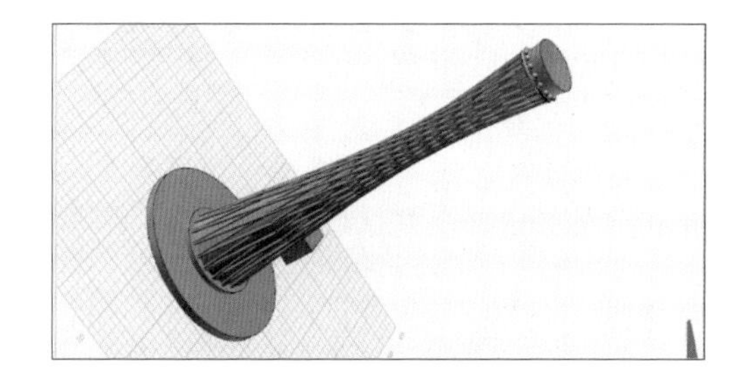

图 4-1-43　对齐

（4）单击前视图，选择草图绘制→矩形，打开“矩形”指令对话框，选取六面体中心点为矩形绘制起点，如图 4-1-44 所示；绘制矩形，分别单击数值，输入长为 -100 mm，宽为 220 mm，做为草图基准线，结合草图绘制 / 草图编辑指令，在绘图区绘制草图，如图 4-1-45 所示；草图的详细尺寸，如图 4-1-46 所示；删除多余辅助线，得到广州塔内部结构分割轮廓图，单击结束并退出草图绘制，如图 4-1-47 所示。

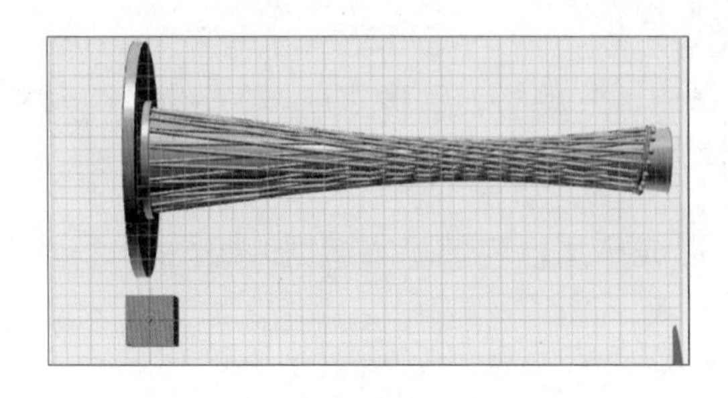

图 4-1-44　选取绘制平面

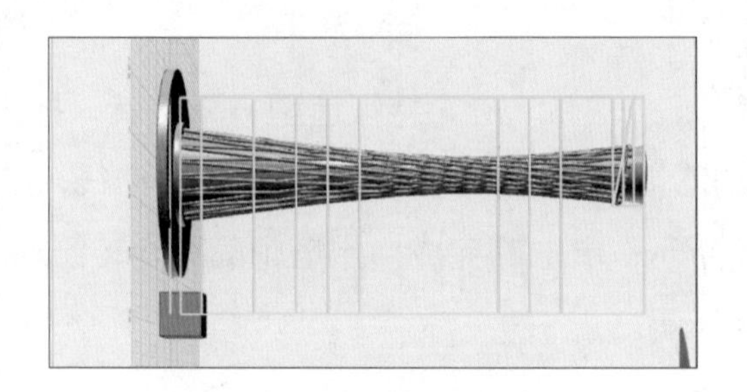

图 4-1-45　轮廓图绘制

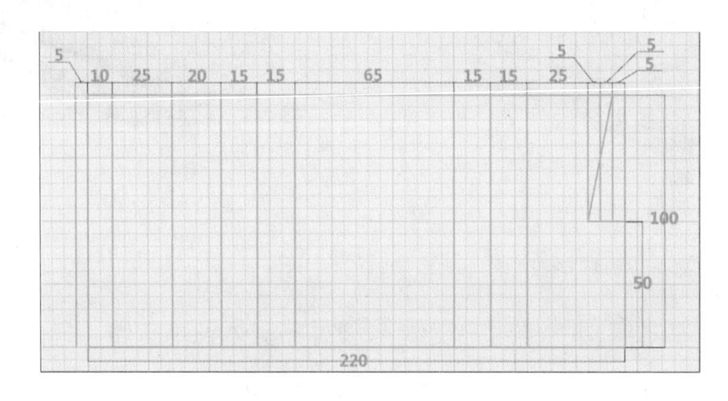

图 4-1-46　草图尺寸

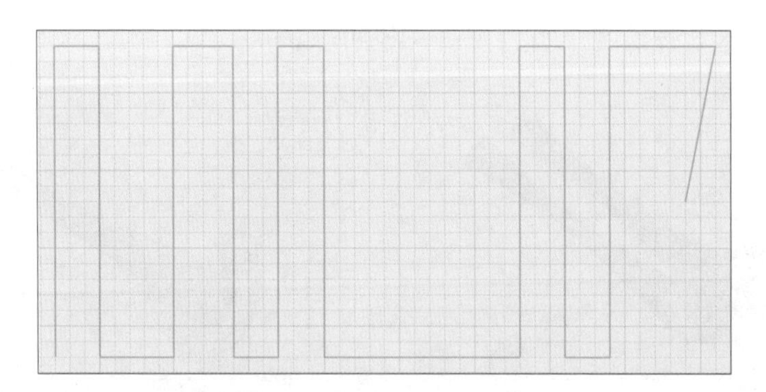

图 4-1-47　分割轮廓图

（5）单击特征造型→拉伸，打开“拉伸”指令对话框，选择分割轮廓图进行拉伸操作，单击数值，输入拉伸高度为 -70 mm，如图 4-1-48 所示；单击完成分割轮廓图的拉伸，如图 4-1-49 所示。

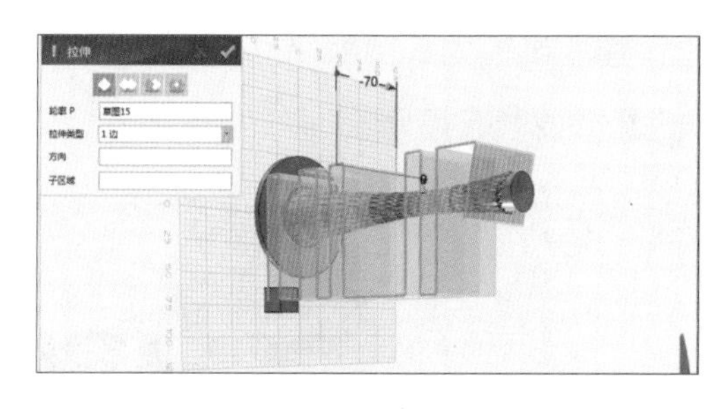

图 4-1-48　拉伸绘制

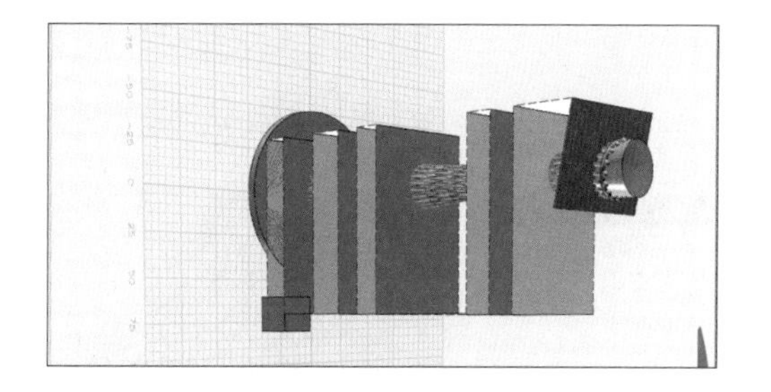

图 4-1-49　拉伸

（6）单击特殊功能→实体分割，打开“实体分割”指令对话框，单击“基本体”选择广州塔内部结构，“分割体”选择拉伸分割面进行分割操作，如图 4-1-50 所示；单击完成实体分割操作，形成广州塔内部结构基本造型的分块绘制，单击删除相应分割体，如图 4-1-51 所示。

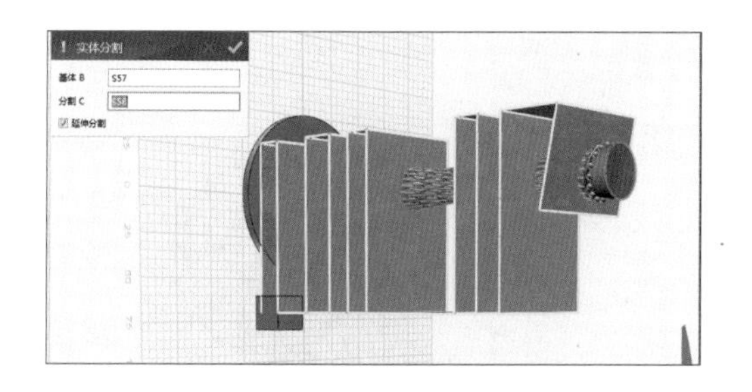

图 4-1-50　实体分割绘制

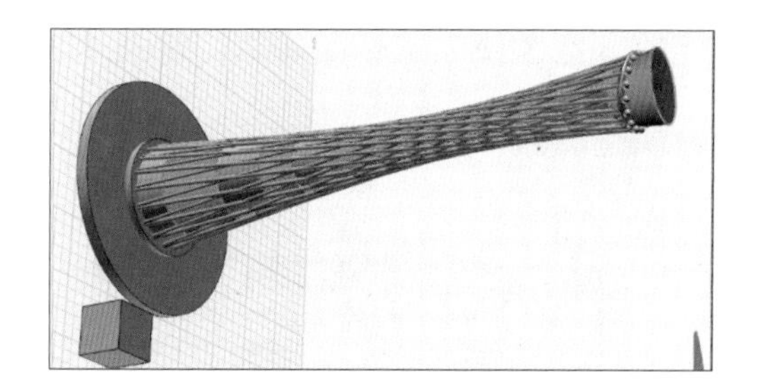

图 4-1-51　分割

（7）单击基本实体→圆柱，打开“圆柱”指令，单击“中心”输入 0，按【Enter】键确定输入，以原点为起点绘制圆柱体，单击数值，输入半径为 6 mm，高度为 200 mm，如图 4-1-52 所示；单击完成圆柱体绘制，形成广州塔中心结构，如图 4-1-53 所示。

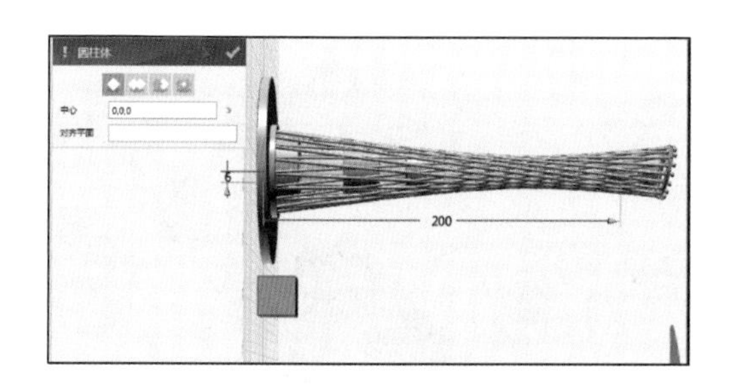

图 4-1-52　圆柱体绘制

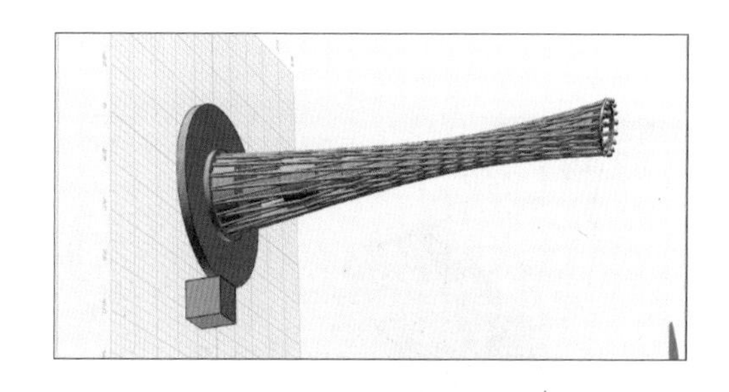

图 4-1-53　圆柱体

4．顶部结构设计与美化

（1）单击基本实体→圆柱，打开“圆柱”指令，单击“中心”输入 0，按【Enter】

键确定输入，以原点为起点绘制圆柱体，单击数值，输入半径为 6 mm，高度为 −20 mm，如图 4−1−54 所示；单击完成圆柱体绘制，如图 4−1−55 所示。

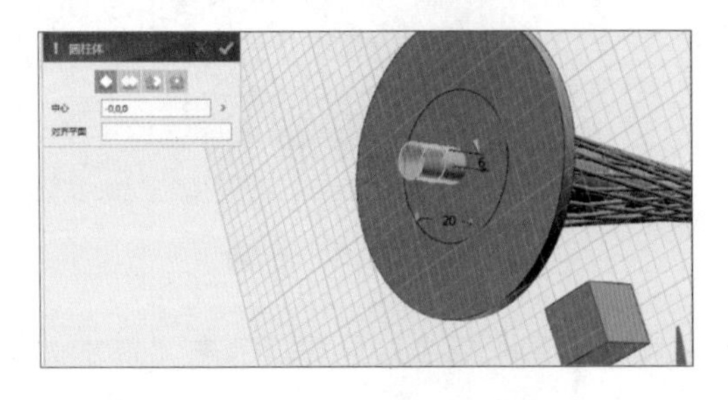

图 4−1−54　圆柱体绘制

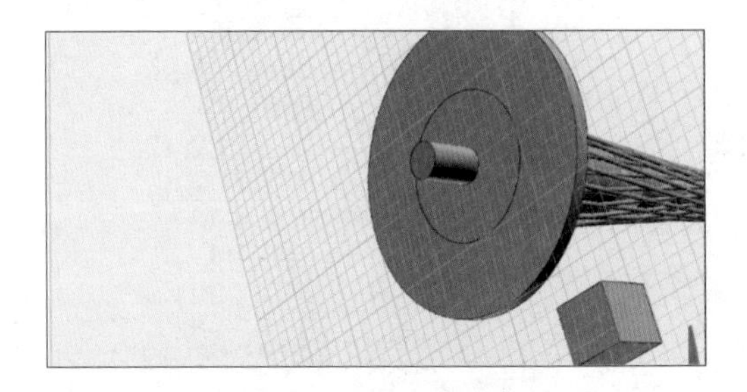

图 4−1−55　圆柱体

（2）单击基本编辑→移动→动态移动，打开“动态移动”指令对话框，选择圆柱体进行移动操作，单击数值，输入移动距离为 235 mm，如图 4−1−56 所示；单击完成圆柱体的移动绘制，如图 4−1−57 所示。

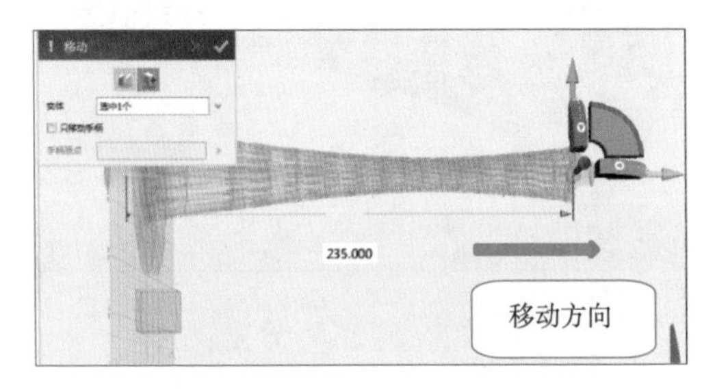

图 4−1−56　动态移动绘制

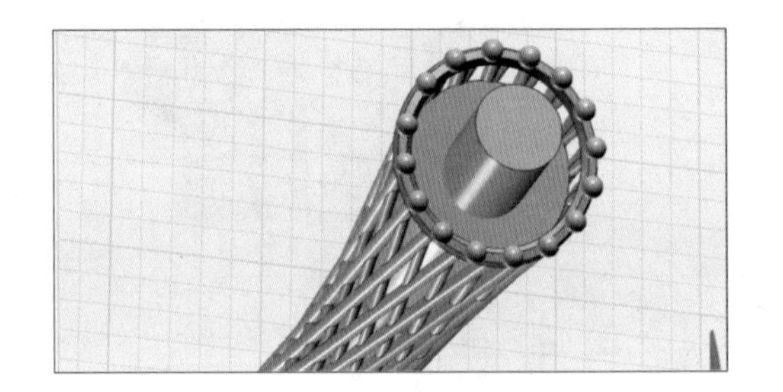

图 4−1−57　移动

（3）单击组合编辑→减运算，打开“减运算”指令对话框，单击 “基体”选择广州塔顶部结构，“合并体”选择圆柱体进行减运算操作，如图 4−1−58 所示；单击完成广州塔顶部造型减运算绘制，形成顶部凹陷结构，如图 4−1−59 所示。

图 4−1−58　组合编辑绘制

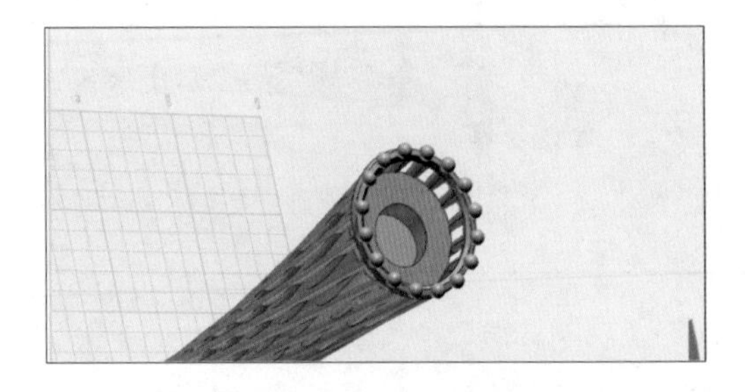

图 4−1−59　减运算

（4）单击基本实体→圆锥体，打开“圆锥体”指令对话框，选取广州塔顶部凹陷结构中心点⊙为起点，绘制圆台体，分别单击数值，输入底面半径为 4 mm，顶面半径为 0.8 mm，高度为 90 mm，如图 4-1-60 所示；单击✔完成圆台体绘制，如图 4-1-61 所示。

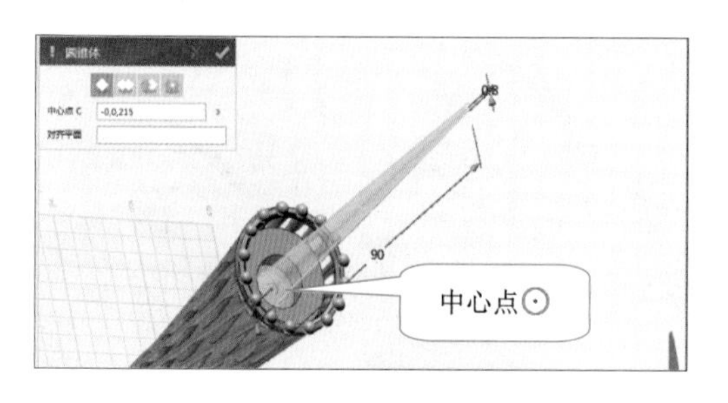

图 4-1-60　圆锥体绘制

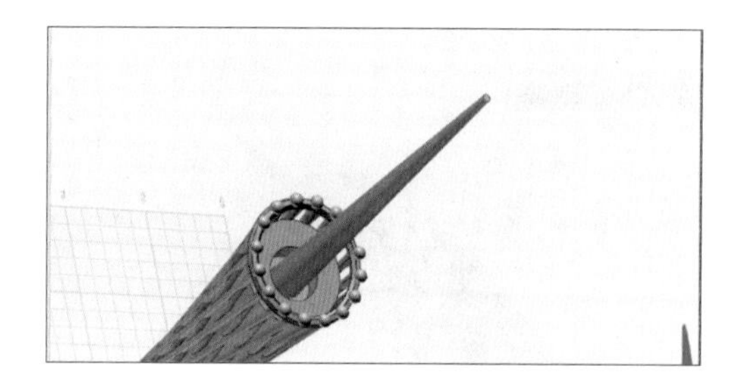

图 4-1-61　圆台体

（5）单击基本实体→六面体，打开“六面体”指令对话框，选取广州塔塔尖中心点 ⊙为起点，绘制六面体，分别单击数值，输入长为 20 mm，宽为 20 mm，高为 2 mm，如图 4-1-62 所示；单击✔完成六面体绘制，如图 4-1-63 所示。

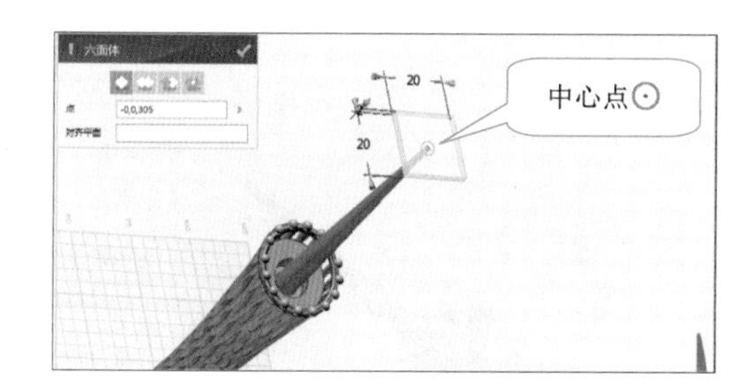

图 4-1-62　六面体绘制

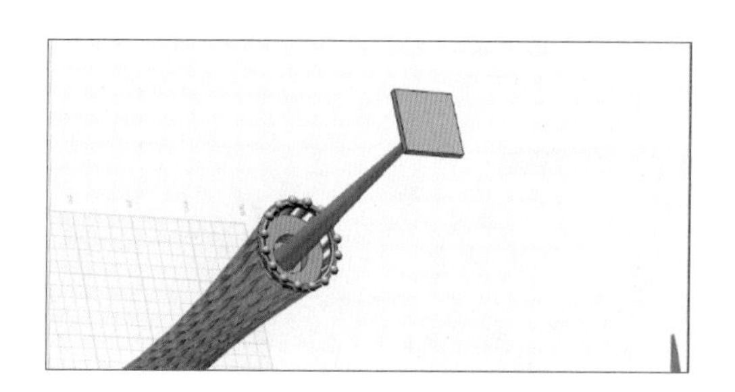

图 4-1-63　六面体

（6）单击基本编辑→阵列→线性阵列，打开“线性阵列”指令对话框，单击 “基体”选择六面体，“方向”选择六面体边缘，单击数值，输入阵列数量为 5，阵列距离为 −70 mm，进行六面体阵列操作，如图 4-1-64 所示；单击✔完成六面体阵列绘制，如图 4-1-65 所示。

图 4-1-64　阵列绘制

图 4-1-65　阵列

（7）单击特殊功能→实体分割，打开“实体分割”指令对话框，单击“基本体”选择广州塔尖部，“分割体”分别选择各个六面体进行分割操作，如图 4-1-66 所示；单击完成实体分割，形成塔尖造型分块绘制，单击删除相应分割体六面体，如图 4-1-67 所示。

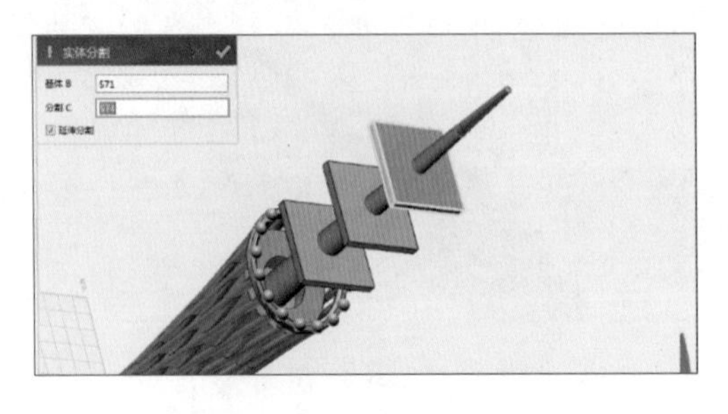

图 4-1-66　实体分割绘制

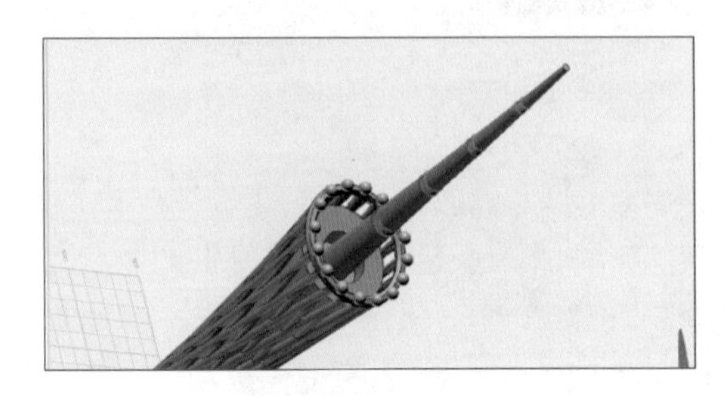

图 4-1-67　分割

（8）单击基本编辑→缩放，打开“缩放”指令对话框，单击 “实体”选择塔尖分块造型，“方法”选择“非均匀”，“X 比例”输入 1.3，“Y 比例”输入 1.3，进行分块造型的缩放操作，如图 4-1-68 所示；单击完成塔尖分块造型的缩放绘制，如图 4-1-69 所示。

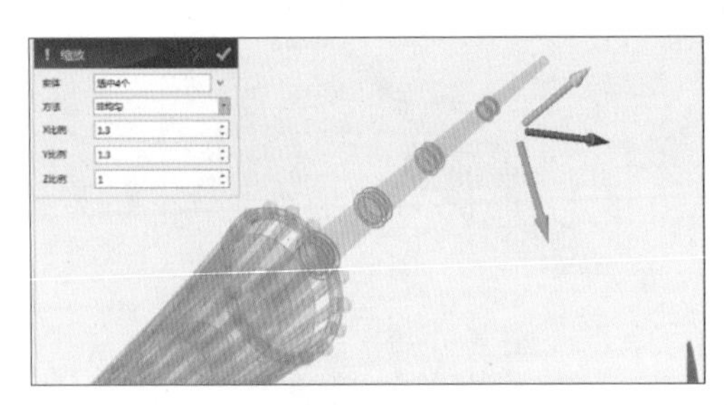

图 4-1-68　缩放绘制

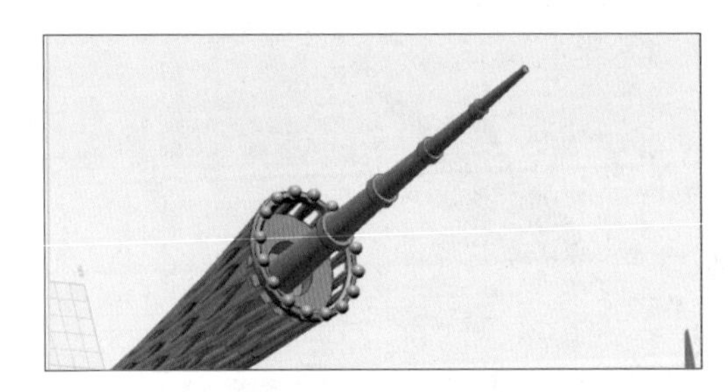

图 4-1-69　缩放

（9）单击特征造型→圆角，打开“圆角”指令对话框，选择广州塔基底边缘进行圆角操作，单击数值，输入倒角边缘为 2 mm，如图 4-1-70 所示；单击完成基底边缘的圆角绘制，如图 4-1-71 所示。

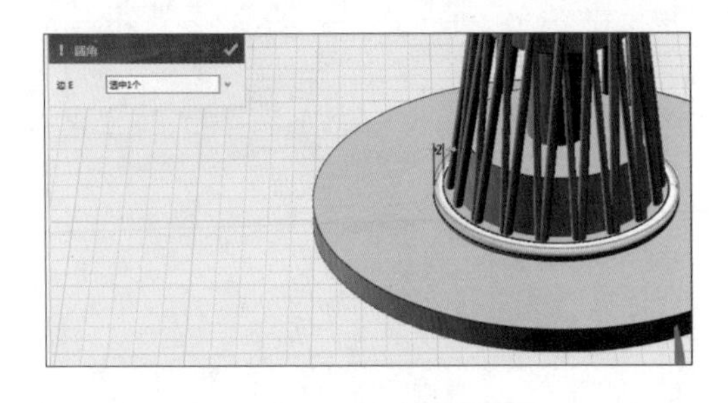

图 4-1-70　圆角绘制

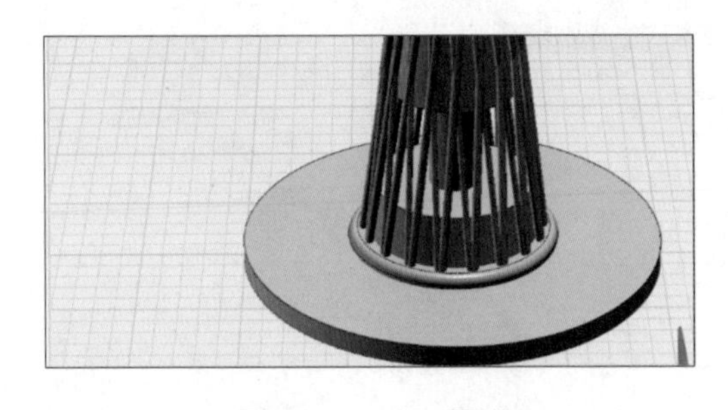

图 4-1-71　圆角

（10）单击特征造型→倒角，打开“倒角”指令对话框，选择广州塔基底边缘进行倒角操作，单击数值，输入倒角边缘为 3 mm，如图 4-1-72 所示；单击完成基底边缘的倒角绘制，如图 4-1-73 所示。

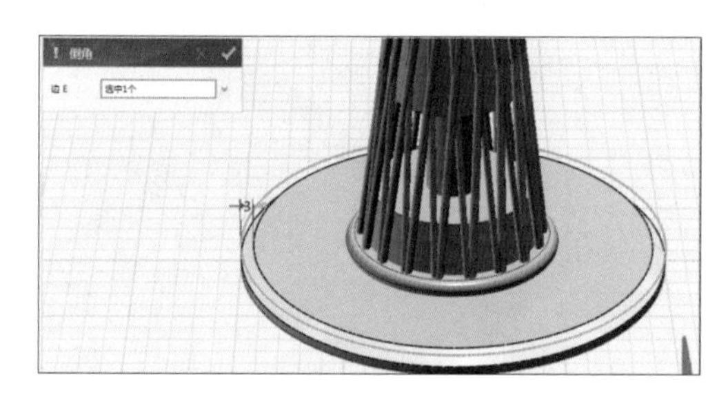

图 4-1-72　倒角绘制

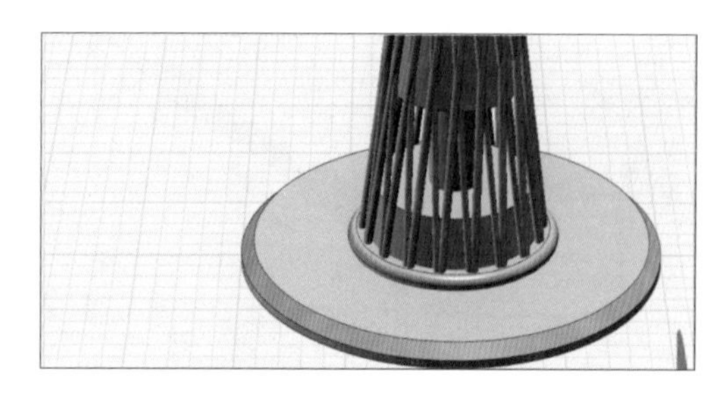

图 4-1-73　倒角

（11）单击草图绘制→预制文字，打开“预制文字”指令对话框，选取广州塔基底顶面为草图绘制工作平面，单击“文字”输入“广州塔”，“字体”选择“微软雅黑”，“样式”选择“常规”，“大小”输入 8 mm，“原点”选取文字键入区域，进行文字预制操作，如图 4-1-74 所示；单击完成文字预制，单击结束并退出草图绘制，如图 4-1-75 所示。

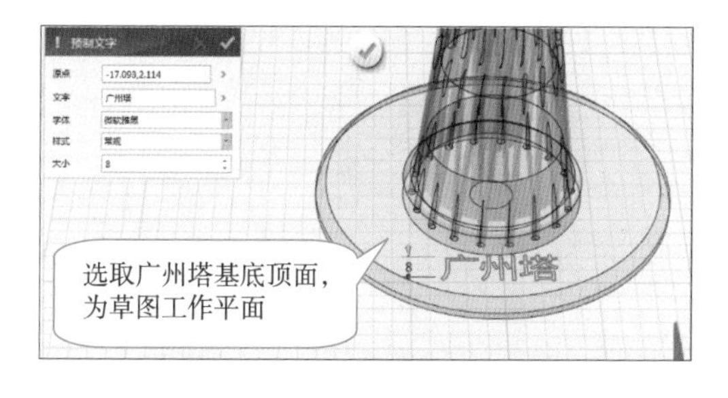

图 4-1-74　预制文字绘制

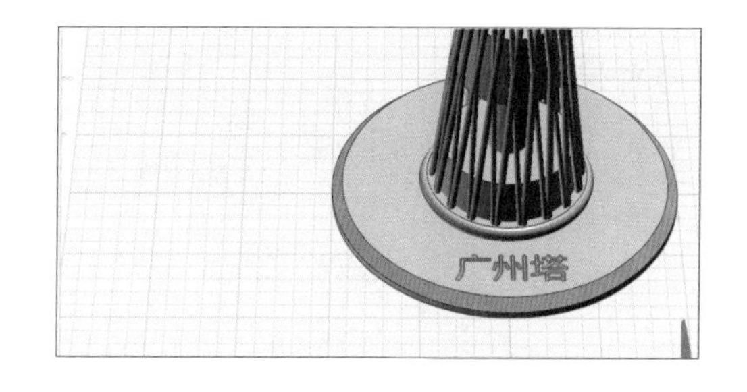

图 4-1-75　文字轮廓图

（12）单击特征造型→拉伸，打开“拉伸”指令对话框，选择文字轮廓图进行拉伸操作，单击数值，输入拉伸高度为 −1 mm，单击启用叠加指令减运算，如图 4-1-76 所示；单击完成文字拉伸减运算，形成下凹文字效果，如图 4-1-77 所示。

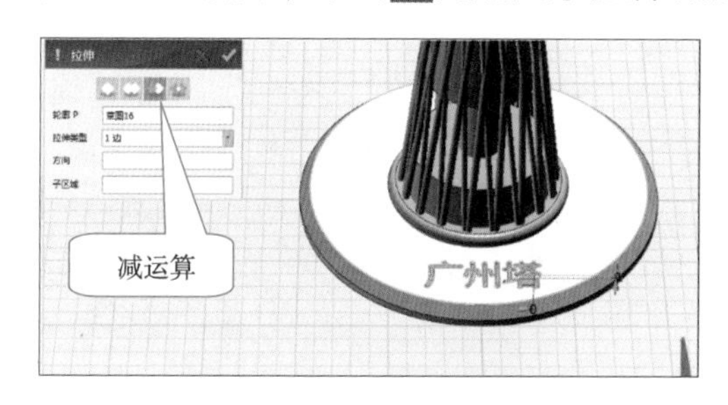

图 4-1-76　拉伸绘制

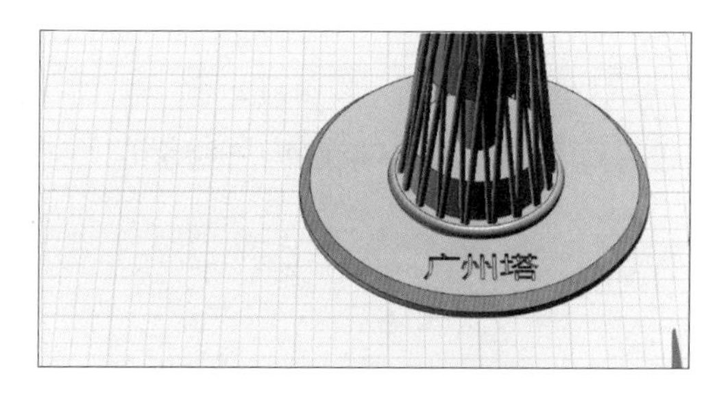

图 4-1-77　拉伸减运算

（13）单击颜色，打开“颜色”指令对话框，选择适合颜色对广州塔进行渲染操作，如图 4-1-78 所示；单击完成广州塔绘制，如图 4-1-79 所示。

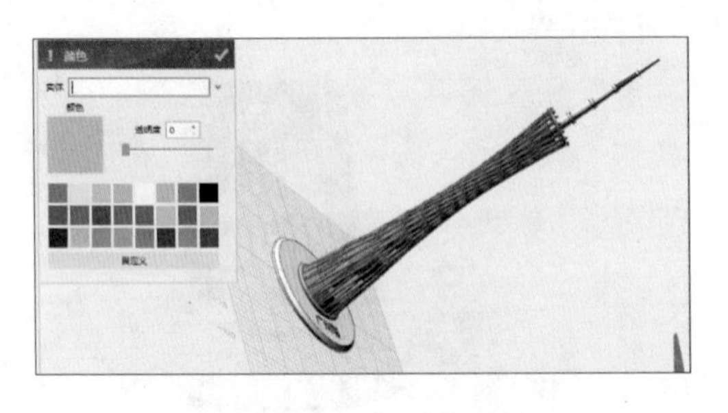

图 4-1-78　颜色渲染

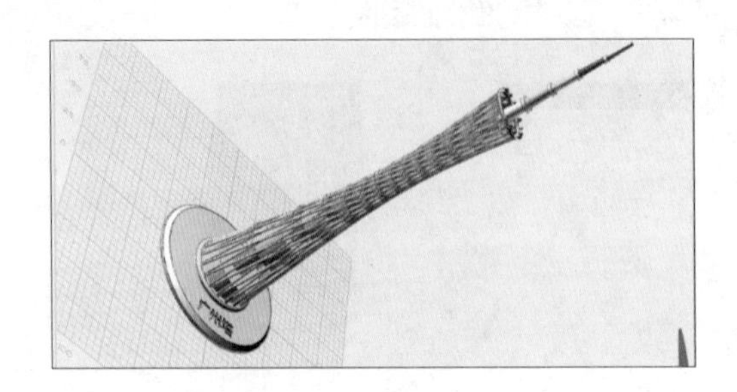

图 4-1-79　广州塔

（14）单击保存，打开“保存”指令对话框，将设计好的 3D 模型进行保存。

实　践

同学们以小组为单位，从以下几款建筑造型选项中选择一种，参照“广州塔”的绘制流程，充分发挥小组成员的想象力，自主完成各种地标性建筑设计，最后用创客空间的 3D 打印机打印出来，在班级讨论会上进行展示分享。

★ 贵州天眼

★ 上海世博会中国馆

★ 黄鹤楼

★ 其他

成果交流

各小组运用数字可视化工具，将完成的项目成果，分别在小组和全班展示分享或通过网络将设计作品进行展示、交流与评价。

思　考

通过“广州塔”的设计，掌握所学的设计指令后，请同学们思考一下，地标建筑与住宅有什么区别？尝试构思绘制自己心仪的未来科技住所。

活动评价

完成“广州塔”的设计后，请同学们根据表 4-1-2，对项目学习效果进行评价。

表 4-1-2　活动评价表

评价内容	个人评价	小组评价	教师评价
掌握了根据物体造型进行分析绘图的技巧	□优 □良 □一般	□优 □良 □一般	□优 □良 □一般
掌握了融合使用草图绘制、实体绘制指令绘制建筑物	□优 □良 □一般	□优 □良 □一般	□优 □良 □一般
掌握了草图尺寸的读取与绘制	□优 □良 □一般	□优 □良 □一般	□优 □良 □一般
能够与同学们交流和分享自己的设计经验	□优 □良 □一般	□优 □良 □一般	□优 □良 □一般

项目二　交通工具

情景导入

运输是实现人和物空间位置变化的活动，与人类的生产生活息息相关。交通工具是指完成旅客和货物运输的机车、客货车辆、汽车、船舶和飞机等，如图 4-2-1 所示。货运卡车是常见的交通工具之一。如何用 3D One 设计交通工具呢？本项目将以交通工具为例，运用 3D One 对货运卡车进行 3D 造型设计。

图 4-2-1　交通工具

项目主题

以“交通工具”为主题，利用互联网收集交通运输相关资料，了解和分析交通运输的知识。应用 3D One 设计软件设计一款卡车，在卡车设计过程中，掌握软件基本操作命令和 3D 建模设计的基础知识。

“交通工具”的建模设计视频介绍

项目目标

◆ 掌握融合使用草图绘制、实体绘制指令绘制运输工具。

◆ 掌握轮子组装结构绘制的技巧。

项目探究

根据项目目标要求，开展“交通工具——货运卡车”项目学习探究活动，如表 4-2-1 所示。

表 4-2-1　“交通工具——货运卡车”设计项目探究

探究活动	项目探究内容	知识技能
交通工具 货运卡车 建模设计	卡车基本实体绘制	掌握草图尺寸的读取与绘制 巩固草图、实体绘制指令的运用 掌握活动组装结构绘制
	卡车轮子绘制	
	卡车车头绘制	
	卡车车厢绘制与美化	

问　题

◆ 什么是交通工具？对社会有什么意义？

◆ 交通工具主要有哪些种类？

构思设计

使用 3D One 软件设计一个交通工具——货运卡车的模型，货运卡车大小尺寸为长 160 mm× 宽 65 mm× 高 100 mm，分为车头、车厢、轮子 3 个部分进行设计，完成的 3D 打印模型可进行组装；在设计过程中需要融合运用草图绘制、草图编辑、实体绘制、实体编辑等指令。

项目实施

1. 卡车基本实体绘制

（1）单击上视图，选取绘图区为草图绘制工作平面，结合草图绘制 / 草图编辑指令，在工作平面绘制卡车草图，草图的详细尺寸如图 4-2-2 所示；卡车轮廓如

图 4-2-3 所示。单击结束并退出草图绘制。

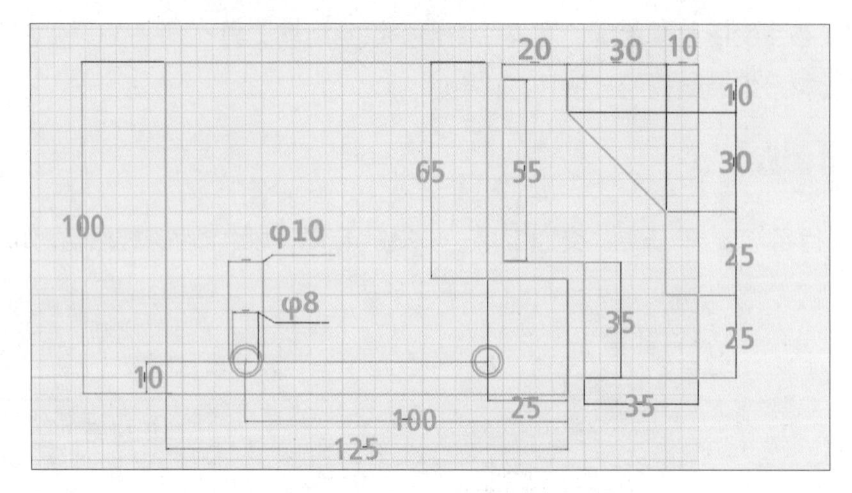

图 4-2-2　草图尺寸

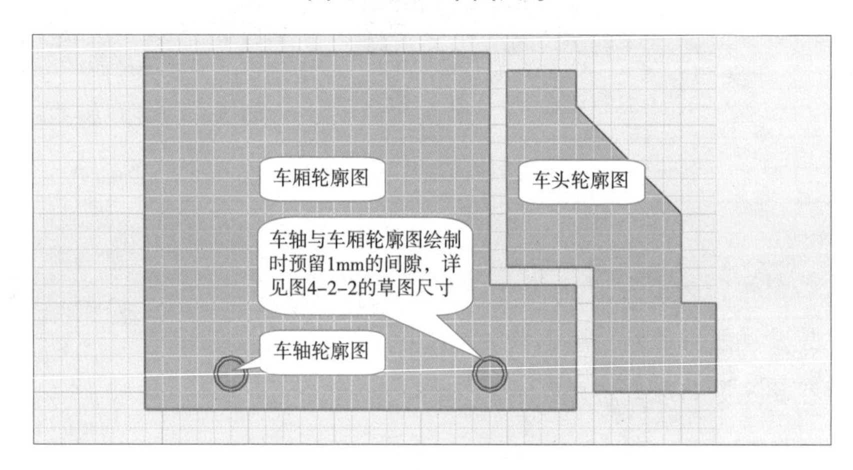

图 4-2-3　卡车轮廓图

（2）单击特征造型→拉伸，打开“拉伸”指令对话框，选择卡车轮廓图进行拉伸操作，单击数值，输入拉伸高度为 65 mm，如图 4-2-4 所示；单击完成卡车基本体的拉伸绘制，如图 4-2-5 所示。

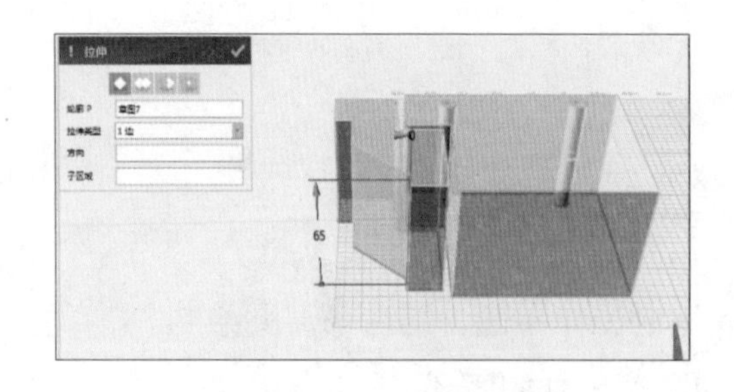

图 4-2-4　拉伸绘制

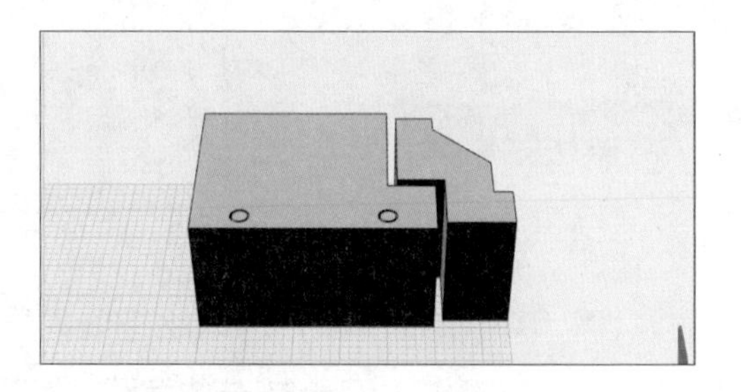

图 4-2-5　拉伸

（3）单击特征造型→圆角，打开“圆角”指令对话框，分别选择卡车基本体边缘、角落等区域进行圆角操作，分别单击数值，输入倒角边缘为 4 mm，如图 4-2-6 所示；单击完成卡车基本体边缘圆角绘制，如图 4-2-7 所示。

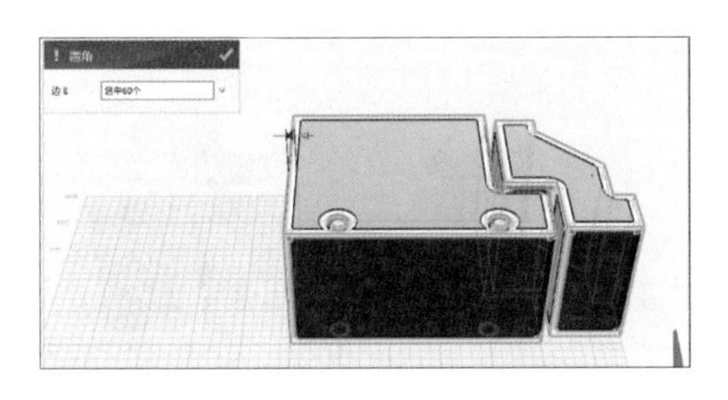

图 4-2-6　圆角绘制

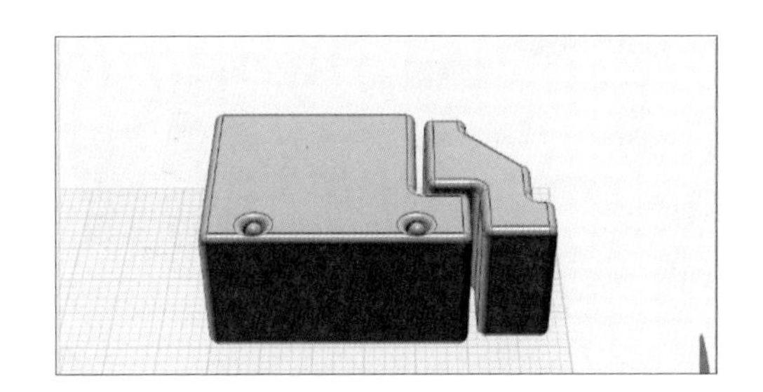

图 4-2-7　圆角

2. 卡车车轮结构设计

（1）单击基本实体→圆柱体，打开“圆柱体”指令对话框，单击“中心”选择车轮轴中心点⊙，绘制圆柱 1，分别单击数值，输入半径为 19 mm，高度为 15 mm，如图 4-2-8 所示；单击完成圆柱体 1 绘制，如图 4-2-9 所示。

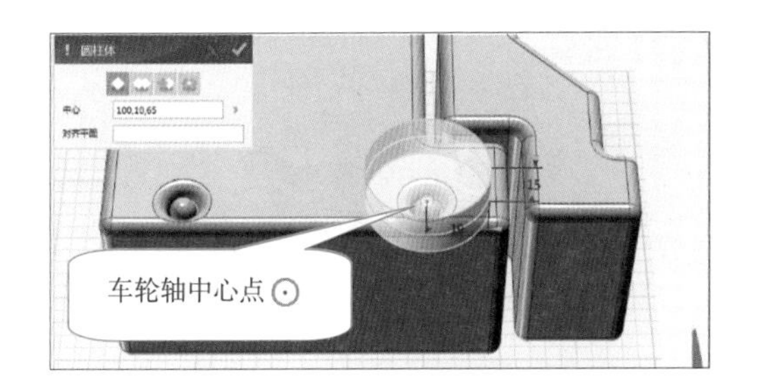

图 4-2-8　圆柱体绘制

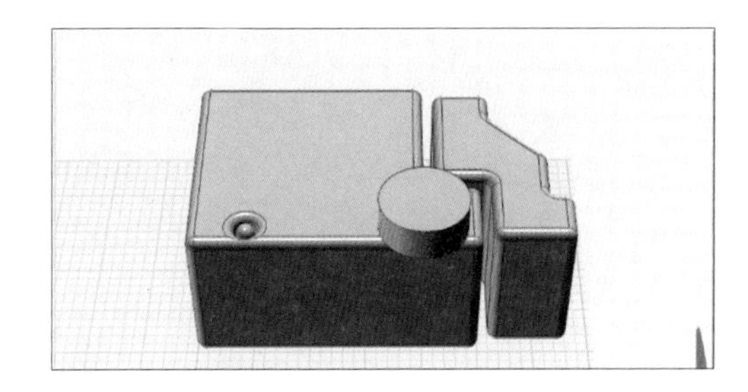

图 4-2-9　圆柱体

（2）单击基本实体→圆柱体，打开“圆柱体”指令对话框，选取圆柱 1 顶面中心点⊙为起点，绘制圆柱 2，分别单击数值，输入半径为 16 mm，高度为 15 mm，如图 4-2-10 所示；单击完成圆柱 2 绘制，如图 4-2-11 所示。

图 4-2-10　圆柱体绘制

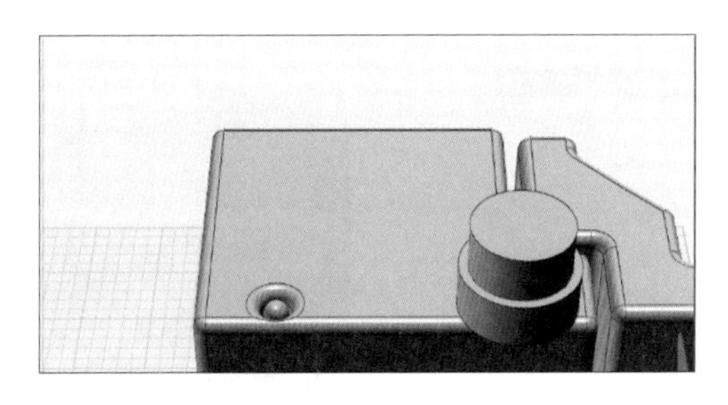

图 4-2-11　圆柱体

（3）单击基本编辑→镜像，打开“镜像”指令对话框，单击 “实体”选择圆柱体 1、2，“点 1”“点 2”分别选择车厢两侧边缘中心点⊙，进行圆柱体镜像操作，如图 4-2-12 所示；单击完成圆柱体镜像绘制，如图 4-2-13 所示。

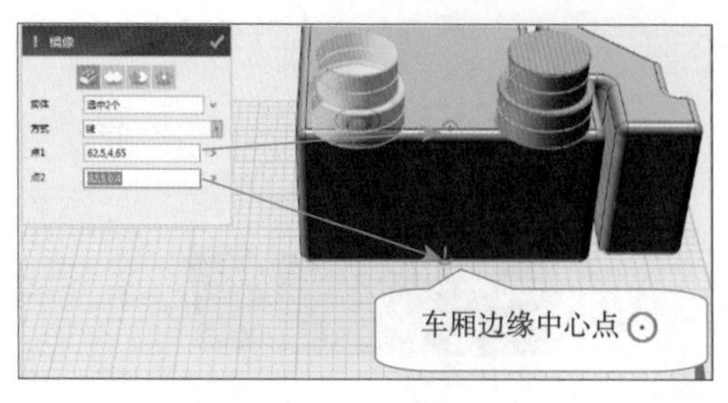

图 4-2-12　镜像绘制

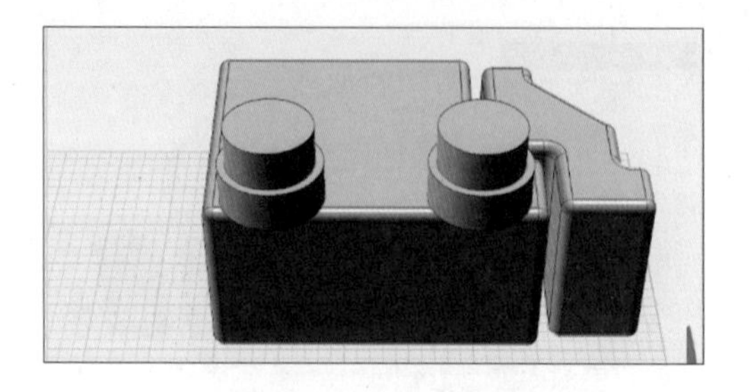

图 4-2-13　镜像

（4）使用【Ctrl+C】复制操作：按【Ctrl+C】组合键弹出复制对话框，单击“实体”选择圆柱体 1、2，“起始点”选择绘图区任意一点（-50,50,0），“目标点”选择与“起始点”相同，将圆柱复制在同一位置，如图 4-2-14 所示；单击完成圆柱体复制，如图 4-2-15 所示。

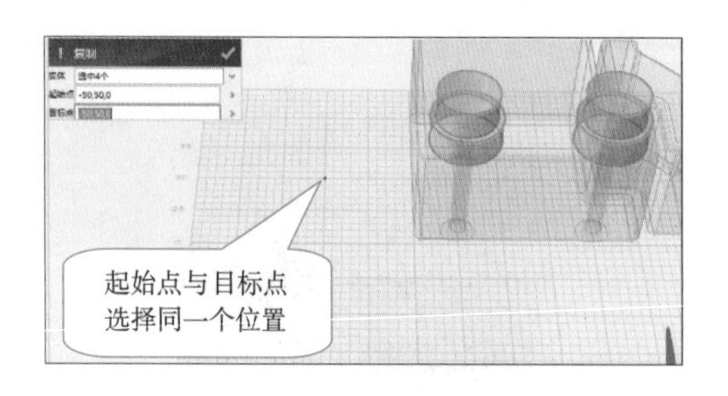

图 4-2-14　复制绘制

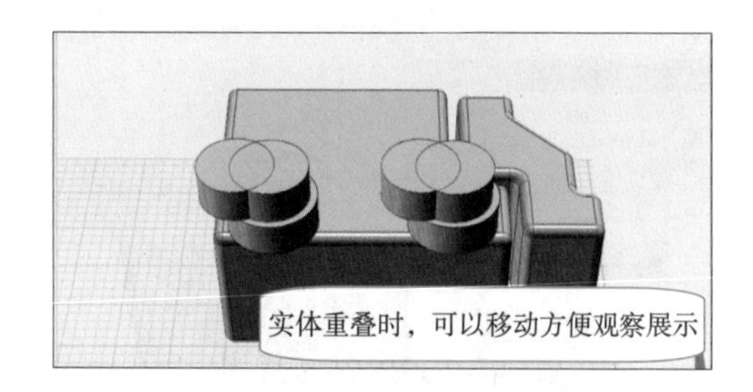

图 4-2-15　复制

（5）单击基本编辑→对齐实体→对齐实体到基实体，打开“对齐实体到基实体”指令对话框，单击 “基实体”选择卡车车厢， “移动实体”选择复制圆柱体进行对齐操作，对齐方向选择卡车车厢侧面，如图 4-2-16 所示；单击完成圆柱体与车厢的对齐绘制，如图 4-2-17 所示。

图 4-2-16　对齐实体绘制

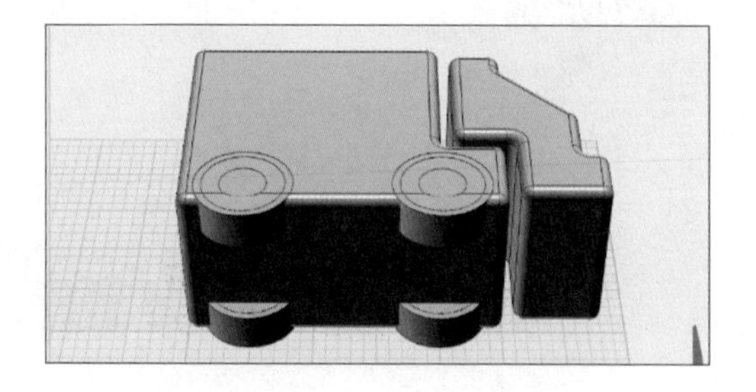

图 4-2-17　对齐实体

（6）单击组合编辑→减运算，打开“减运算”指令对话框，单击“基体”选择卡车车厢，“合并体”分别选择四个圆柱体 1 进行减运算操作，如图 4-2-18 所示；单击完成车厢减运算绘制，形成车轮活动空间的造型结构，如图 4-2-19 所示。

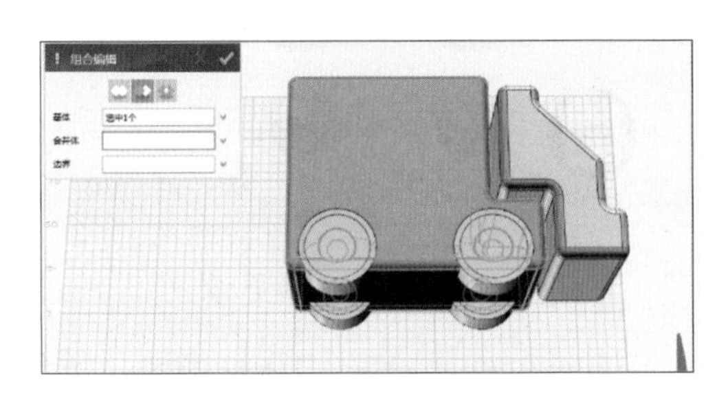

图 4-2-18　组合编辑绘制

图 4-2-19　减运算

（7）单击显示 / 隐藏→隐藏几何体，打开“隐藏几何体”指令对话框，选择车轮基本体进行隐藏操作，如图 4-2-20 所示；单击完成轮子基本体的隐藏绘制，如图 4-2-21 所示。

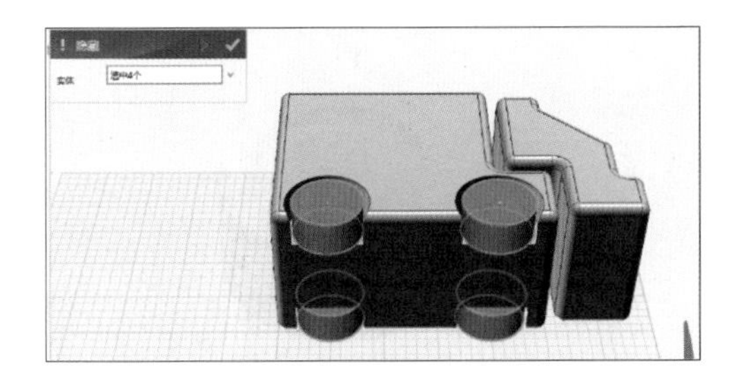

图 4-2-20　隐藏几何体绘制

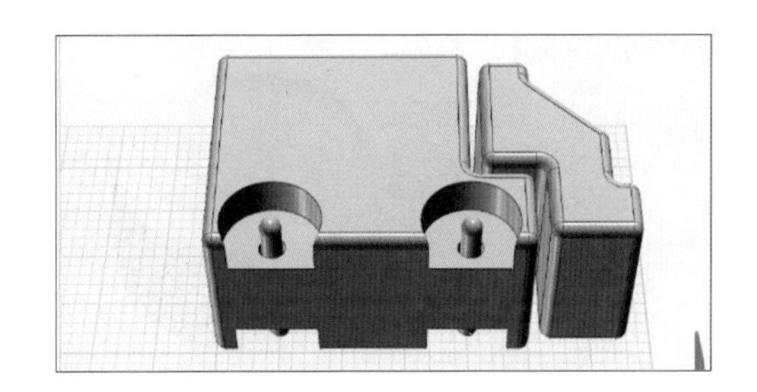

图 4-2-21　隐藏

（8）单击特征造型→圆角，打开“圆角”指令对话框，选择车轮活动区域边缘边角进行圆角操作，单击数值，输入倒角边缘为 2 mm，如图 4-2-22 所示；单击完成活动区域圆角绘制，如图 4-2-23 所示。

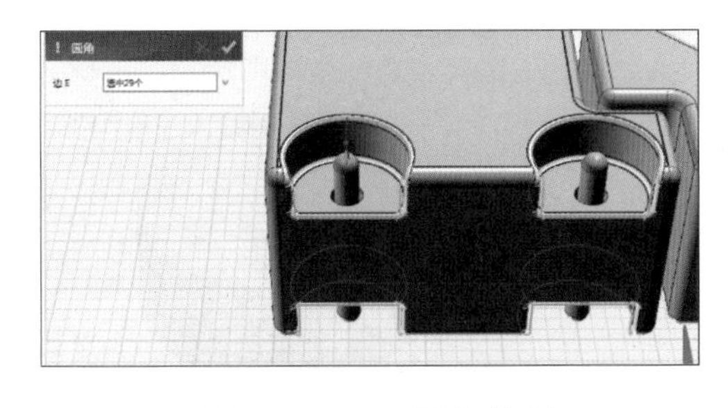

图 4-2-22　圆角绘制

图 4-2-23　圆角

（9）单击显示 / 隐藏→交换可见性，打开“交换可见性”指令对话框，如

图 4-2-24 所示；软件默认将隐藏图纸显示出来，将显示图纸隐藏，如图 4-2-25 所示。

图 4-2-24　交换可见性绘制

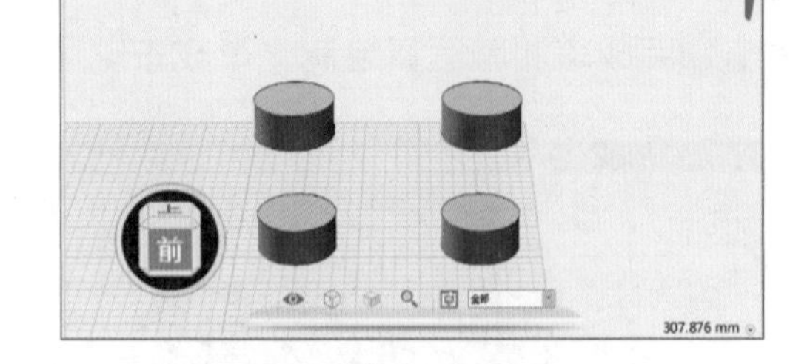

图 4-2-25　交换显示

（10）选择 3 个车轮基本体，按【Delete】键进行删除操作，单击基本实体→圆环体，打开“圆环体”指令对话框，选取车轮基本体顶面中心点为起点，绘制圆环体，分别单击数值，输入环半径为 12 mm、圆半径为 2.5 mm，单击启用叠加指令减运算，如图 4-2-26 所示；单击完成车轮基本体造型绘制，如图 4-2-27 所示。

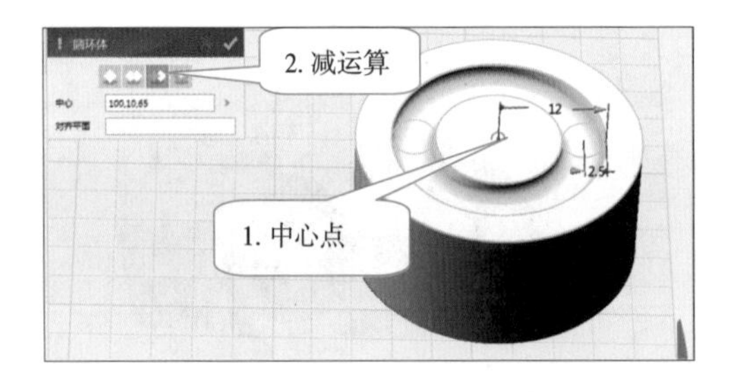

图 4-2-26　圆环体绘制

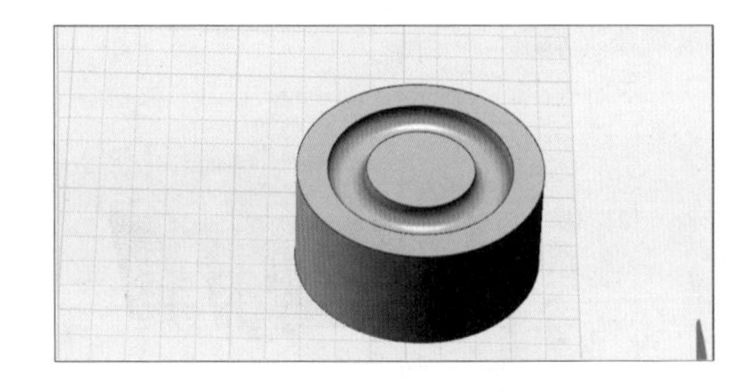

图 4-2-27　圆环减运算

（11）单击特征造型→圆角，打开“圆角”指令对话框，选择车轮边缘进行圆角操作，单击数值，输入倒角边缘为 2 mm，如图 3-2-28 所示；单击完成车轮边缘倒角绘制，如图 4-2-29 所示。

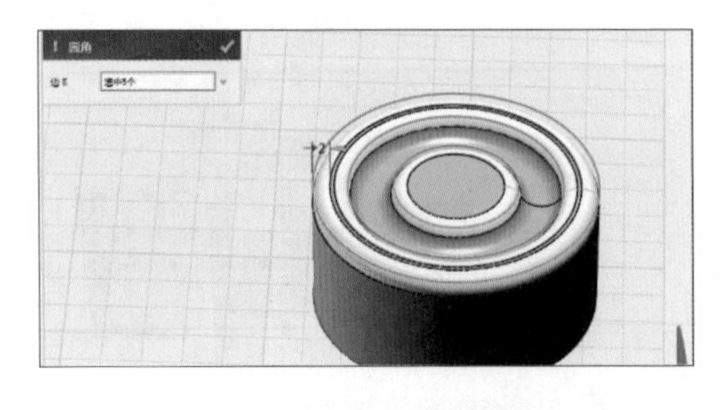

图 4-2-28　圆角绘制

图 4-2-29　圆角

（12）单击基本实体→圆环体，打开“圆环体”指令对话框，选取车轮顶面为起点，绘制圆环体，分别单击数值，输入环半径为 25 mm、圆半径为 1 mm，如图 4-2-30 所示；单击完成圆环体绘制，如图 4-2-31 所示。

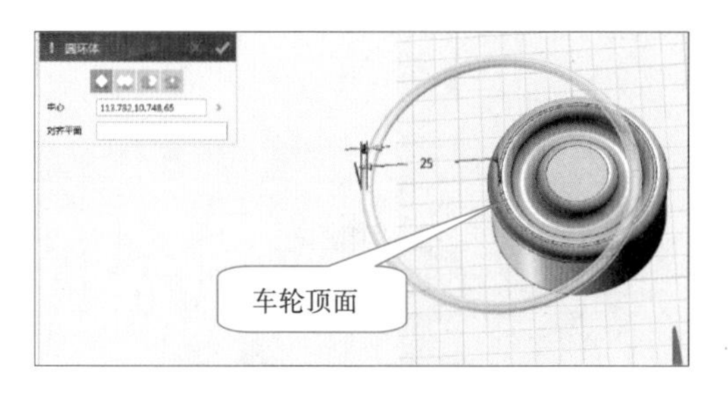

图 4-2-30　圆环体绘制

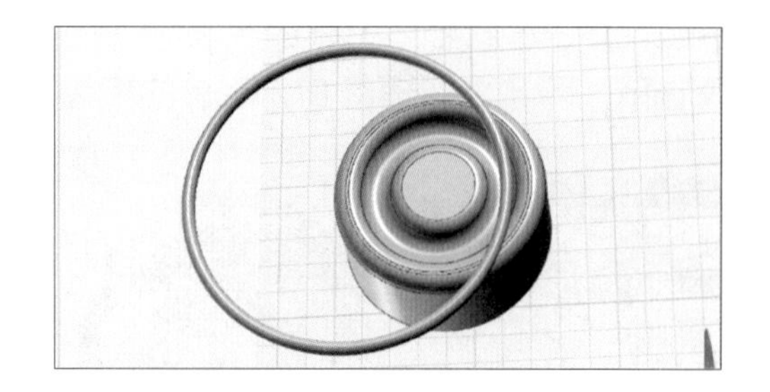

图 4-2-31　圆环体

（13）单击基本编辑→阵列→圆形阵列，打开“圆形阵列”指令对话框，单击 “基体”选择圆环体， “方向”选择选择车轮中心点⊙，进行阵列绘制，单击数值，输入阵列数量为 6，如图 4-2-32 所示；单击完成圆环体阵列绘制，如图 4-2-33 所示。

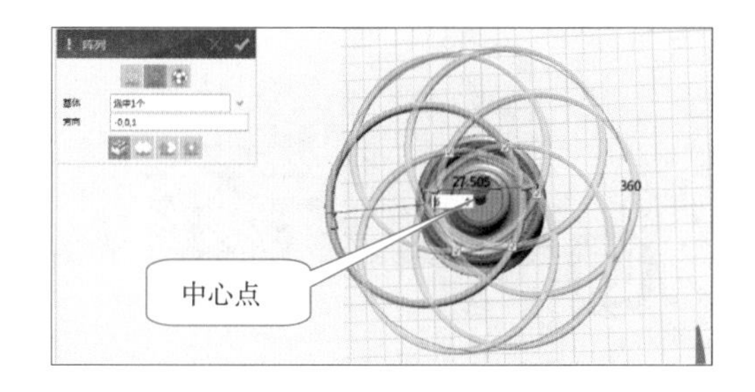

图 4-2-32　阵列绘制

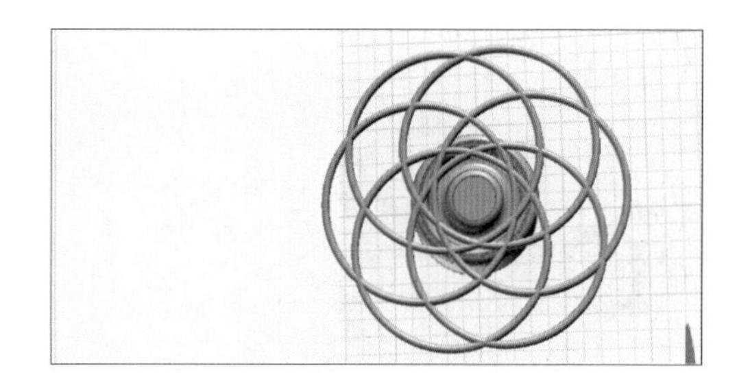

图 4-2-33　阵列

（14）单击组合编辑→减运算，打开“减运算”指令对话框，单击“基体”选择车轮基本体， “合并体”选择圆环体进行减运算操作，如图 4-2-34 所示；单击完成车轮基本体造型绘制，如图 4-2-35 所示。

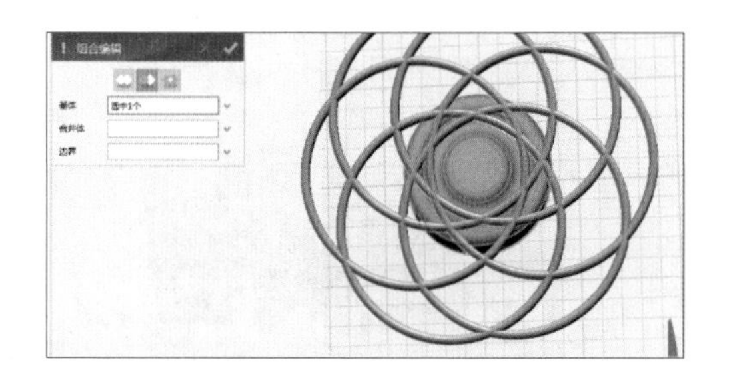

图 4-2-34　组合编辑绘制

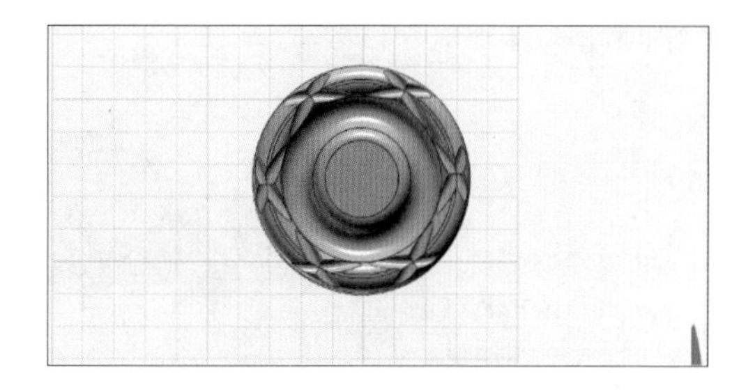

图 4-2-35　减运算

（15）单击基本实体→圆柱，打开“圆柱”指令对话框，选取车轮底面中心点⊙为起点，绘制圆柱，分别单击数值，输入半径为 4.2 mm，高度为 −10 mm，单击启用叠加指令减运算，如图 4–2–36 所示；单击完成车轮与车轴链接口绘制，如图 4–2–37 所示；（分别单击数值，输入车轴的半径为 4 mm，车轮接口半径为 4.2 mm，两者之间预留 0.2 mm 的组装间隙）。

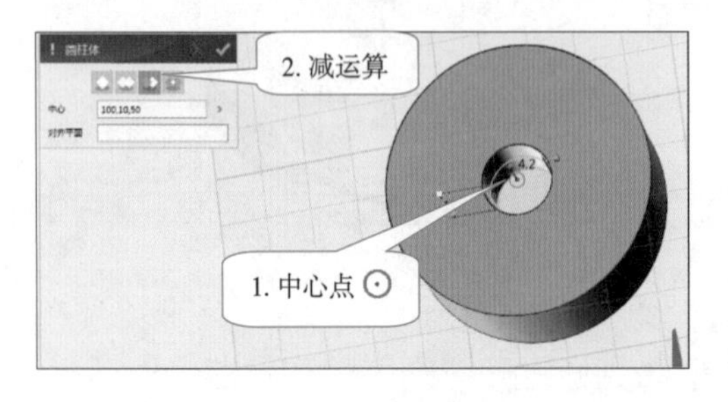

图 4–2–36　圆柱体绘制

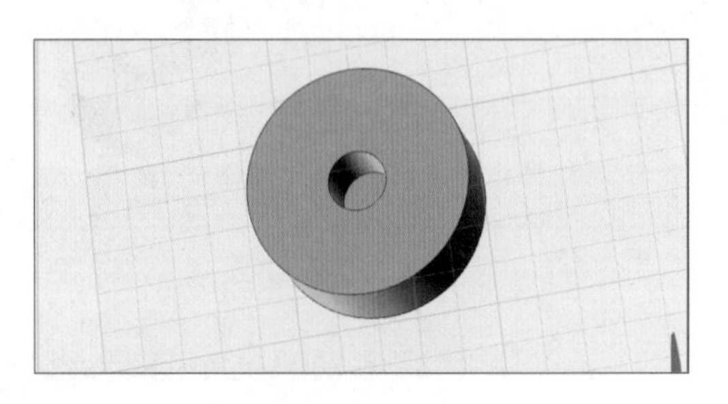

图 4–2–37　圆柱体减运算

（16）单击显示 / 隐藏→显示全部，如图 4–2–38 所示，打开“显示全部”指令对话框；软件默认将隐藏图纸全部显示出来，如图 4–2–39 所示。

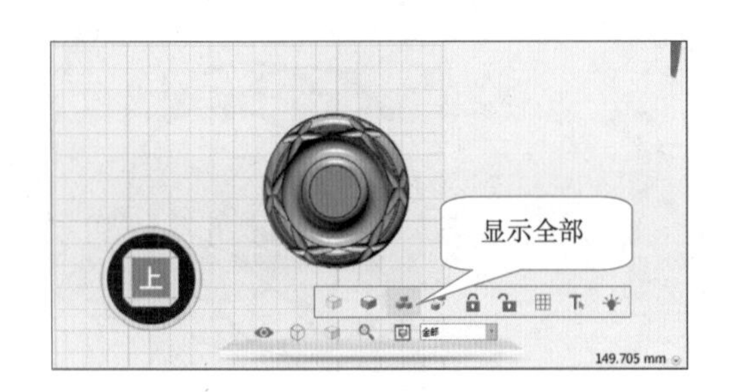

图 4–2–38　显示全部绘制

图 4–2–39　显示全部

（17）单击基本编辑→镜像，打开“镜像”指令对话框，单击“实体”选择车轮，“点 1”“点 2”分别选择车厢两侧边缘中心点⊙，进行圆柱体镜像操作，如图 4–2–40 所示；单击完成车轮镜像绘制，如图 4–2–41 所示。

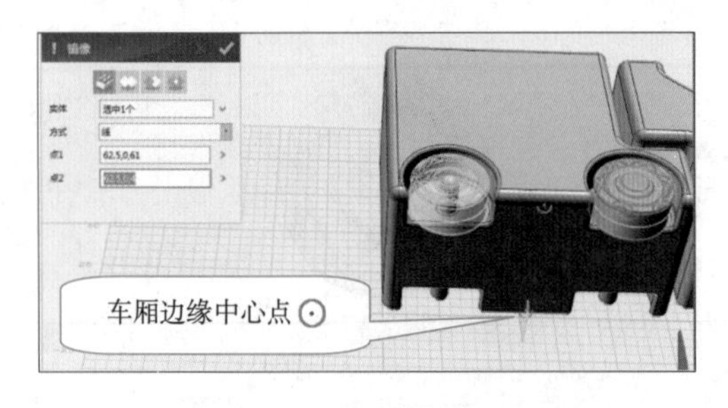

图 4–2–40　镜像绘制

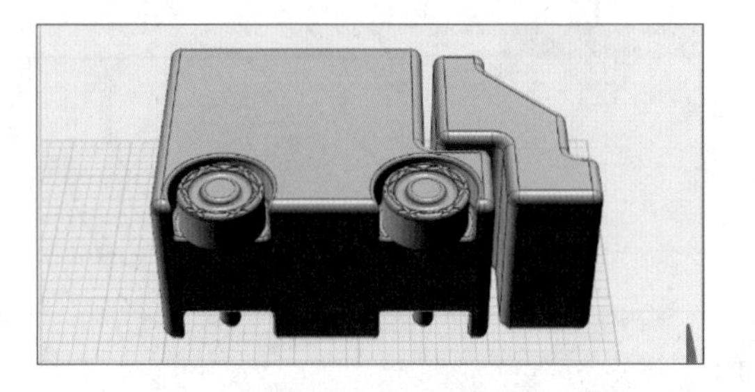

图 4–2–41　镜像

（18）单击基本编辑→移动→动态移动，打开“动态移动”指令对话框，选择车轮进行移动操作，单击数值，输入移动距离为 5 mm，如图 4-2-42 所示；单击✔完成车轮移动绘制，如图 4-2-43 所示。

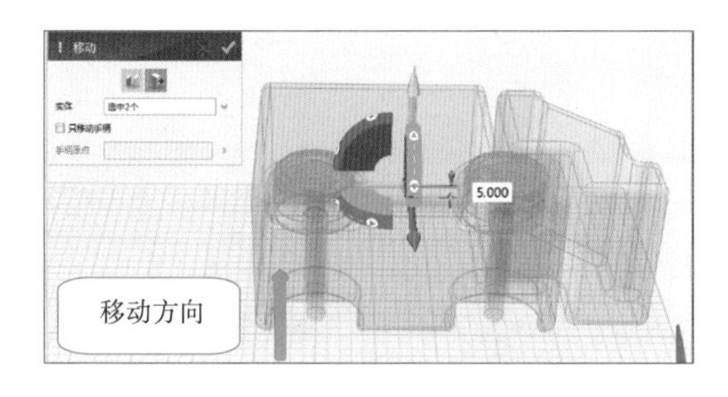

图 4-2-42　动态移动绘制

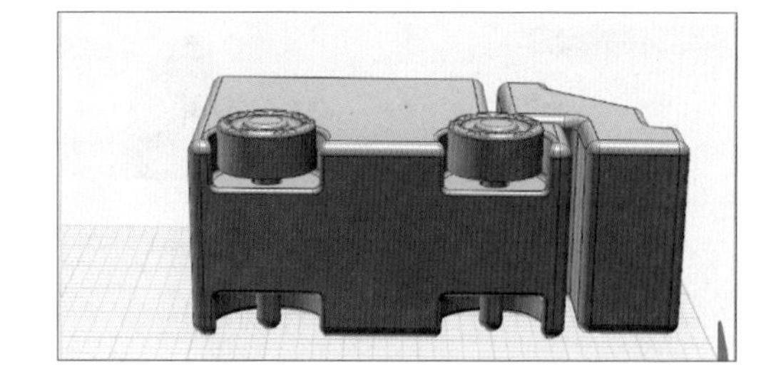

图 4-2-43　移动

（19）单击基本实体→六面体，打开“六面体”指令对话框，选取车厢边缘中心点 ⊙为起点，绘制六面体，分别单击数值，输入长为 20 mm，宽为 20 mm，高为 20 mm，如图 4-2-44 所示；单击✔完成参考辅助六面体绘制，如图 4-2-45 所示。

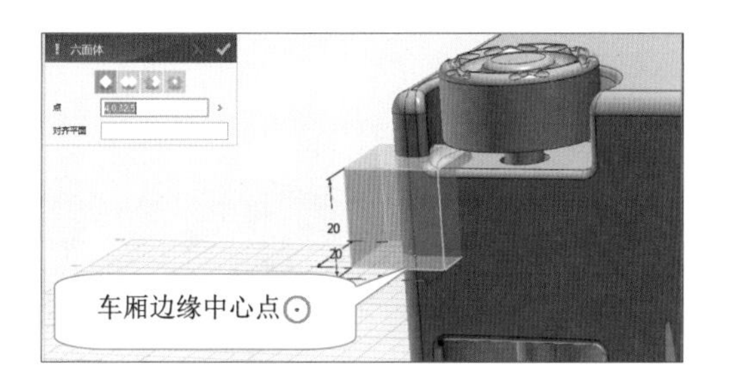

图 4-2-44　六面体绘制

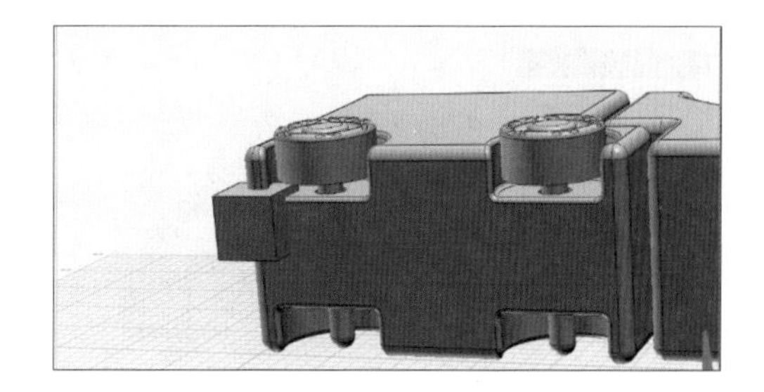

图 4-2-45　六面体

（20）单击基本编辑→镜像，打开“镜像”指令对话框，单击“实体”选择两个车轮，“方式”选择“平面”，“镜像平面”选择参考六面体底面，进行车轮镜像操作，如图 4-2-46 所示；单击✔完成车轮镜像绘制，如图 4-2-47 所示。

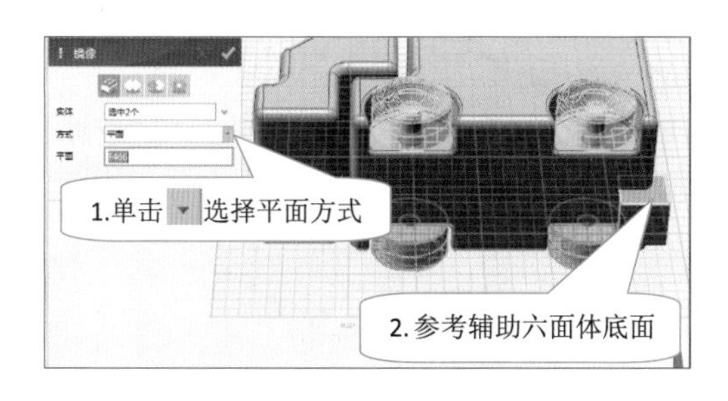

图 4-2-46　镜像绘制

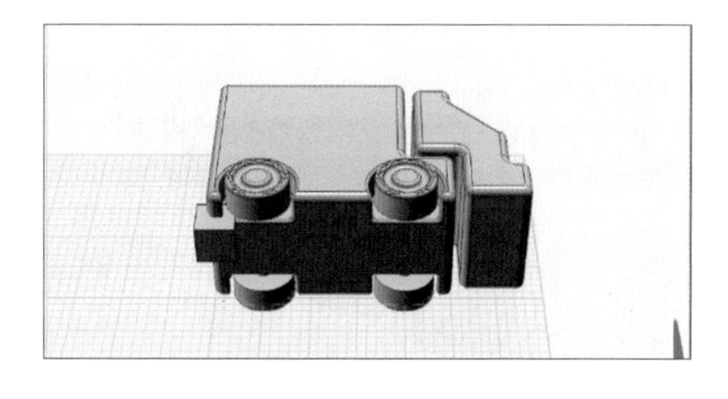

图 4-2-47　镜像

3．卡车车头造型设计

（1）单击吸附，打开“吸附”指令对话框，单击“实体 1”选择车头衔接底面，

“实体 2”选择车厢衔接顶面，进行吸附操作，如图 4-2-48 所示；单击✓完成车头车厢吸附操作，如图 4-2-49 所示。

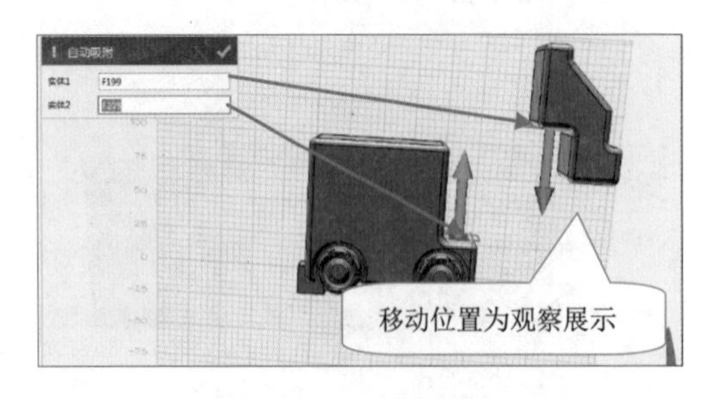

图 4-2-48　吸附绘制

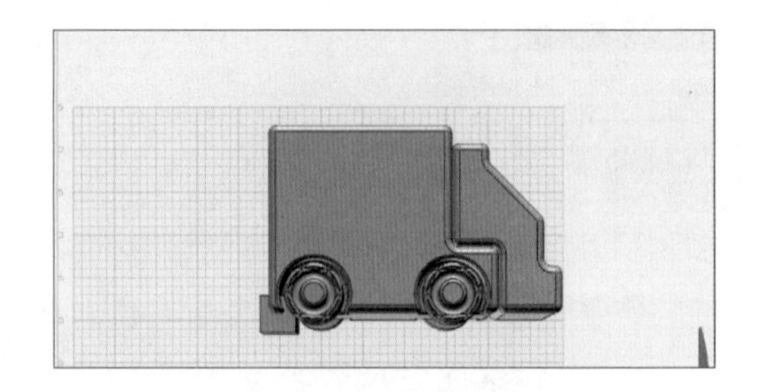

图 4-2-49　吸附

（2）单击显示 / 隐藏→隐藏几何体，打开“隐藏几何体”指令对话框，分别选择车厢、轮子、轮轴等实体进行隐藏操作，如图 4-2-50 所示；单击✓完成车厢轮子等实体的隐藏，如图 4-2-51 所示。

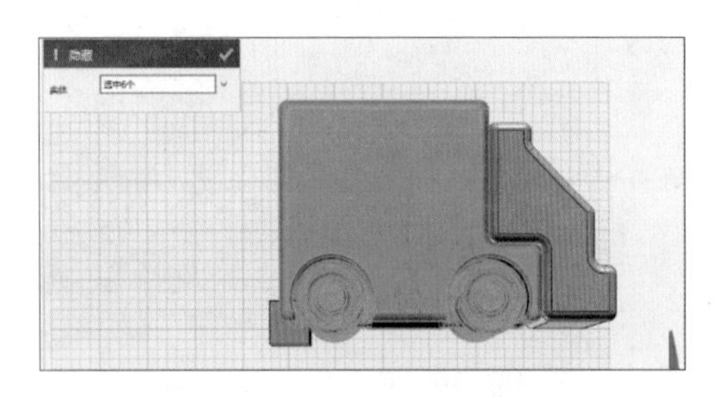

图 4-2-50　隐藏绘制

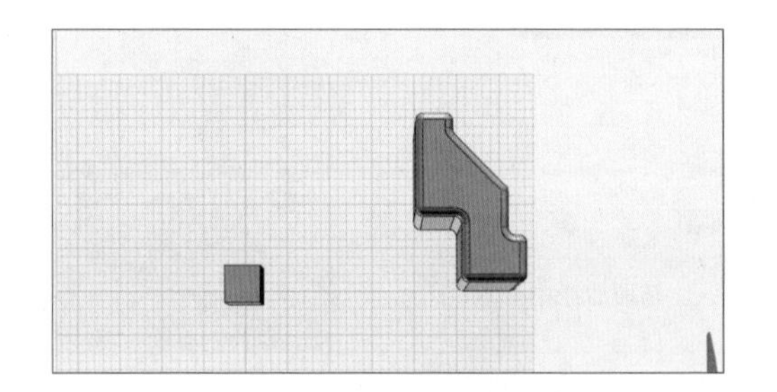

图 4-2-51　隐藏

（3）单击草图绘制→参考几何体，打开“参考几何体”指令对话框，选取车头侧面为草图绘制工作平面，如图 4-2-52 所示；单击选择卡车车头边缘为参考线，如图 4-2-53 所示；单击✓完成边缘参考提取。

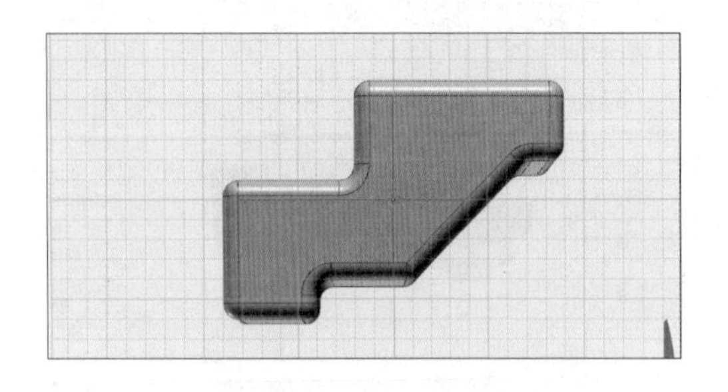

图 4-2-52　参考几何体绘制

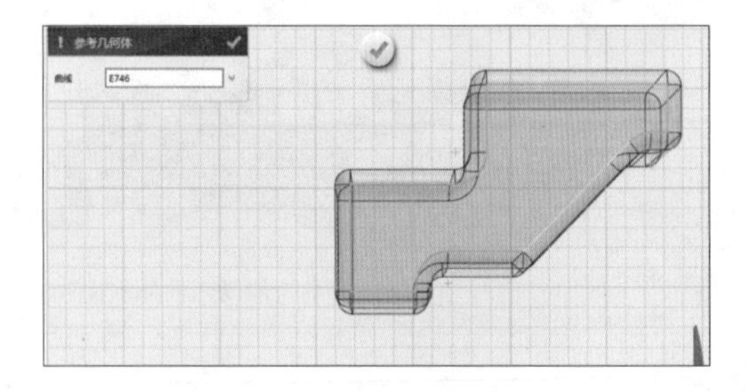

图 4-2-53　参考曲线

（4）单击草图编辑→偏移曲线，打开“偏移曲线”指令对话框，单击“曲线”选择参考提取边缘线，“距离”输入 −1.8 mm，如图 4-2-54 所示；单击✓完成边缘线偏移绘制，如图 4-2-55 所示。

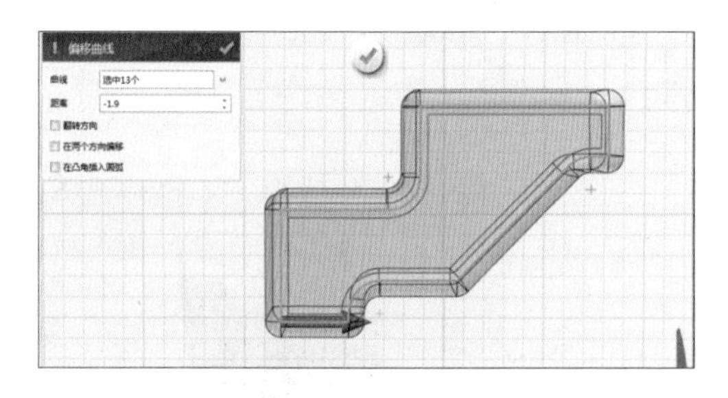

图 4-2-54　偏移曲线绘制

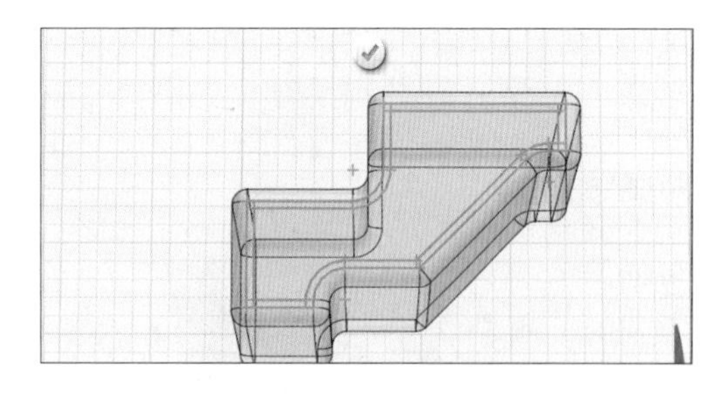
图 4-2-55　偏移曲线

（5）单击上视图，结合草图绘制 / 草图编辑指令，以提取轮廓图为草图基准线，在工作平面绘制草图，草图的详细尺寸如图 4-2-56 所示；删除、修剪多余辅助线得到卡车车头侧面轮廓图，如图 4-2-57 所示；单击显示曲线连通性检查曲线，单击结束并退出草图绘制。

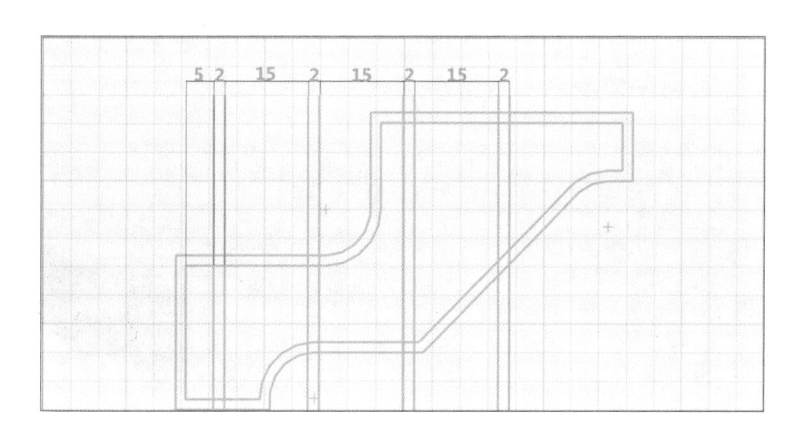

图 4-2-56　草图尺寸

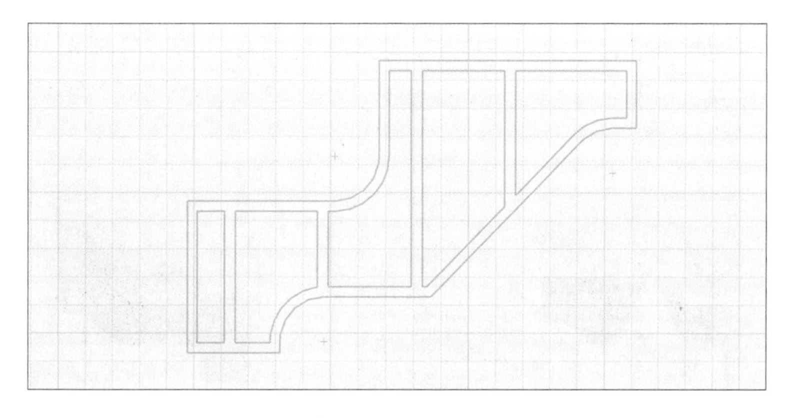
图 4-2-57　车头侧面轮廓图

（6）单击特征造型→拉伸，打开“拉伸”指令对话框，选择卡车车头侧面轮廓图进行拉伸操作，单击数值，输入拉伸高度为 -1 mm，如图 4-2-58 所示；单击完成车门造型分割结构绘制，如图 4-2-59 所示。

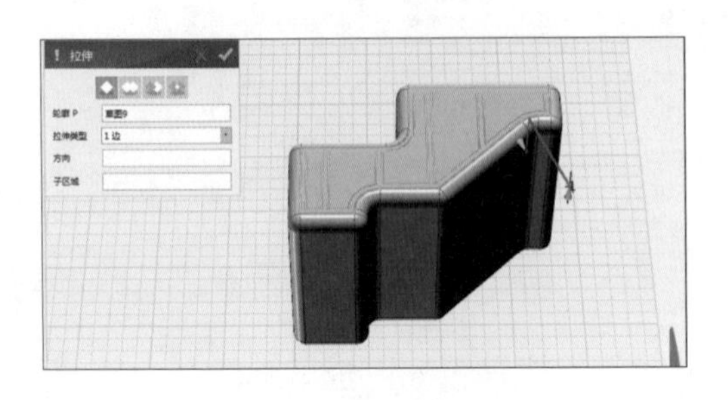

图 4-2-58　拉伸绘制

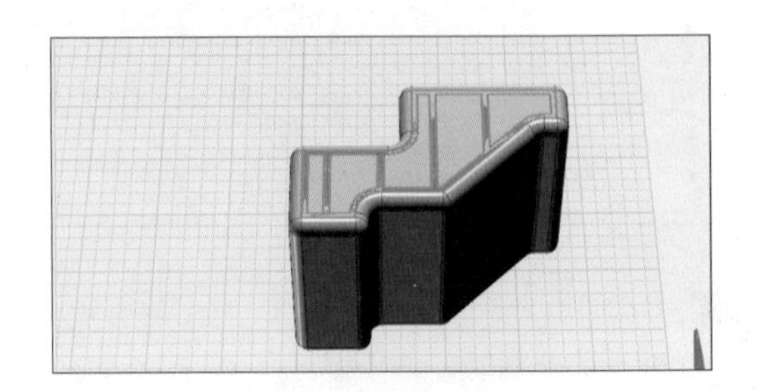

图 4-2-59　拉伸

（7）使用【Ctrl+C】复制操作：按【Ctrl+C】组合键弹出“复制”对话框，单击“实体”选择车门造型分割体，“起始点”选择绘图区任意一点（-125,-25,0），“目标点”选择与“起始点”相同，将车门造型分割体复制在同一位置，如图 4-2-60 所示；单击完成车门造型分割体复制，如图 4-2-61 所示。

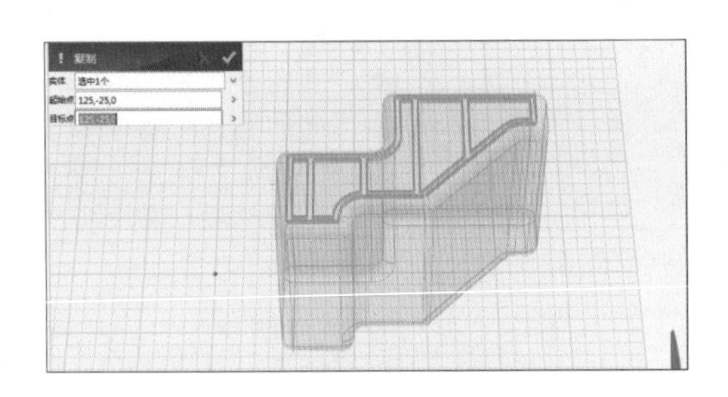

图 4-2-60　复制绘制

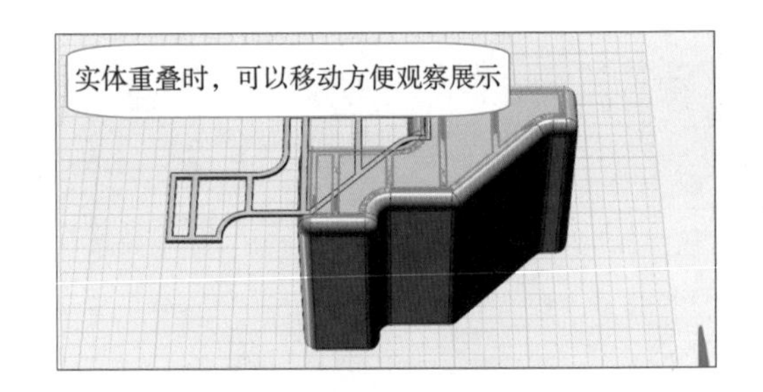

图 4-2-61　复制

（8）单击车门造型分割体，弹出选择工具栏，如图 4-2-62 所示；单击对齐实体到网格面，进行对齐操作，软件默认将车门造型分割体对齐到网格面，如图 4-2-63 所示。

图 4-2-62　对齐实体到网格面绘制

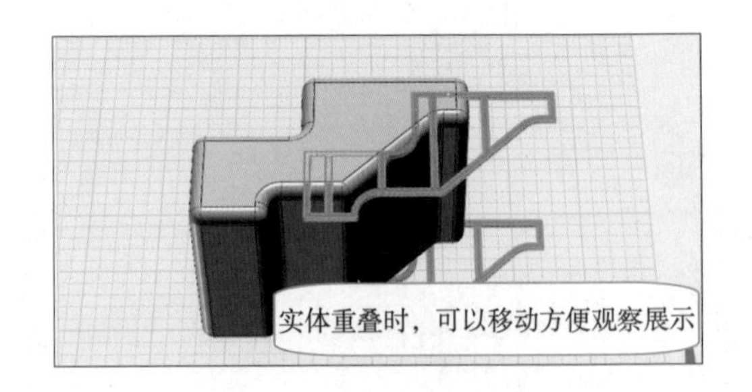

图 4-2-63　对齐实体

（9）单击组合编辑→减运算，打开“减运算”指令对话框，单击“基体”选择车头基本体，“合并体”选择车门造型分割体，进行减运算操作，如图 4-2-64 所示；单击完成车门造型结构绘制，如图 4-2-65 所示。

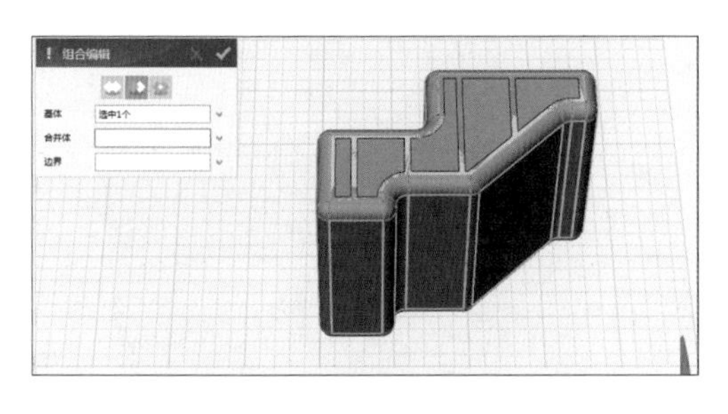

图 4-2-64　组合编辑绘制

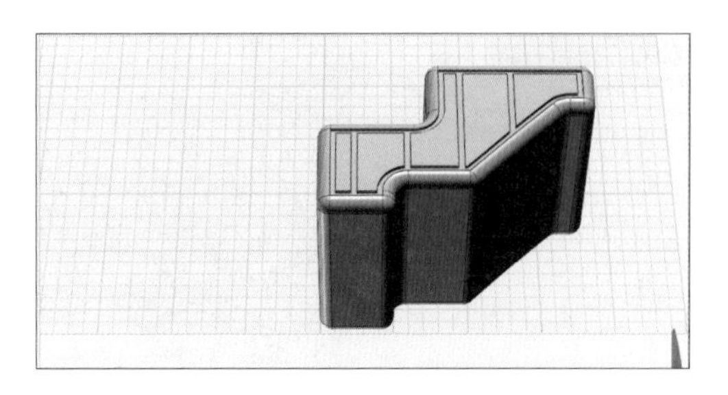

图 4-2-65　减运算

（10）单击基本实体→六面体，打开“六面体”指令对话框，选取车头面板中心点⊙为起点，绘制六面体，分别单击数值，输入长为 50 mm，宽为 34 mm，高为 −2 mm，单击启用叠加指令减运算，如图 4-2-66 所示；单击完成车头面板造型绘制，如图 4-2-67 所示。

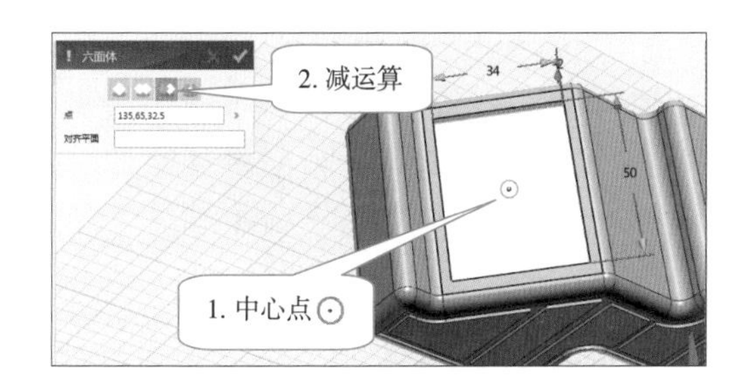

图 4-2-66　六面体绘制

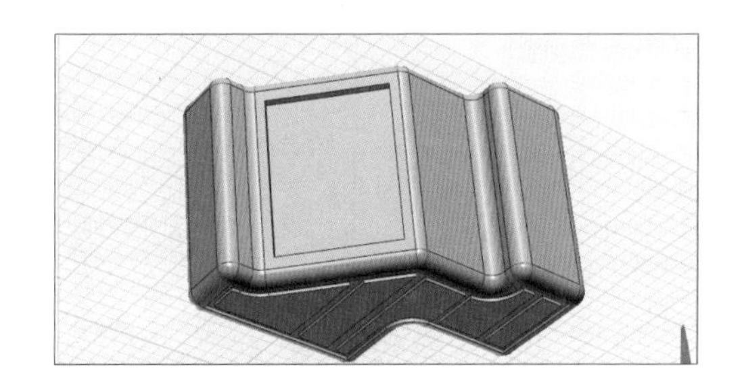

图 4-2-67　六面体减运算

（11）单击鼠标中键重复六面体指令，选取车头前脸中心点⊙为起点，绘制六面体，分别单击数值，输入长为 50 mm，宽为 14 mm，高为 −2 mm，单击启用叠加指令减运算，如图 4-2-68 所示；单击完成车头前脸造型绘制，如图 4-2-69 所示。

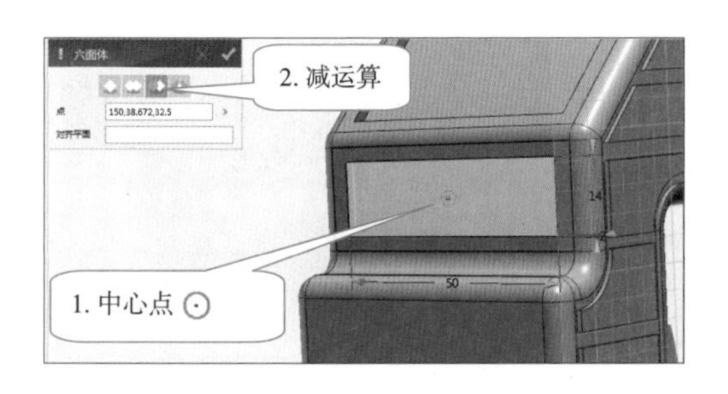

图 4-2-68　六面体绘制

图 4-2-69　六面体减运算

（12）单击鼠标中键重复六面体指令，选取车头前脸分割面为起点，绘制六面体，分别单击数值，输入长为 2 mm，宽为 2 mm，高为 15 mm，如图 4-2-70 所示；单击完成六面体绘制，如图 4-2-71 所示。

图 4-2-70　六面体绘制

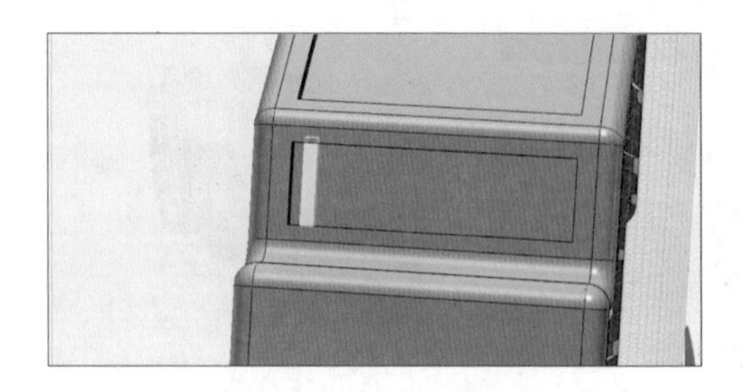

图 4-2-71　六面体

（13）单击基本编辑→阵列→线性阵列，打开“线性阵列”指令对话框，单击 “基体”选择六面体，“方向”选择车头前脸边缘，分别单击数值，输入阵列数量为 10，阵列距离为 44 mm，进行六面体阵列操作，如图 4-2-72 所示；单击完成六面体阵列绘制，形成卡车前脸散热孔造型，如图 4-2-73 所示。

图 4-2-72　阵列绘制

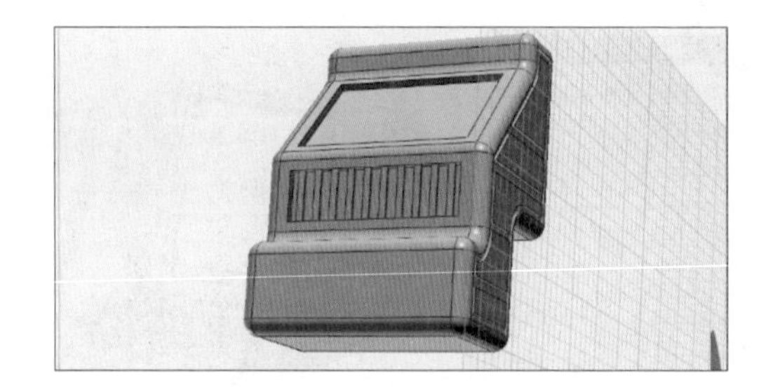

图 4-2-73　阵列

（14）单击基本实体→圆柱，打开“圆柱”指令对话框，选取车头前脸中心点⊙为起点，绘制圆柱，分别单击数值，输入半径为 6 mm，高度为 -2 mm，如图 4-2-74 所示；单击完成圆柱绘制，如图 4-2-75 所示。

图 4-2-74　圆柱体绘制

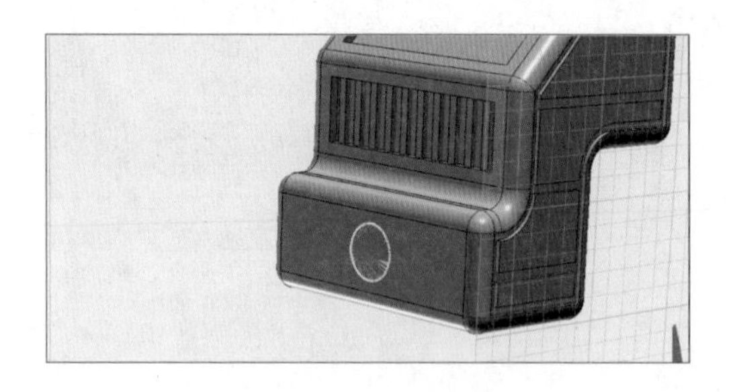

图 4-2-75　圆柱体

（15）单击基本编辑→移动→动态移动，打开“动态移动”指令对话框，选择圆柱体进行移动操作，单击数值，输入移动距离为 18 mm，如图 4-2-76 所示；单击完成圆柱体移动绘制，如图 4-2-77 所示。

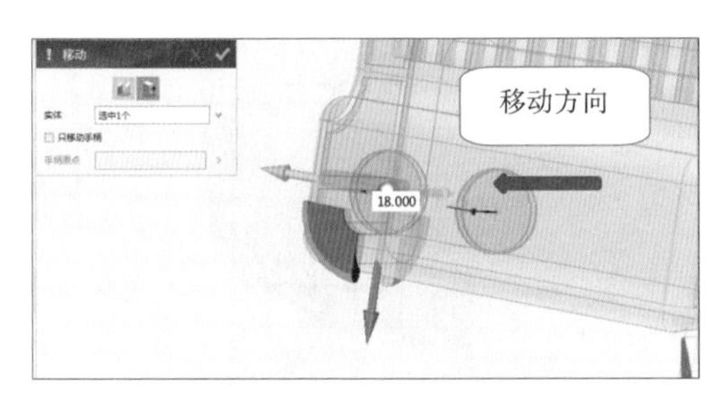

图 4-2-76　动态移动

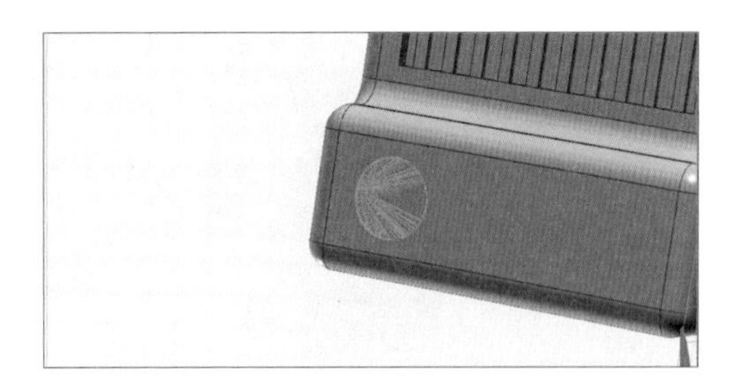

图 4-2-77　移动

（16）单击基本编辑→镜像，打开“镜像”指令对话框，选择圆柱体进行镜像操作，单击“实体”选择圆柱体，“方式”选择“平面”，“镜像平面”选择参考六面体底面，进行圆柱体像操作，如图 4-2-78 所示；单击完成圆柱体镜像绘制，如图 4-2-79 所示。

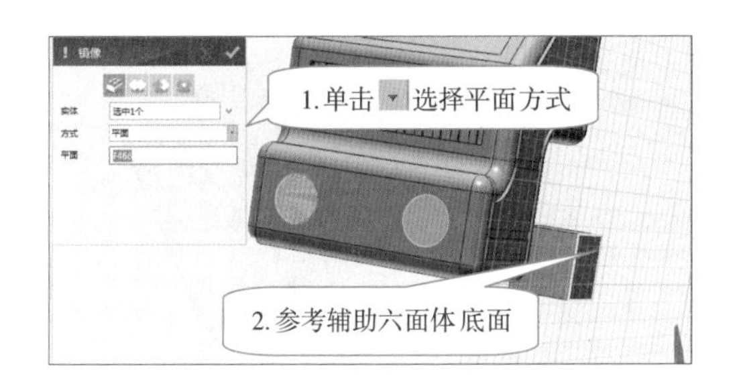

图 4-2-78　镜像绘制

图 4-2-79　镜像

（17）单击组合编辑→减运算，打开“减运算”指令，单击“基体”选择车头基本体，“合并体”选择圆柱体，进行减运算操作，如图 4-2-80 所示；单击完成车头造型减运算绘制，形成车灯造型结构，如图 4-2-81 所示。

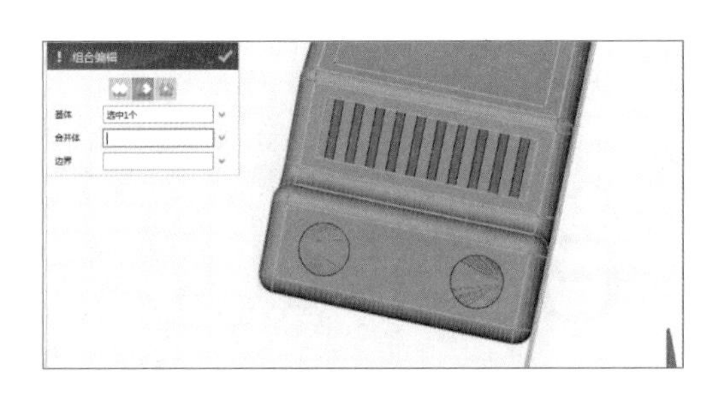

图 4-2-80　组合编辑绘制

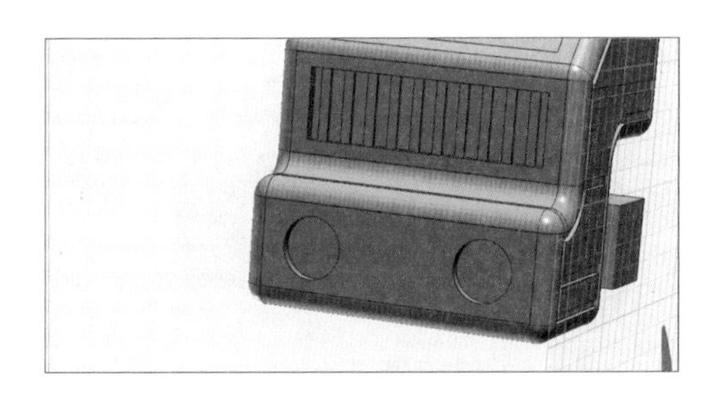

图 4-2-81　减运算

（18）单击特征造型→倒角，打开“倒角”指令对话框，分别选择车头边缘、角落等区域进行倒角操作，单击数值，输入倒角边缘 0.9 mm，如图 4-2-82 所示，单击完成车头边角美化效果，如图 4-2-83 所示。

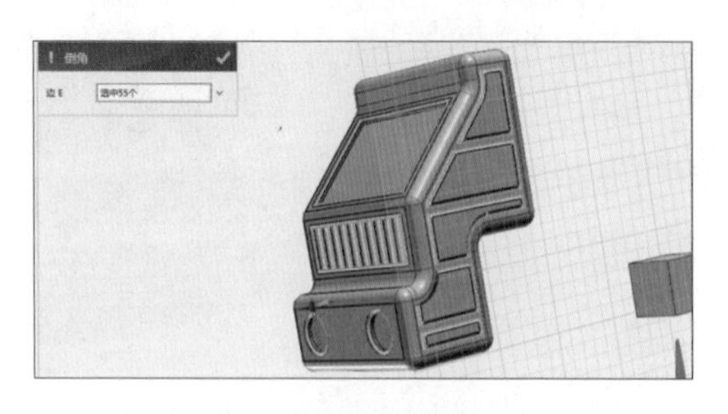

图 4-2-82　倒角绘制

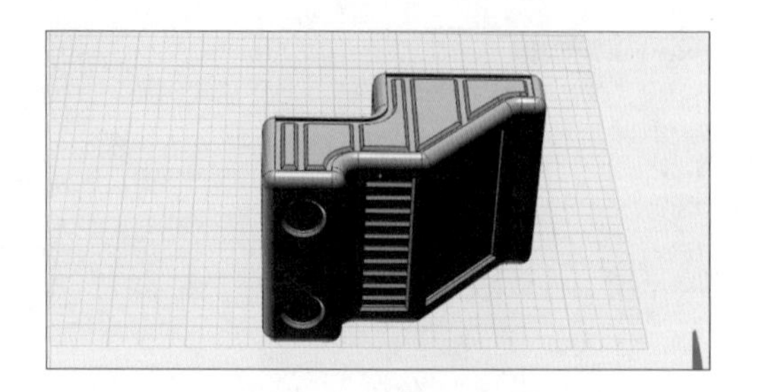

图 4-2-83　倒角

（19）单击基本实体→六面体，打开“六面体”指令对话框，选取车头车厢链接面中心点⊙为起点，绘制六面体，分别单击数值，输入长为 31 mm，宽为 11 mm，高为 −11 mm，并启用叠加指令减运算，如图 4-2-84 所示；单击完成衔接结构绘制，如图 4-2-85 所示。

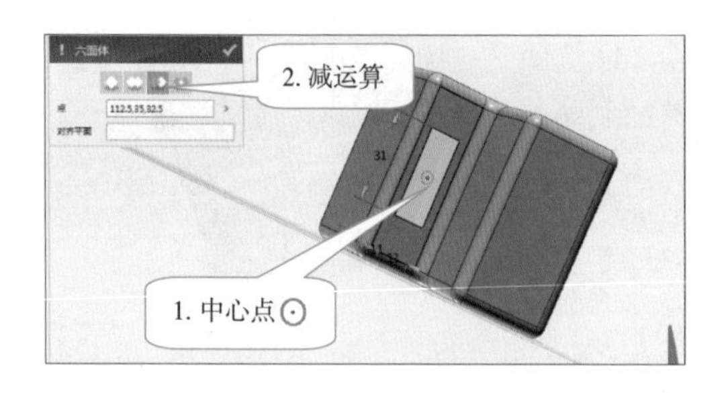

图 4-2-84　六面体绘制

图 4-2-85　六面体减运算

（20）单击显示 / 隐藏→交换可见性，打开“交换可见性”指令对话框，如图 4-2-86 所示；软件默认将隐藏图纸显示出来，将显示图纸隐藏，如图 4-2-87 所示。

图 4-2-86　交换可见性绘制

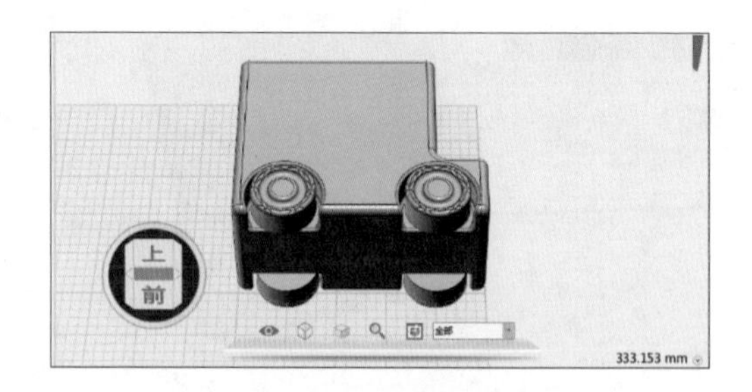

图 4-2-87　交换显示

4．卡车车厢美化设计

（1）单击基本实体→六面体，打开“六面体”指令对话框，选取车厢车头链接面中心点⊙为起点，绘制六面体，分别单击数值，输入长为 30 mm，宽为 10 mm，高为 10 mm，单击启用叠加指令加运算，如图 4-2-88 所示；单击完成六面体加运算绘制，如图 4-2-89 所示。（车厢凸出六面体与车头下凹六面体预留组装间隙，长宽高各 1 mm）。

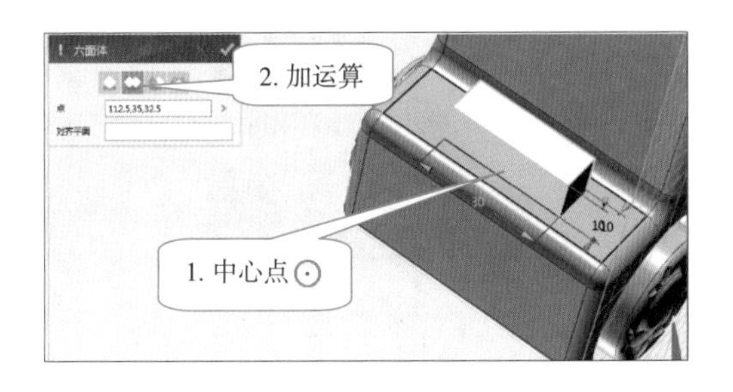

图 4-2-88　六面体绘制

图 4-2-89　六面体加运算

（2）单击基本实体→六面体，打开“六面体”指令对话框，选取卡车车厢侧面中心点⊙为起点，绘制六面体，分别单击数值，输入长为 200 mm，宽为 3 mm，高为 -100 mm，如图 4-2-90 所示；单击完成六面体绘制，如图 4-2-91 所示。

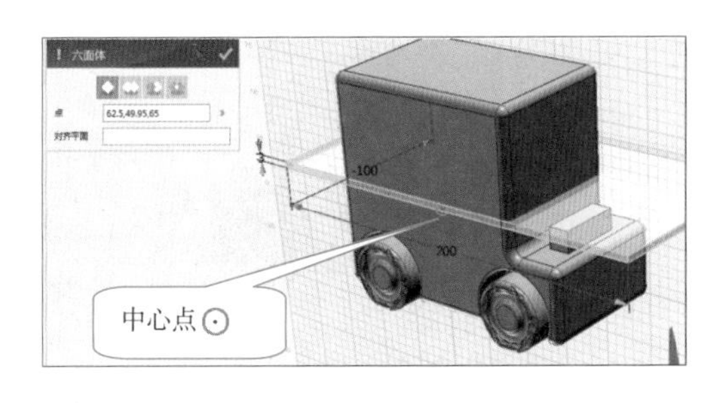

图 4-2-90　六面体绘制

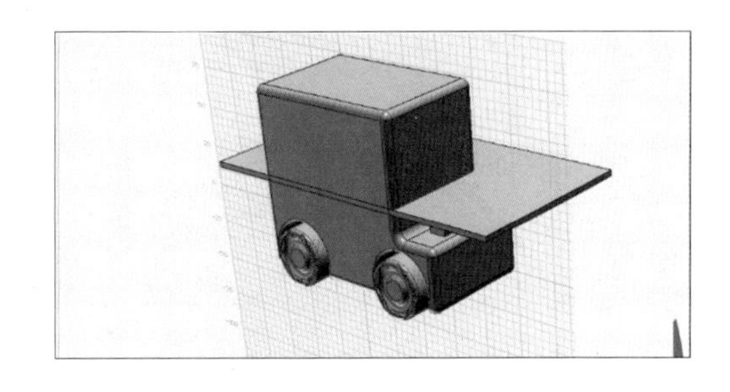
图 4-2-91　六面体

（3）单击基本编辑→移动→动态移动，打开“动态移动”指令对话框，选择六面体进行转动操作，单击数值，输入转动角度为 45°，如图 4-2-92 所示；单击完成六面体转动绘制，如图 4-2-93 所示。

（4）单击基本编辑→阵列→线性阵列，打开“线性阵列”指令对话框，单击“基体”选择六面体，“方向”选择车厢边缘，分别单击数值，输入阵列数量为 8，阵列距离为 100 mm，进行六面体阵列操作，如图 4-2-94 所示；单击完成六面体阵列绘制，如图 4-2-95 所示。

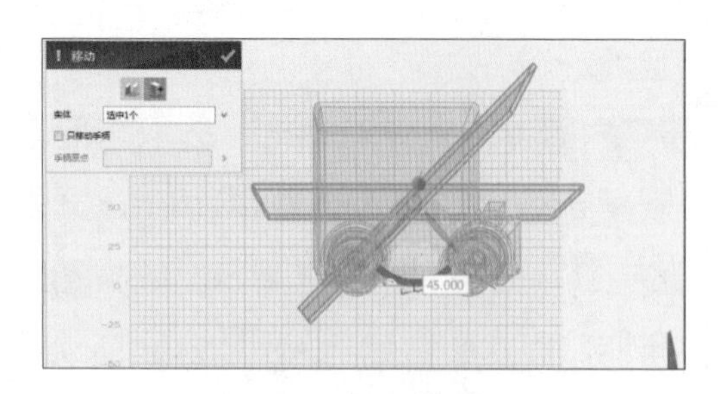

图 4-2-92　转动绘制

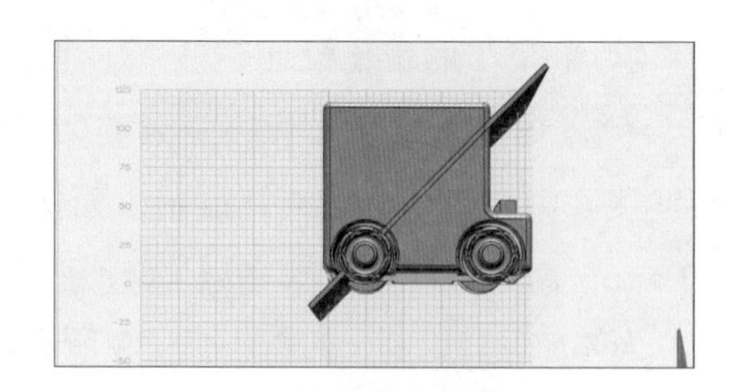

图 4-2-93　转动

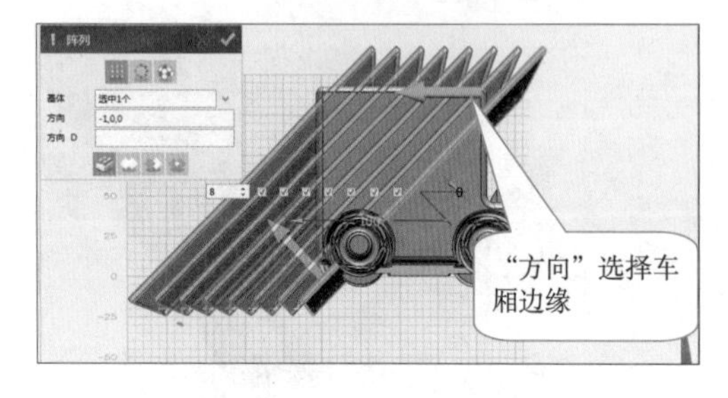

图 4-2-94　阵列绘制

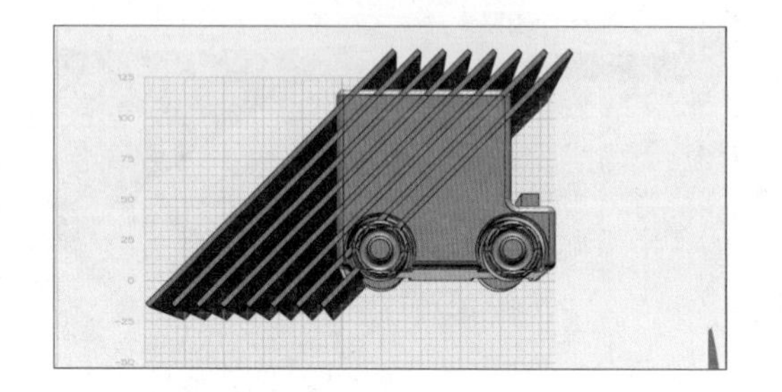

图 4-2-95　阵列

（5）单击特殊功能→实体分割，打开“实体分割”指令对话框，单击“基本体”选择卡车车厢，“分割体”分别选择各个六面体进行分割操作，如图 4-2-96 所示；单击完成车厢造型分割绘制，单击删除六面体，如图 4-2-97 所示。

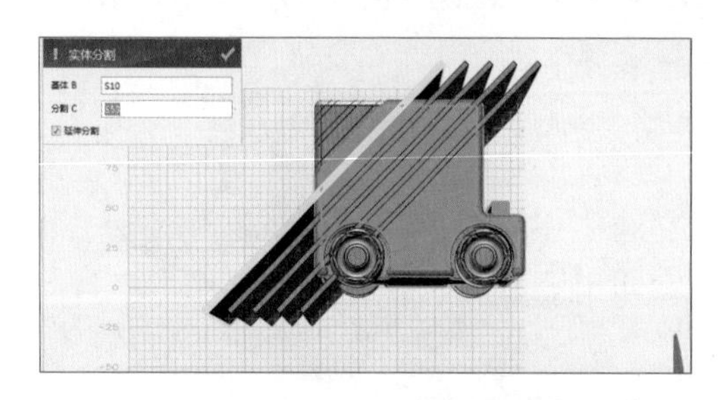

图 4-2-96　实体分割绘制

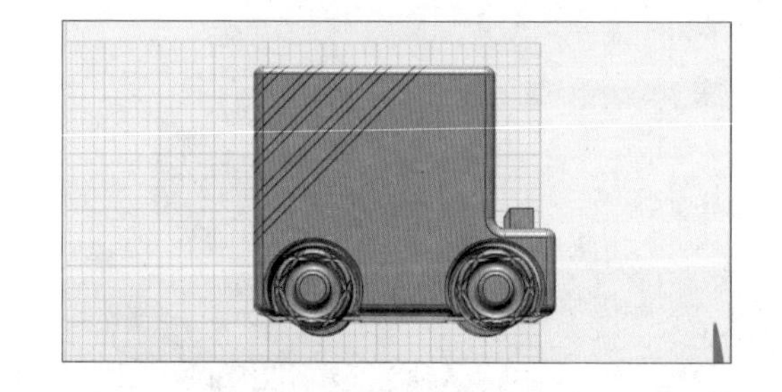

图 4-2-97　分割

（6）单击显示 / 隐藏→显示全部，打开“显示全部”指令对话框，如图 4-2-98 所示；软件默认将隐藏的所有图纸显示出来，如图 4-2-99 所示。

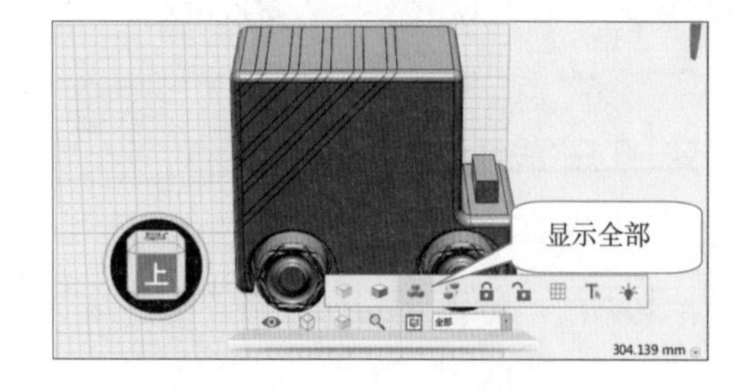

图 4-2-98　显示全部绘制

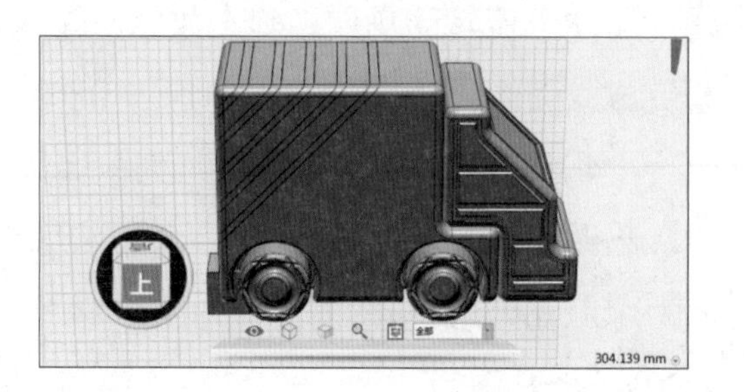

图 4-2-99　显示全部

（7）单击颜色，打开“颜色”指令对话框，选择适合颜色对卡车进行渲染操作，如图 4-2-100 所示；单击完成卡车绘制，如图 4-2-101 所示。

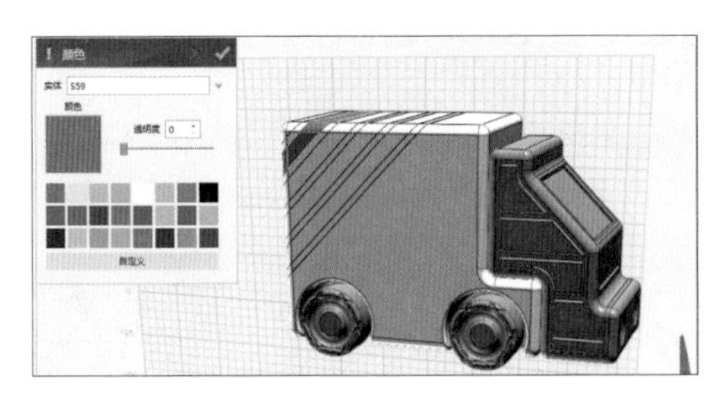

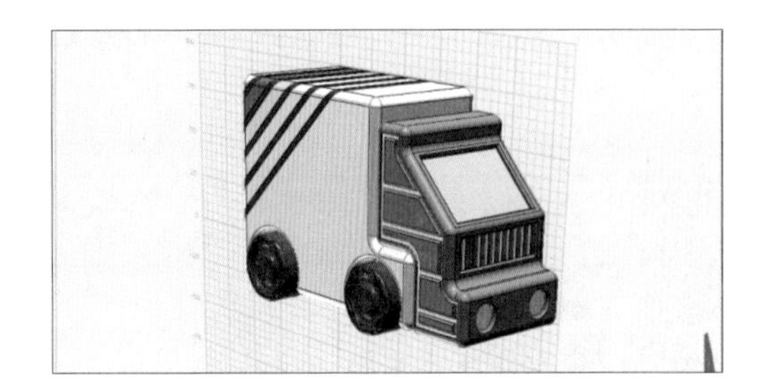

图 4-2-100　颜色渲染

图 4-2-101　卡车

（8）单击保存：打开“保存”指令对话框，将设计好的卡车 3D 模型进行保存。

实　践

同学们以小组为单位，从以下几种交通工具选项中选择一种，参照“交通工具——货运卡车”的绘制流程，充分发挥小组成员的想象力，自主完成各种交通工具的设计，最后用创客空间的 3D 打印机打印出来，在班级讨论会上进行展示分享。

★ 火车

★ 汽车

★ 轮船

★ 飞机

成果交流

各小组运用数字可视化工具，将完成的项目成果，分别在小组和全班展示分享或通过网络将设计作品进行展示、交流与评价。

思　考

通过“交通工具——货运卡车”的设计，掌握所学的设计技巧后，请同学们思考一下，汽车相对于其他交通工具具有什么优势或劣势？汽车的轮胎是什么材质，其表面花纹有什么作用？

活动评价

完成“货运卡车”的设计后，请同学们根据表 4-2-2，对项目学习效果进行评价。

表 4-2-2　活动评价表

评价内容	个人评价	小组评价	教师评价
掌握了融合使用草图绘制、实体绘制指令绘制运输工具	□优 □良 □一般	□优 □良 □一般	□优 □良 □一般
掌握了轮子组装结构绘制的技巧	□优 □良 □一般	□优 □良 □一般	□优 □良 □一般
能够与同学们交流和分享自己的设计经验	□优 □良 □一般	□优 □良 □一般	□优 □良 □一般

项目三　吹奏乐器

情景导入

吹奏乐器由带孔的各种形状的管子组成，常见的吹奏类乐器有笛、箫、笙、唢呐、葫芦丝、埙、陶笛等。其中陶笛属世界性吹奏乐器，通常为陶土烧制而成，常见有 6 孔、8 孔和 12 孔陶笛，其音域宽广、简单易学，如图 4-3-1 所示。本项目以 12 孔陶笛为例，学习如何用 3D One 软件完成陶笛的 3D 建模设计。

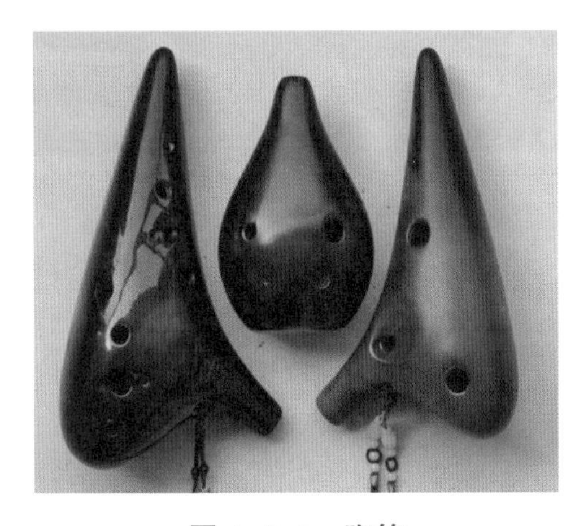

图 4-3-1　陶笛

项目主题

以“吹奏乐器”为主题，利用互联网收集相关资料，分析吹奏乐器的种类、起源、特色的基础知识，应用 3D One 设计软件，设计一款吹奏乐器“12 孔陶笛”，在陶笛设计过程中，学习巩固软件指令运用和 3D 建模设计的基础知识。

“吹奏乐器”的建模设计视频介绍

项目目标

◆ 掌握根据物体造型进行分析绘图的技巧。

◆ 掌握融合使用草图绘制、实体绘制、特征造型等指令绘制乐器。

项目探究

根据项目目标要求，开展“吹奏乐器 - 陶笛”项目探究活动，如表 4-3-1 所示。

表 4-3-1 “吹奏乐器 - 陶笛”项目探究

探究活动	项目探究内容	知识技能
吹奏乐器 陶笛 建模设计	陶笛基本主体绘制	掌握根据物体造型进行分析绘图的技巧
	陶笛内部结构绘制	掌握草图尺寸的读取与绘制 巩固草图、实体绘制指令的使用
	陶笛打孔结构绘制	

问题

◆ 什么是吹奏乐器？常见的吹奏乐器有哪些？

◆ 陶笛有哪些种类，具有什么特色？

◆ 陶笛设计过程要注意什么因素？

构思设计

使用 3D One 软件设计一个 12 孔陶笛模型，设计过程需要融合使用基本实体、实体分割、实体绘制、草图绘制、草图编辑、组合编辑、特征造型等指令。

项目实施

1. 陶笛基本体绘制

（1）单击基本实体→六面体，打开“六面体”指令对话框，在原点（0,0,0）处建立一个大小尺寸为长 20 mm× 宽 20 mm× 高 50.5 mm 的长方体，单击完成六面体绘制，如图 4-3-2 所示；单击基本实体→椭球体，在长方体上表面中心点处建立一个轴长分别为 60 mm、48 mm、101 mm 的椭球体，单击完成椭球体绘制，如图 4-3-3 所示。

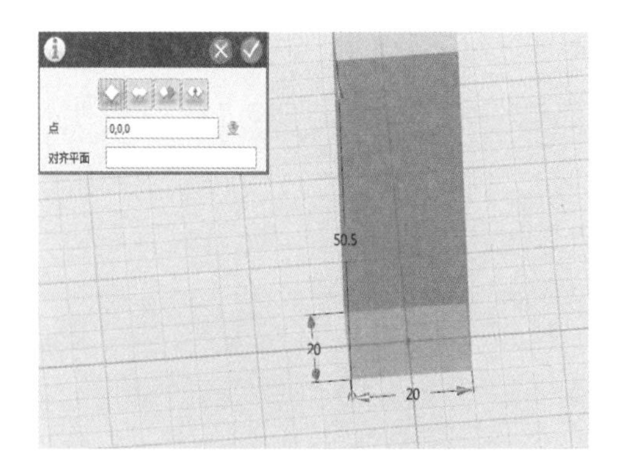

图 4-3-2　建立长方体

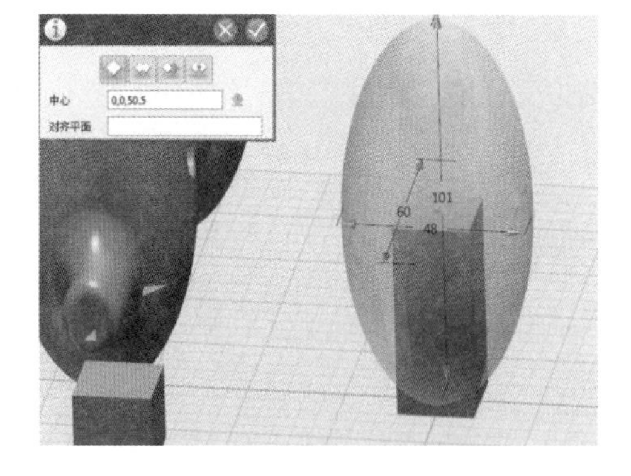

图 4-3-3　建立椭球体

（2）单击基本编辑→移动，将长方体沿 X 轴移动，单击数值，输入移动距离为 40mm，如图 4-3-4 所示。

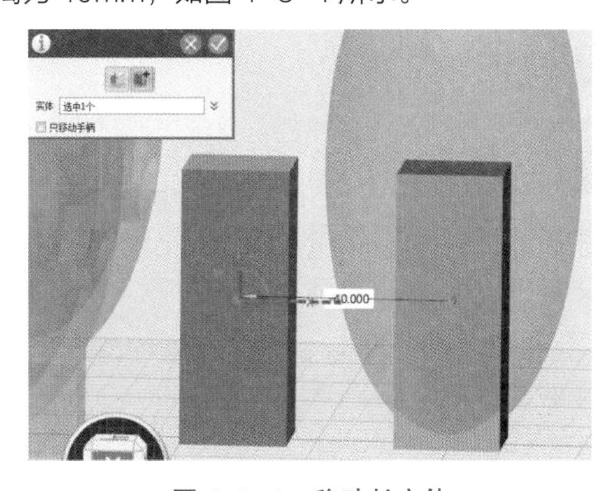

图 4-3-4　移动长方体

（3）以长方体的右端面为基准面绘制草图，单击草图绘制→直线，在长方体右端面绘制一条直线，单击数值，输入长度为 20 mm，用于切割椭球体，如图 4-3-5、图 4-3-6 所示。

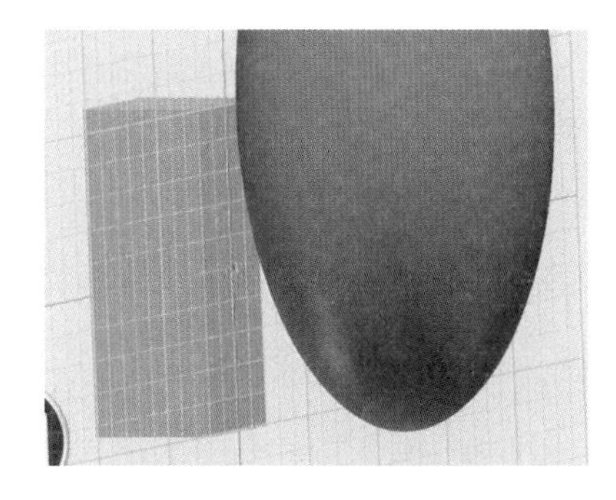

图 4-3-5　绘制草图

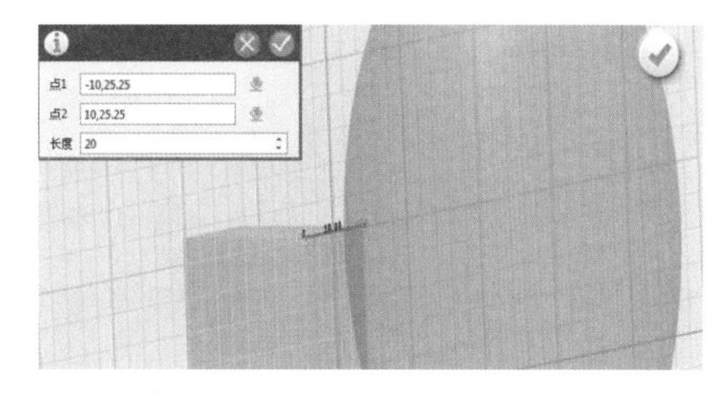

图 4-3-6　绘制直线

（4）单击特殊功能→实体分割，“基体 B”选择椭球体，“分割 C”选择步骤（3）中绘制的直线，如图 4-3-7 所示；单击椭球体上部分，按【Delete】键删除椭球体上部分，结果如图 4-3-8 所示。

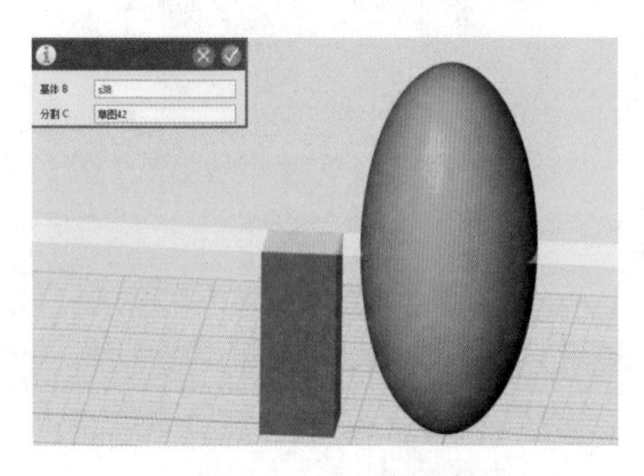

图 4-3-7 实体分割

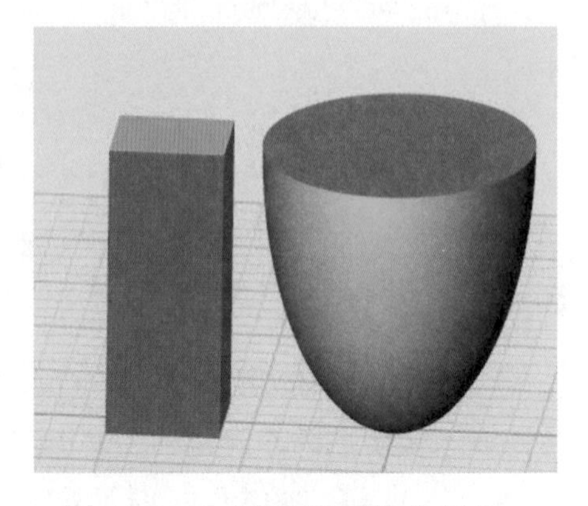

图 4-3-8 删除椭球体上部分

（5）由于陶笛上半部分为不规则锥球体，故采用放样去建模。单击草图绘制→椭圆形，在半椭球体上表面绘制一个椭圆，轴长分别为 60 mm、48 mm，单击完成椭圆绘制，如图 4-3-9；单击基本实体→六面体，在椭圆正中间放置一个大小尺寸为长 20 mm× 宽 20 mm× 高 25 mm 的长方体，如图 4-3-10 所示；单击椭圆形，在生成的长方体上方绘制一个椭圆，轴长分别为 55 mm、44 mm，单击完成椭圆绘制，如图 4-3-11 所示。

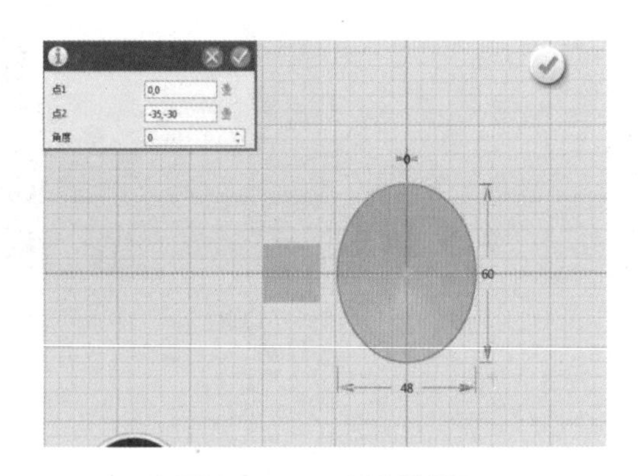

图 4-3-9 绘制椭圆

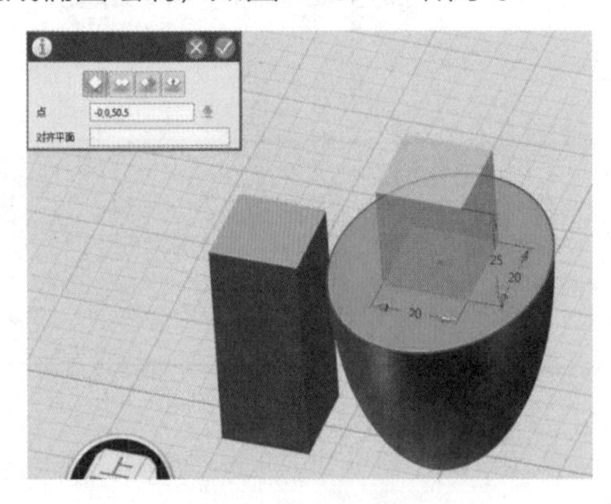

图 4-3-10 编制六面体

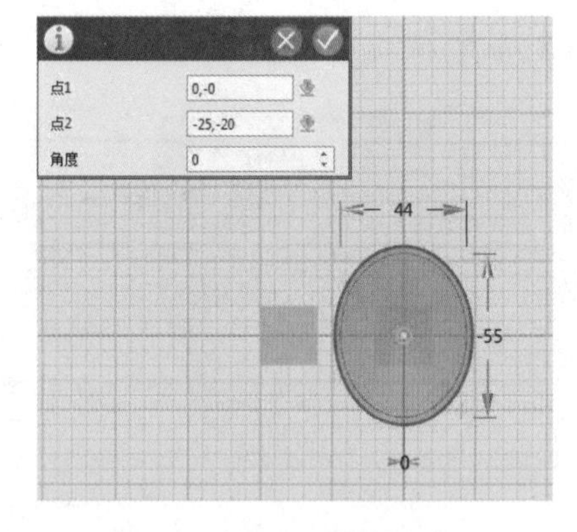

图 4-3-11 绘制椭圆

（6）按照上面的操作方法，在椭圆上方建立一个大小尺寸为长 20 mm× 宽 20 mm× 高 25 mm 的长方体，在长方体上方绘制一个轴长分别为 48 mm、34 mm 的椭圆，绘制的长方体 1 和椭圆 1 如图 4-3-12、图 4-3-13 所示。

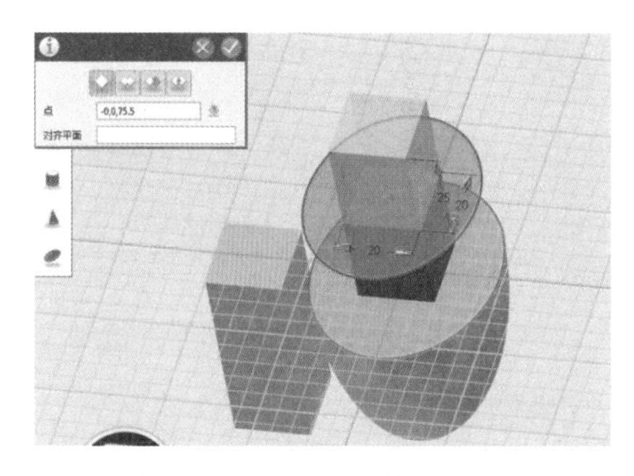

图 4-3-12　绘制长方体 1

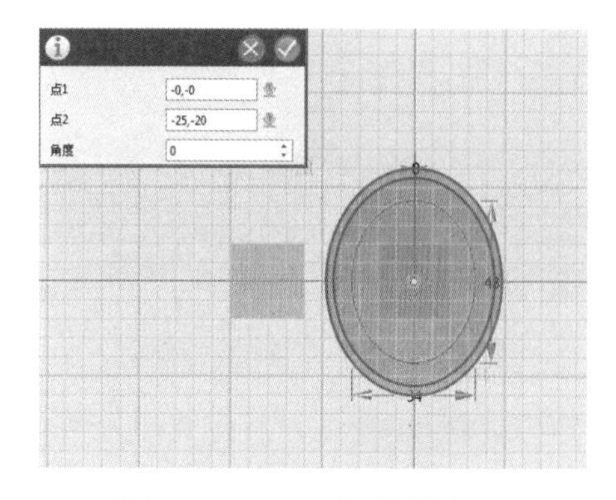

图 4-3-13　绘制椭圆 1

（7）绘制一个大小尺寸为长 20 mm× 宽 20 mm× 高 6 mm 的长方体，在长方体上方绘制一个轴长分别为 39 mm、31 mm 的椭圆形，绘制的长方体 2 和椭圆 2 如图 4-3-14、图 4-3-15 所示。

图 4-3-14　绘制长方体 2

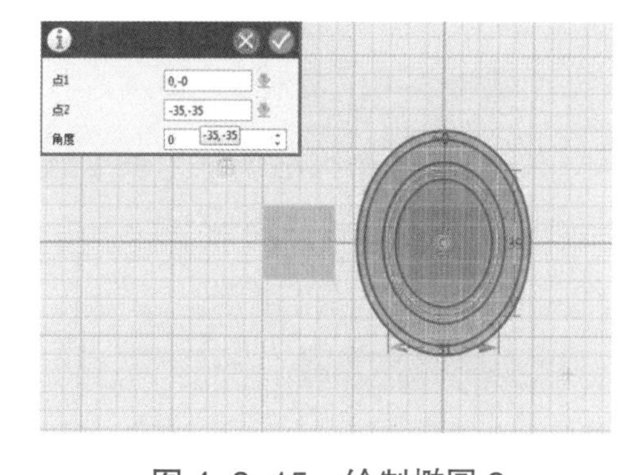

图 4-3-15　绘制椭圆 2

（8）绘制一个大小尺寸为长 20 mm× 宽 20 mm× 高 7 mm 的长方体，在长方体上方绘制一个轴长分别为 34 mm、27 mm 的椭圆，绘制的长方体 3 和椭圆 3 如图 4-3-16、图 4-3-17 所示。

（9）绘制一个大小尺寸为长 20 mm× 宽 20 mm× 高 5 mm 的长方体，在长方体上方绘制一个轴长分别为 30 mm、24 mm 的椭圆，绘制的长方体 4 和椭圆 4 如图 4-3-18、图 4-3-19 所示。

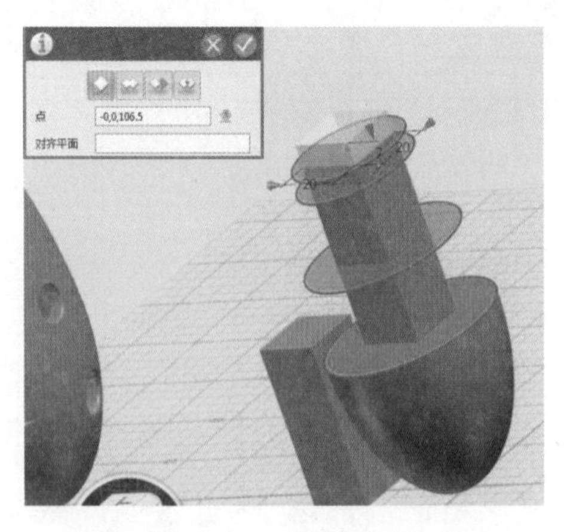

图 4-3-16　绘制长方体 3

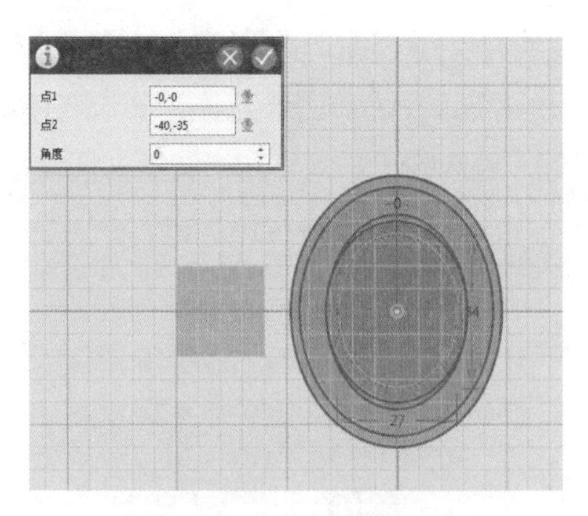

图 4-3-17　绘制椭圆 3

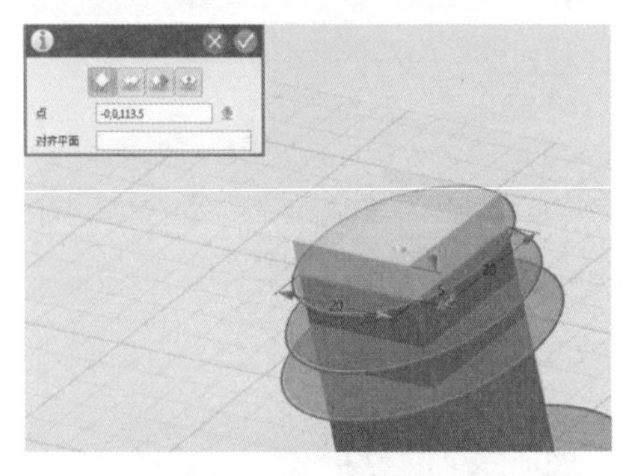

图 4-3-18　绘制长方体 4

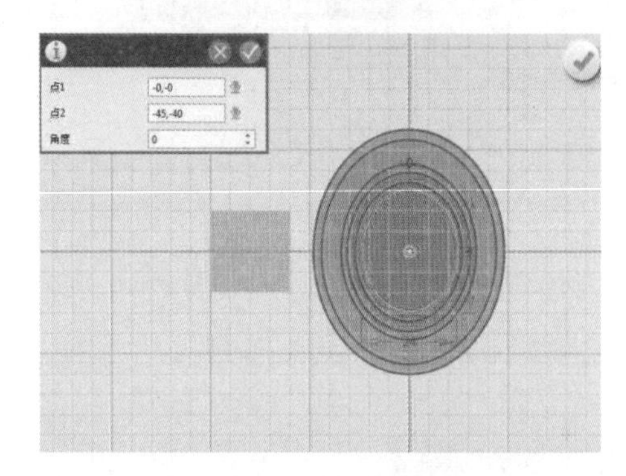

图 4-3-19　绘制椭圆 4

（10）绘制一个大小尺寸为长 20 mm× 宽 20 mm× 高 5 mm 的长方体，在长方体上方绘制一个轴长分别为 26 mm、20 mm 的椭圆，绘制的长方体 5 和椭圆 5 如图 4-3-20、图 4-3-21 所示。

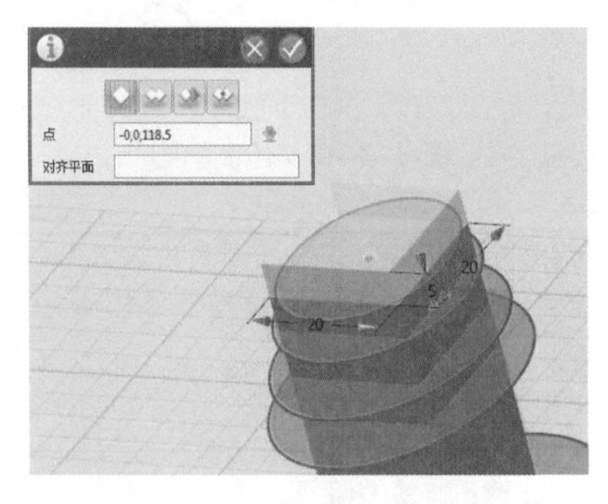

图 4-3-20　绘制长方体 5

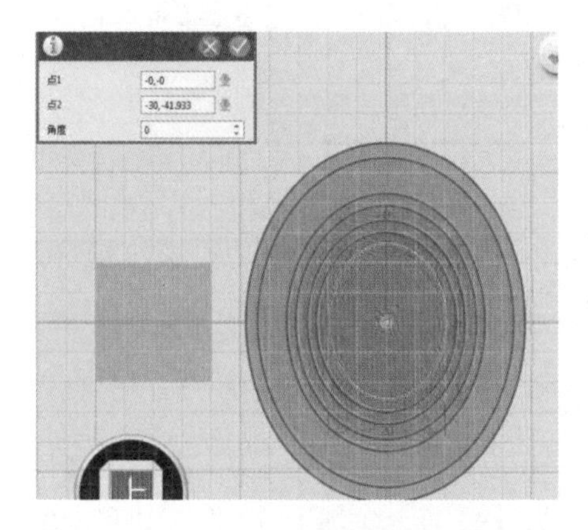

图 4-3-21　绘制椭圆 5

（11）绘制一个大小尺寸为长 20 mm× 宽 20 mm× 高 4 mm 的长方体，在长方体上方绘制一个轴长分别为 21 mm、16 mm 的椭圆，绘制的长方体 6 和椭圆 6 如图 4-3-22、图 4-3-23 所示。

图 4-3-22　绘制长方体 6

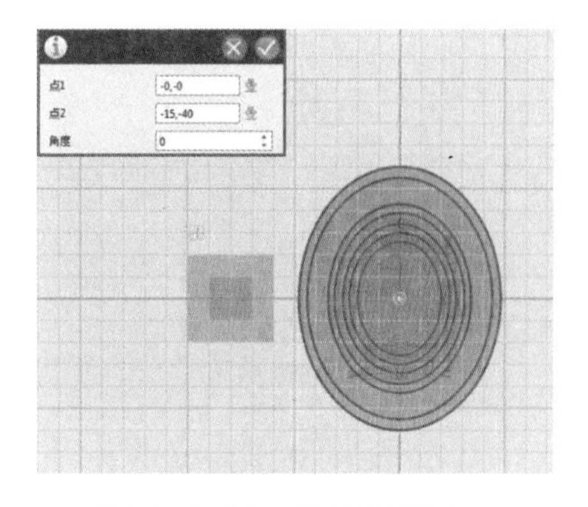

图 4-3-23　绘制椭圆 6

（12）绘制一个大小尺寸为长 20 mm× 宽 20 mm× 高 3 mm 的长方体，在长方体上方绘制一个轴长分别为 16 mm、12 mm 的椭圆，绘制的长方体 7 和椭圆 7 如图 4-3-24、图 4-3-25 所示。

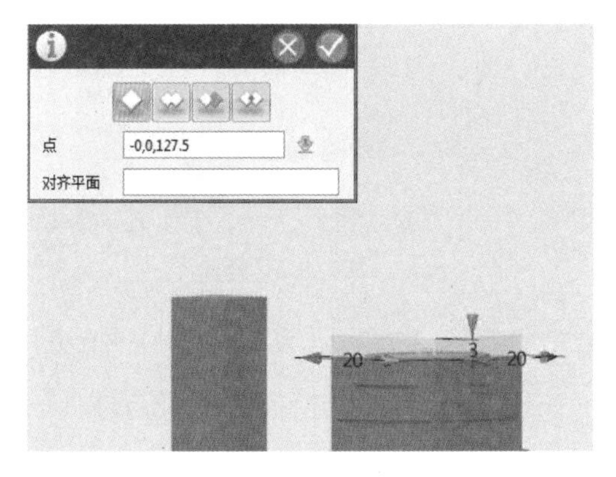

图 4-3-24　绘制长方体 7

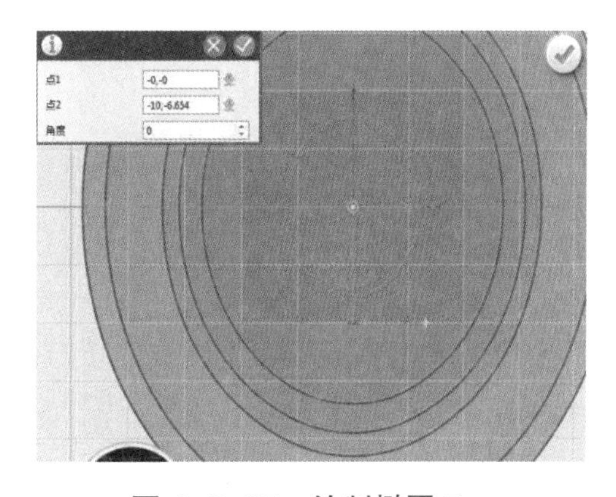

图 4-3-25　绘制椭圆 7

（13）绘制一个大小尺寸为长 20 mm× 宽 20 mm× 高 2 mm 的长方体，在长方体上方绘制一个轴长分别为 12 mm、9 mm 的椭圆，绘制的长方体 8 和椭圆 8 如图 4-3-26、图 4-3-27 所示。

（14）单击基本实体→六面体，在左侧长方体上方再放置一个六面体，大小尺寸为长 10 mm× 宽 10 mm× 高 84.5 mm，如图 4-3-28 所示；在生成的长方体上方再放置一个正方体，大小尺寸为长 20 mm× 宽 20 mm× 高 20 mm，如图 4-3-29 所示。

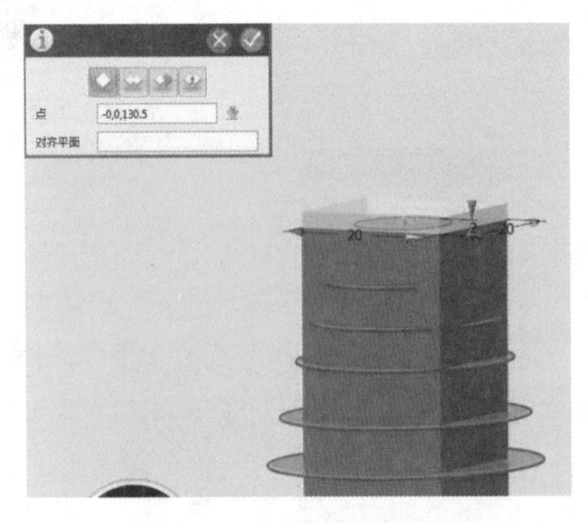

图 4-3-26　绘制长方体 8

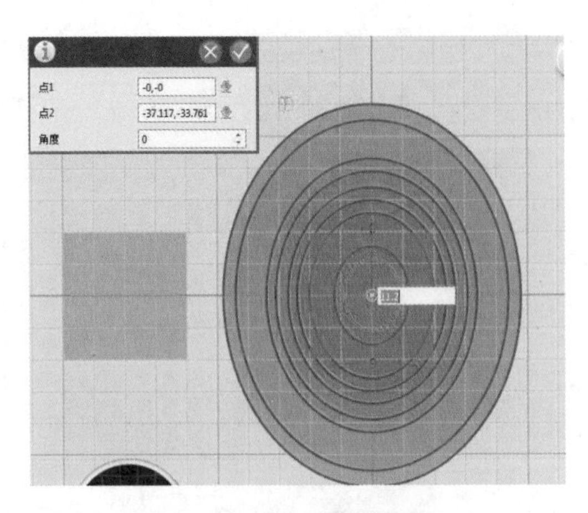

图 4-3-27　绘制椭圆 8

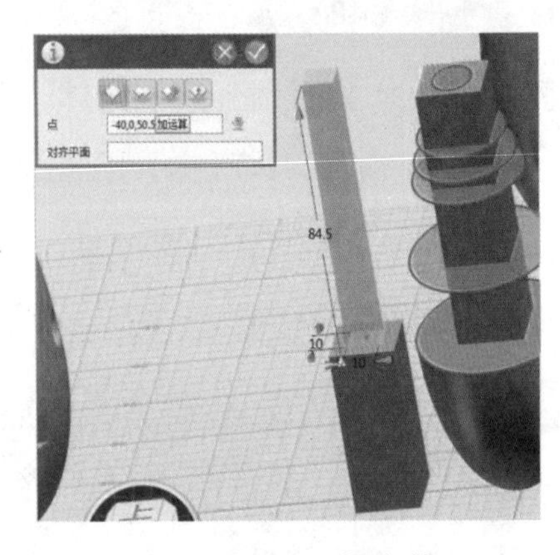

图 4-3-28　长方体

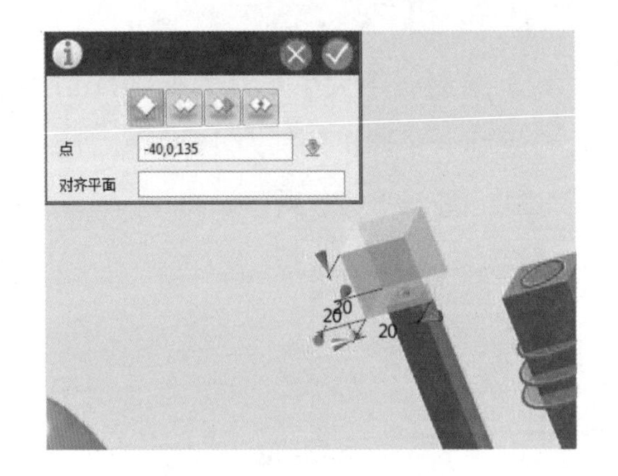

图 4-3- 29　正方体

（15）单击步骤（14）建立的正方体，单击基本编辑→移动，沿 X 轴移动，单击数值，输入移动距离为 −40 mm，如图 4-3-30 所示；将支持椭圆的长方体 1 ~ 8 都删除，如图 4-3-31 所示。

图 4-3-30　执行“移动”操作

（16）单击特征造型→放样，打开“放样”指令对话框，在“放样类型”选择“终点和轮廓”，“轮廓 P”依次选择所有的椭圆，“终点”选择正方体的下表面中心，单击完成“放样”操作任务，如图 4-3-32 所示。

图 4-3-31　删除六面体

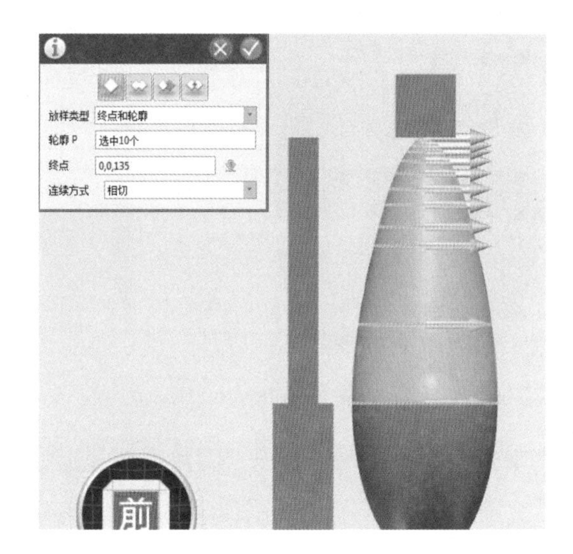

图 4-3-32　执行“放样”操作

（17）单击生成的陶笛上下两部分，按【Ctrl+C】组合键弹出“复制”对话框，“起始点”选择为原点，“目标点”输入（50,0,0），单击完成复制操作任务，如图 4-3-33 所示；单击组合编辑，将复制的陶笛主体组合一起，“基体”选择上部分，“合并体”选择下部分，单击完成“组合编辑”操作任务，如图 4-3-34 所示

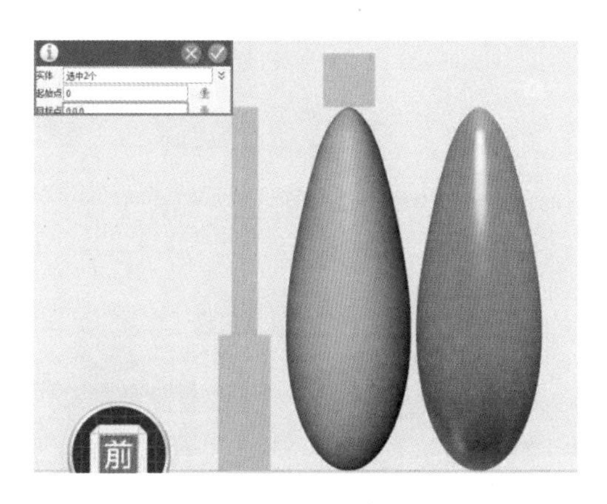

图 4-3-33　复制

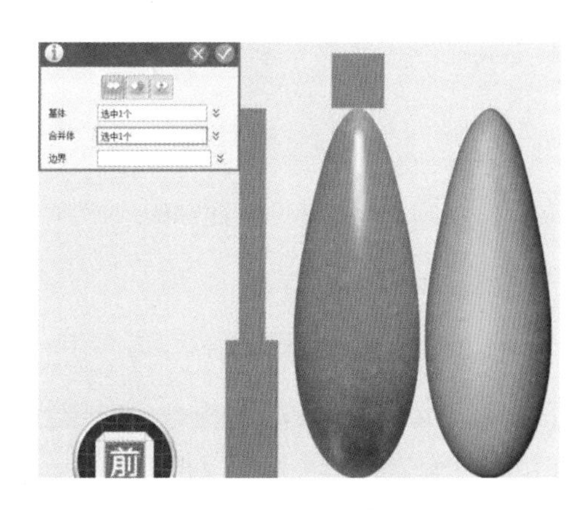

图 4-3-34　组合编辑

（18）双击复制之后的陶笛主体，单击基本编辑→DE 面偏移，如图 4-3-35 所示，打开“DE 面偏移”指令对话框，“面 F”选择上部分面，先将上部分进行偏移，单击数值，输入 −4.5 mm，按【Enter】键确定输入，如图 4-3-36 所示；再将下部分进行偏移，单击数值，输入 −4.5 mm，按【Enter】键确定输入，如图 4-3-37 所示。

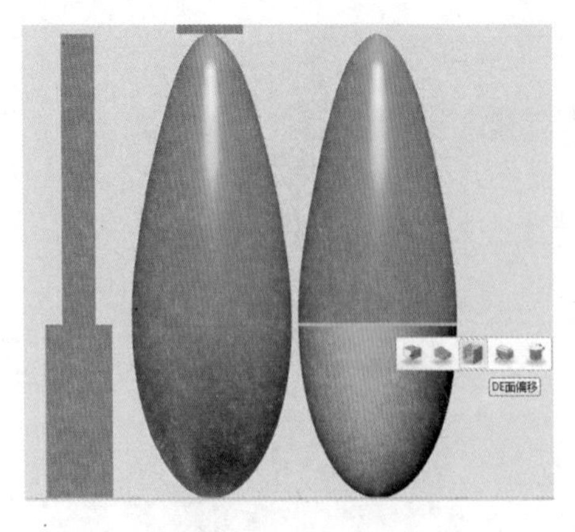

图 4–3–35 “DE 面偏移”指令

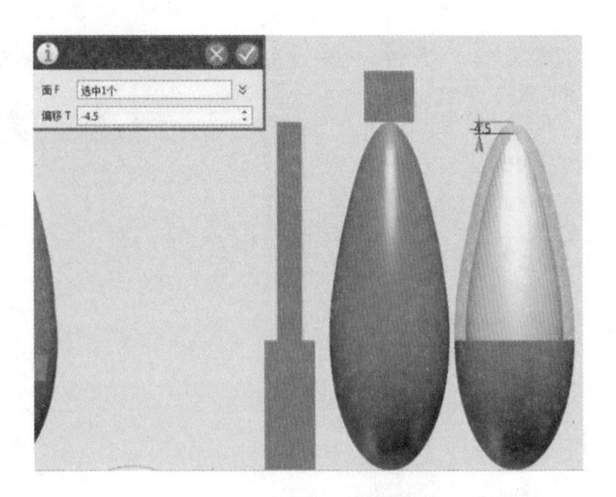

图 4–3–36 上部偏移

（19）单击组合编辑，打开“组合编辑”指令对话框，“基体”选择陶笛上部分，“合并体”选择陶笛下部分，单击完成“组合编辑”操作任务，如图 4–3–38 所示。

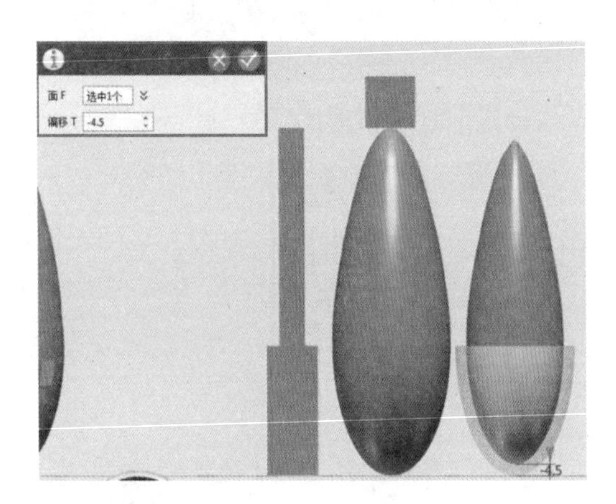

图 4–3–37 下部偏移

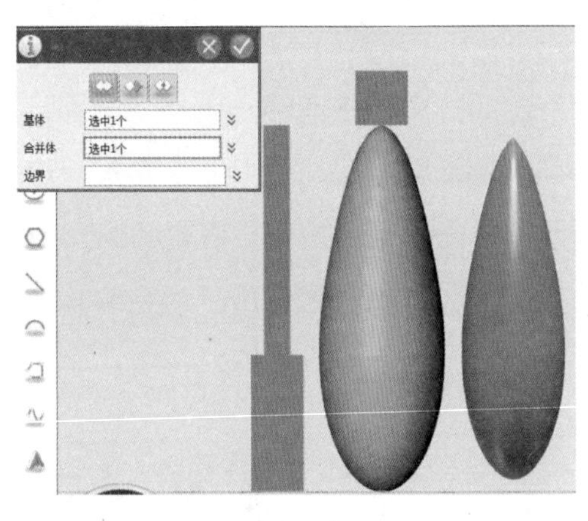

图 4–3–38 陶笛上下部分组合

2．陶笛吹嘴的绘制

（1）单击基本实体→六面体，打开“六面体”指令对话框，在陶笛主体前面即点（5,–40,0）处放置一个长方体，大小尺寸为长 20 mm× 宽 20 mm× 高 40 mm，如图 4–3–39 所示。

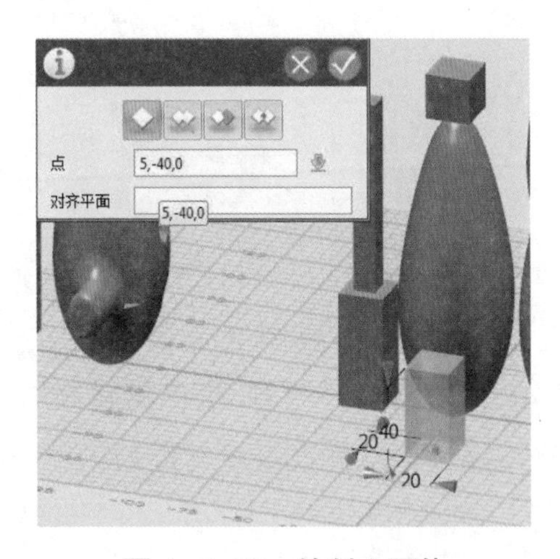

图 4–3–39 绘制六面体

（2）单击草图绘制→椭圆形，打开“椭圆形”指令对话框，选择长方体前视面作为绘图平面，“点 1”选择长方体上边中点，即（0,20），轴长分别为 21 mm、

15 mm，如图 4-3-40 所示；单击特征造型→拉伸，打开“拉伸”指令对话框，将椭圆进行拉伸，单击数值，输入拉伸高度为 -30 mm，如图 4-3-41 所示。

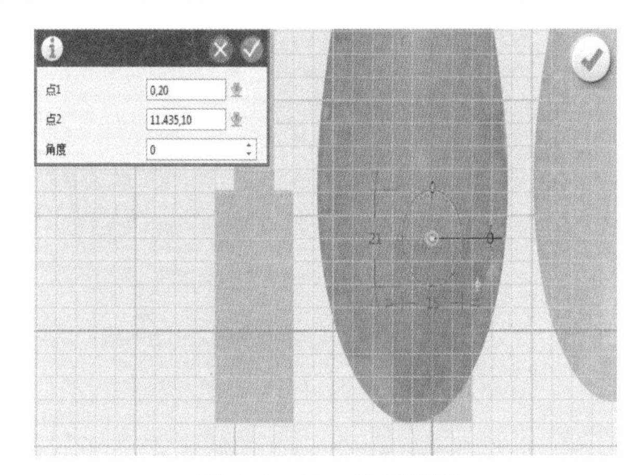

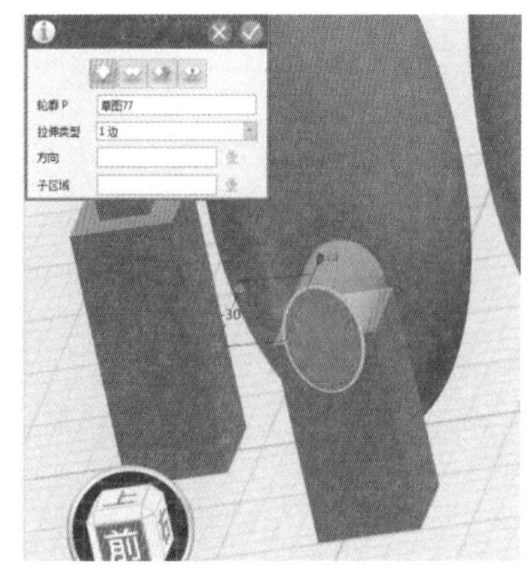

图 4-3-40 绘制椭圆　　　图 4-3-41 执行“拉伸”操作

（3）单击六面体，再单击显示 / 隐藏选择“隐藏几何体”，单击完成，如图 4-3-42 所示；单击组合编辑，“基体”选择陶笛主体，“合并体”选择陶笛口，单击完成“组合编辑”操作任务，如图 4-3-43 所示。

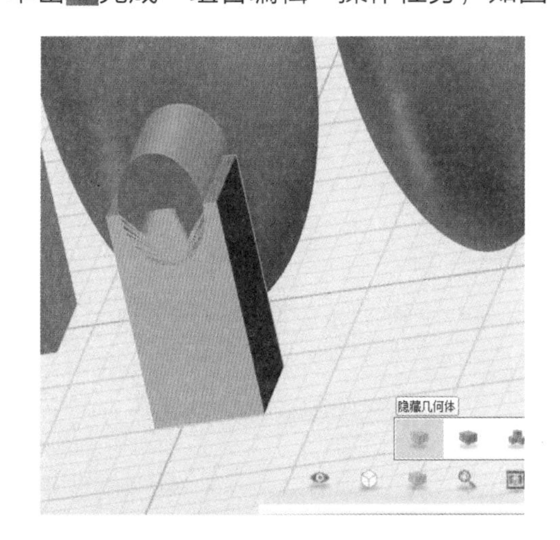

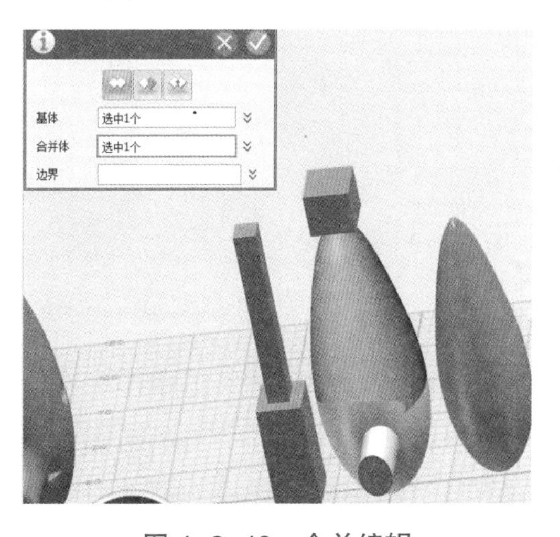

图 4-3-42 隐藏几何体　　　图 4-3-43 合并编辑

（4）单击特征造型→圆角，打开“圆角”指令对话框，分别给陶笛口前后添加圆角，分别单击数值，输入半径为 12 mm 和 3.5 mm，如图 4-3-44、图 4-3-45 所示。

（5）单击右边陶笛主体，单击基本编辑→移动，沿 X 轴移动，单击数值，输入移动距离为 50 mm，如图 4-3-46 所示；圈选全部实体，单击渲染模式，选择“线框模式”，如图 4-3-47 所示。

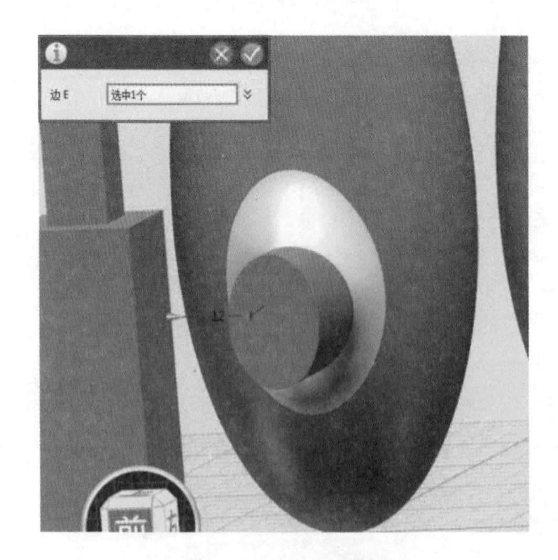

图 4–3–44　圆角 1

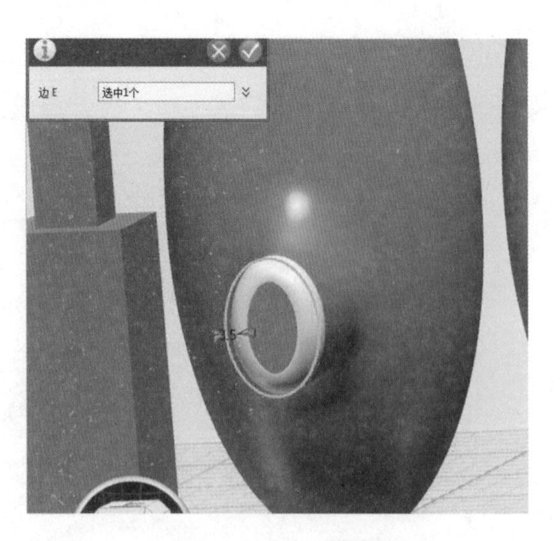

图 4–3–45　圆角 2

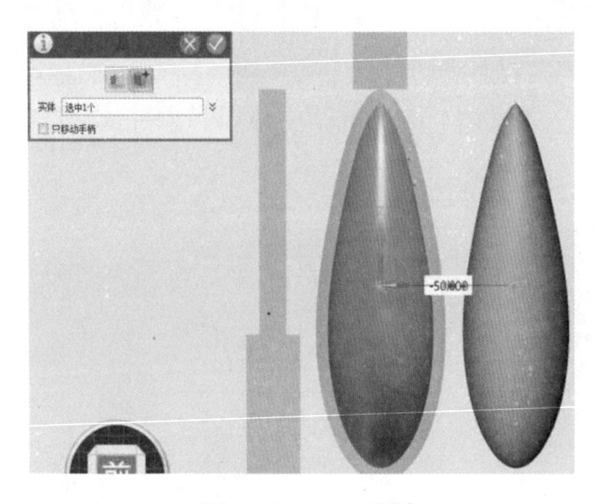

图 4–3–46　移动

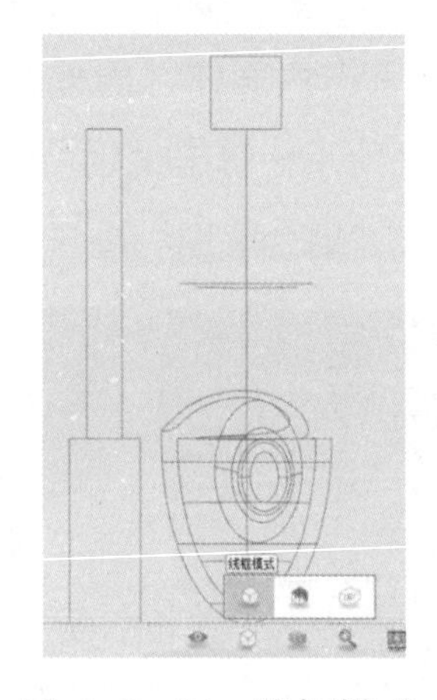

图 4–3–47　线框模式

（6）单击组合编辑→减运算，“基体”选择陶笛主体，“合并体”选择陶笛复制体，单击完成中空的陶笛主体的建模，如图 4–3–48 所示。

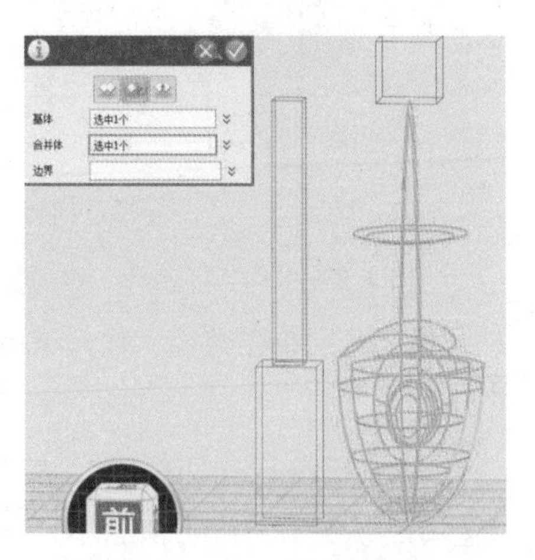

图 4–3–48　减运算合并

3．陶笛吹气孔设计

（1）单击基本实体→六面体，打开“六面体”指令对话框，基准面选择陶笛口表面中心，建立一个大小尺寸为长 20 mm× 宽 5 mm× 高 10 mm 的长方体，如图 4–3–49 所示。

（2）单击建立的长方体，单击基本编辑

→移动，沿 X 轴移动 −6 mm，再沿 Y 轴移动 −32 mm，如图 4–3–50、图 4–3–51 所示；单击组合编辑→减运算，“基体”选择陶笛，“合并体”选择六面体，单击完成六面体减运算组合，见图 4–3–52 所示。

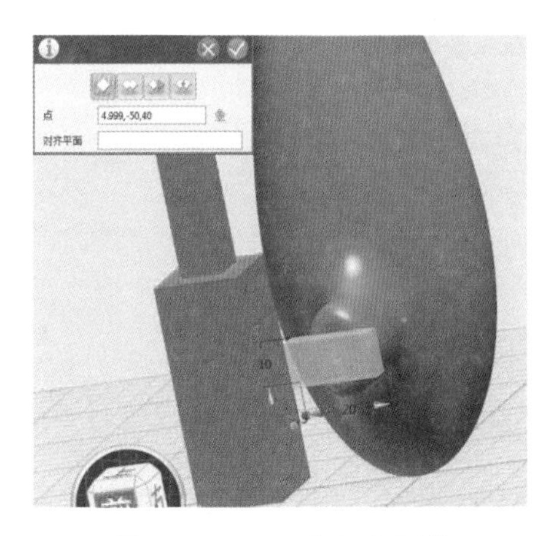

图 4–3–49　建立六面体

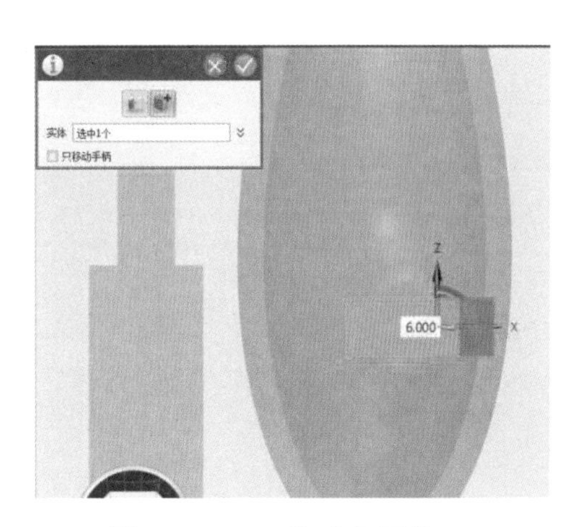

图 4–3–50　移动六面体 1

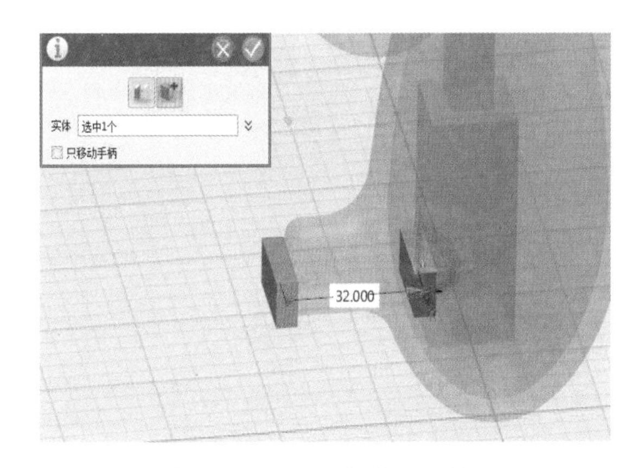

图 4–3–51　移动六面体 2

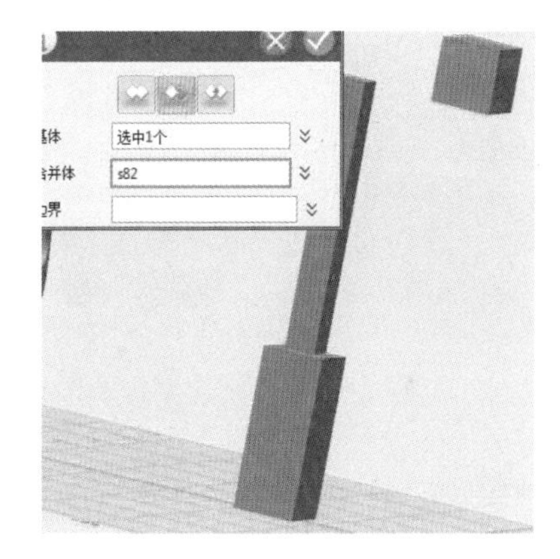

图 4–3–52　六面体减运算组合

（3）选择草图绘制→矩形，打开“矩形”指令对话框，基准面选择陶笛口正表面，“点 1”输入为（1.5,5），“点 2”输入为（−1.5，−5），即矩形长宽分别为 10 mm 和 3 mm，如图 4–3–53、图 4–3–54 所示。

（4）单击草图绘制→直线，基准面选择陶笛右侧开口下表面，直线“长度”输入为 0.8 mm，如图 4–3–55、图 4–3–56 所示。

（5）继续绘制直线，“点 1”为 0.8 mm 直线的上端点，“点 2”为矩形的右下端点，确定，如图 4–3–57 所示；删除长度为 0.8 mm 的线段，如图 4–3–58 所示。

（6）单击特征造型→扫掠，打开“扫掠”指令对话框，“轮廓 P1”选择矩形，

“路径 P2”选择直线，单击完成矩形孔的标识，如图 4-3-59 所示；为方便操作，单击生成实体，再单击基本编辑→移动，沿 X 轴移动 -30 mm，单击完成长方体的移动，如图 4-3-60 所示。

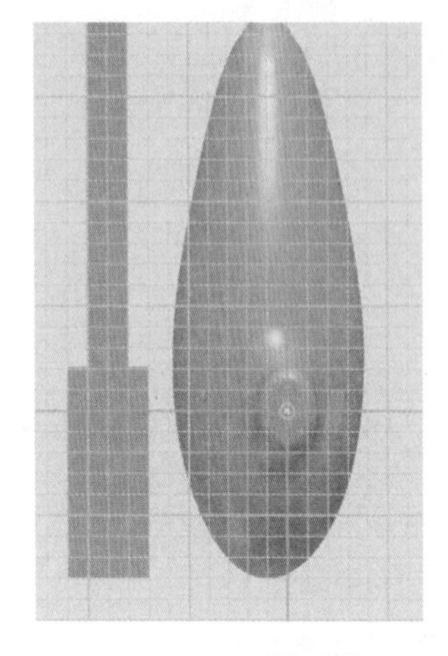

图 4-3-53　选择基准面

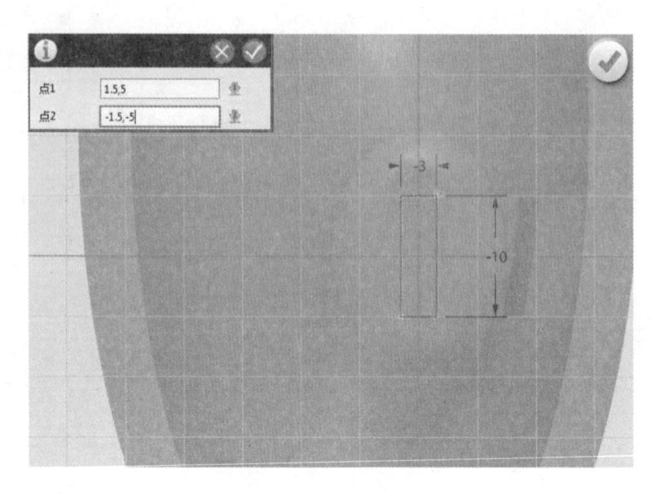

图 4-3-54　矩形大小

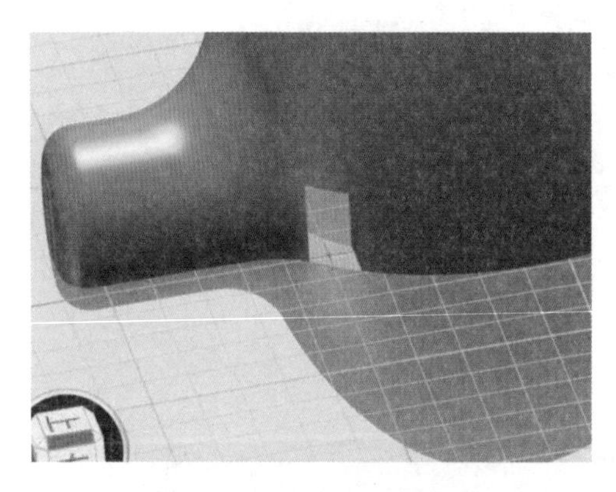

图 4-3-55　选择基准面

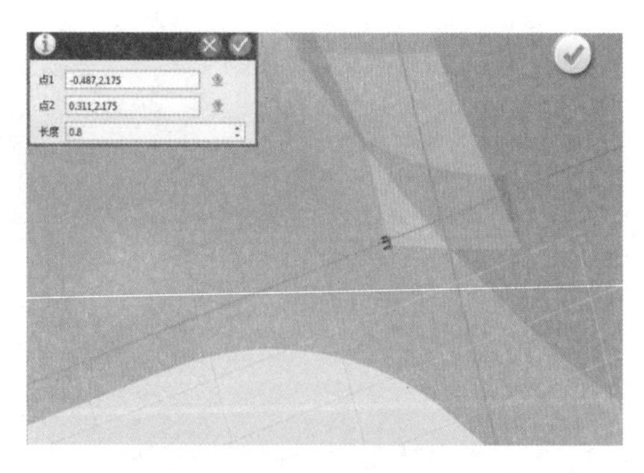

图 4-3-56　绘制直线 1

图 4-3-57　绘制直线 2

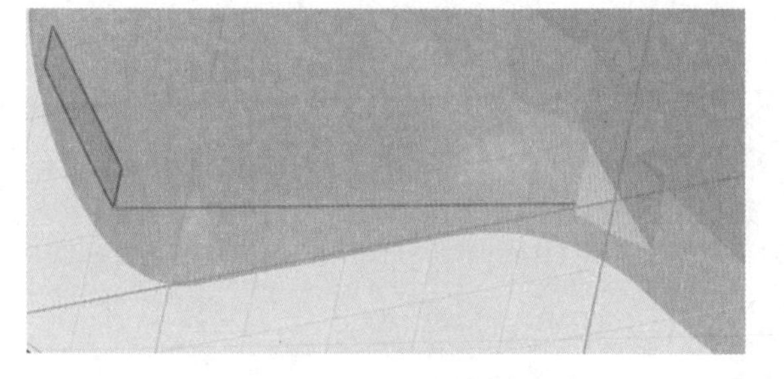

图 4-3-58　删除直线 1

（7）单击草图绘制→直线，选择扫掠实体上表面为基准面，绘制直线，单击数值，输入长度为 0.75 mm，如图 4-3-61、图 4-3-62 所示。

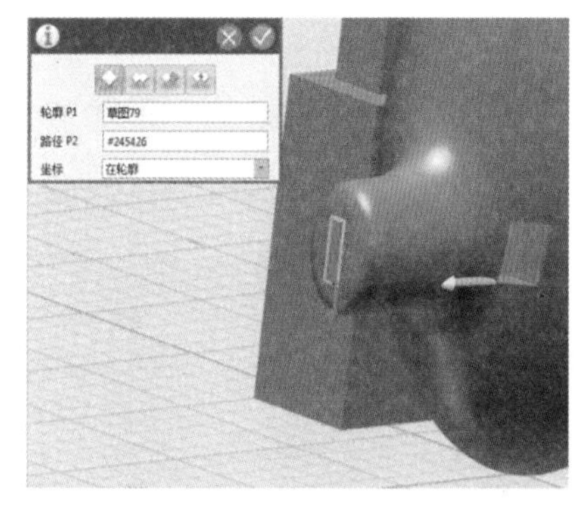

图 4–3–59　吹嘴开矩形孔

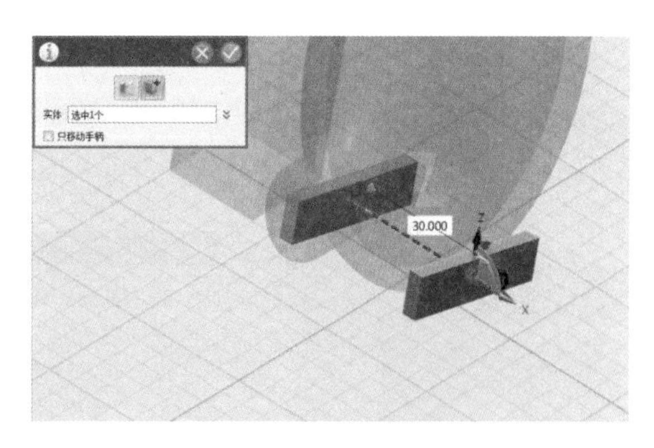

图 4–3–60　长方体移动

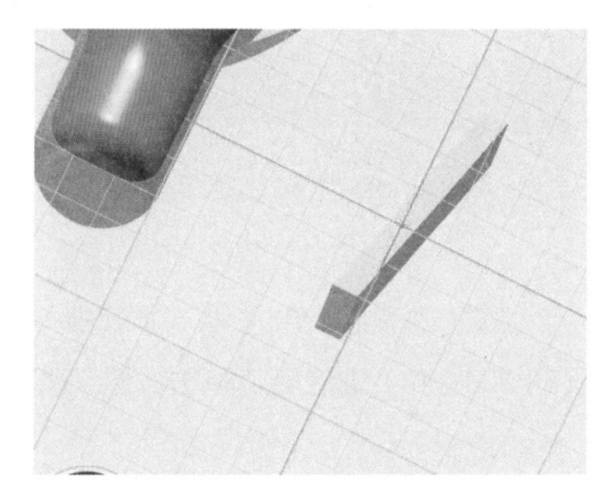

图 4–3–61　选择基准面

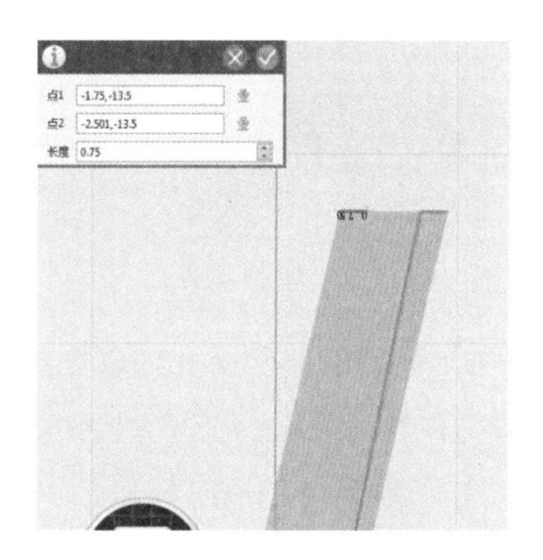

图 4–3–62　绘制线段

（8）继续绘制直线，短线段长度为 0.75 mm，线段位置如图 4–3–63 所示，单击✓结束并退出草图绘制；单击特殊功能→实体分割：打开“实体分割”指令对话框，“基体 B”选择扫掠实体，“分割 C”选择绘制的草图，如图 4–3–64 所示。

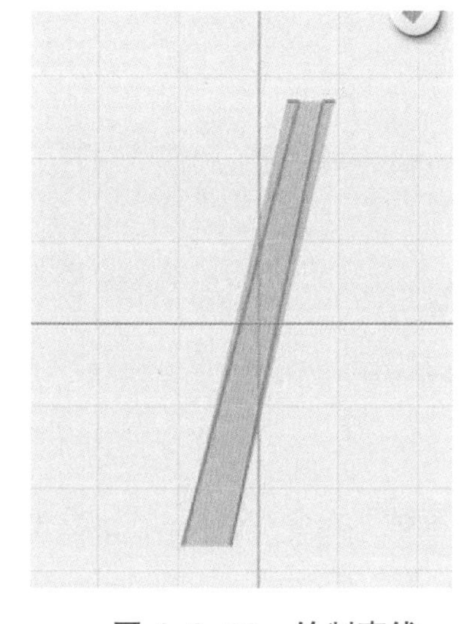

图 4–3–63　绘制直线

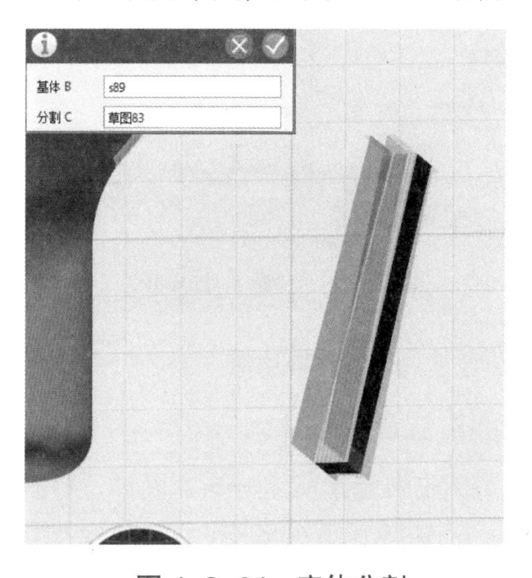

图 4–3–64　实体分割

（9）分别单击分割的左右两部分，按【Delete】键删除，只保留中间部分，如图 4-3-65 所示；单击基本编辑→移动，沿 X 轴移动 -30 mm，如图 4-3-66 所示。

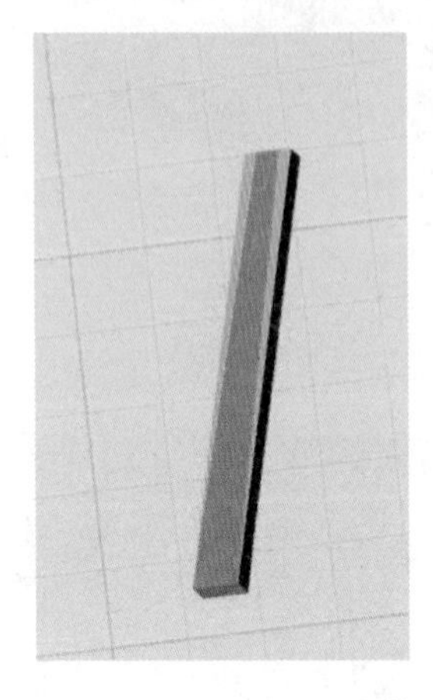

图 4-3-65　删除实体

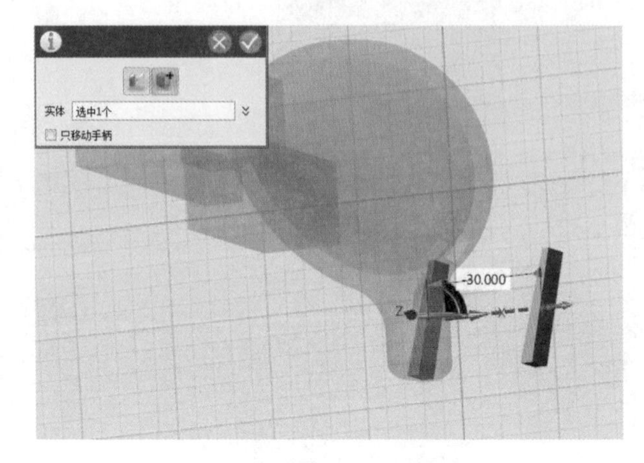

图 4-3-66　移动

（10）陶笛的右侧平孔内表面要倾斜点，双击内表面，单击基本编辑→ DE 移动：打开“DE 移动”指令对话框，将面的 XZ 轴绕 Y 轴旋转，单击数值，输入旋转角度为 15°，如图 4-3-67 所示。

（11）圈选全部实体，单击渲染模式，选择“线框模式”，单击组合编辑→减运算，“基体”选择陶笛主体，“合并体”选择扫掠实体，单击完成组合编辑，如图 4-3-68 所示。

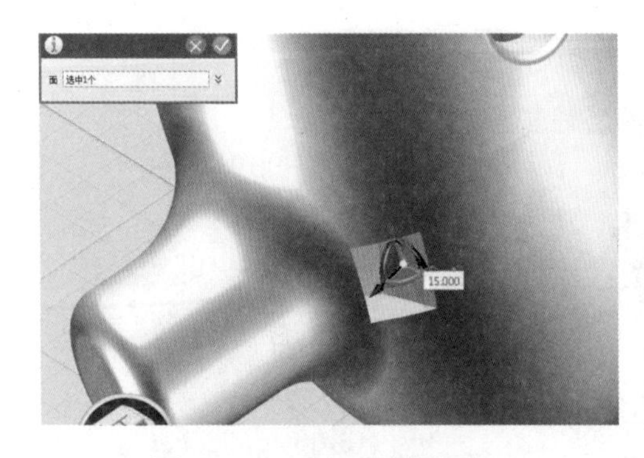

图 4-3-67　DE 面移动

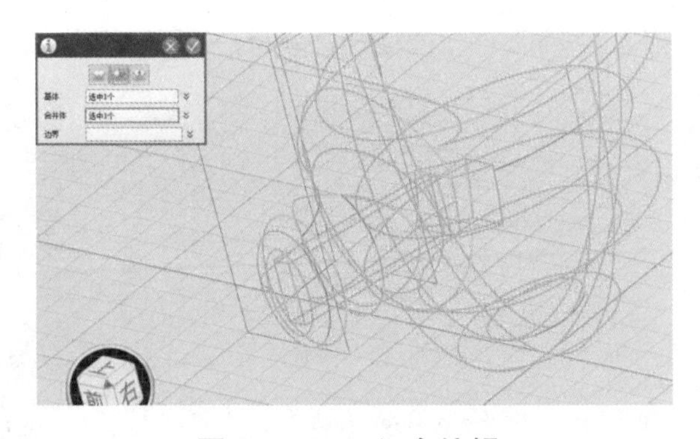

图 4-3-68　组合编辑

4．陶笛发音孔设计

（1）单击基本实体→六面体，打开“六面体”指令对话框，“点”位置输入（40,0,0），大小尺寸为长 20 mm× 宽 20 mm× 高 135 mm，如图 4-3-69 所示；

单击草图绘制→圆形：打开“圆形”指令对话框，选择六面体右平面正中间为基准面，如图 4-3-70 所示。

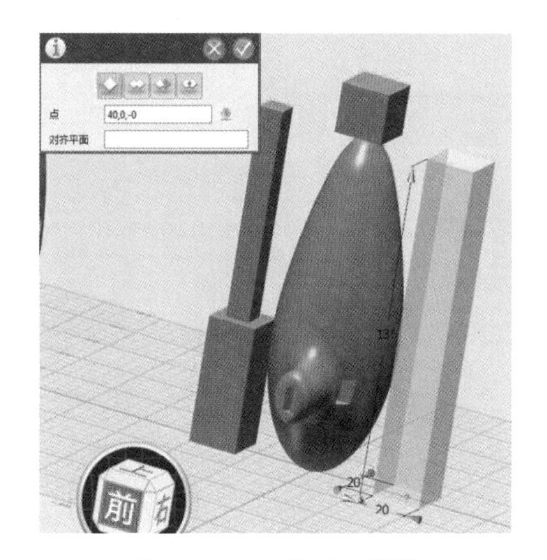

图 4-3-69　绘制六面体

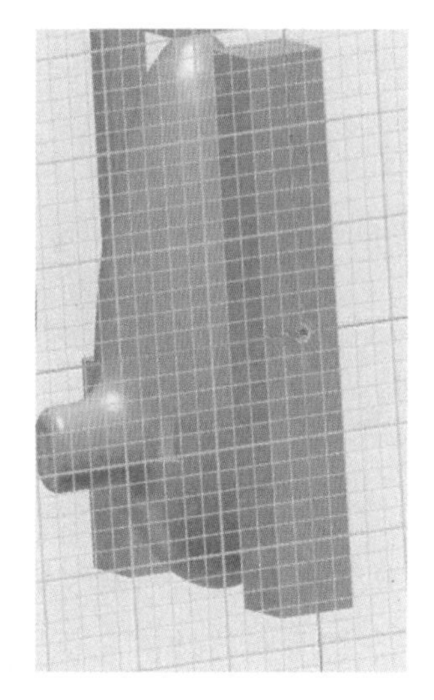

图 4-3-70　基准面

（2）在圆心（2,-5）处生成一个半径为 5 mm 的圆，在圆心（9,-37）处生成一个半径为 5.5 mm 的圆，如图 4-3-71、图 4-3-72 所示。

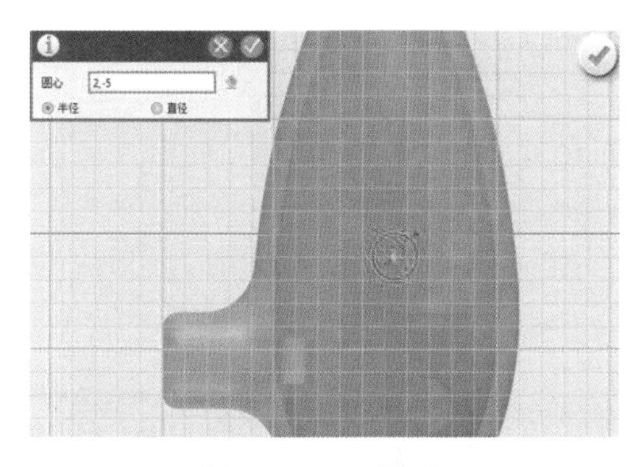

图 4-3-71　圆形 1

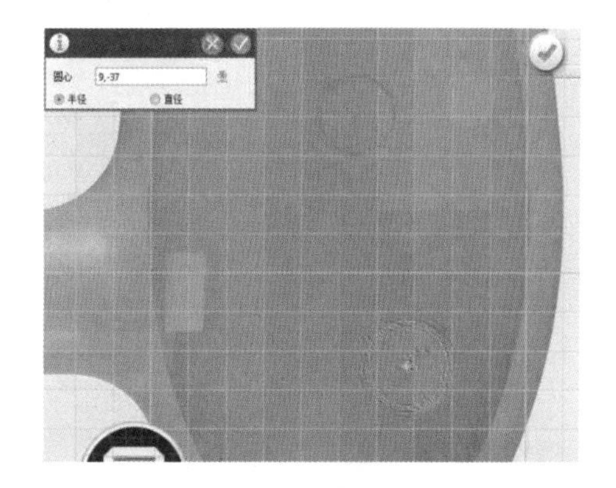

图 4-3-72　圆形 2

（3）单击特征造型→拉伸，打开“拉伸”指令对话框，选择“减运算”，“轮廓 P”选择步骤（2）中绘制的两个圆，单击数值，输入拉伸高度为 −40 mm，如图 4-3-73 所示；单击特征造型→圆角，打开“圆角”指令对话框，选择两个圆孔的外轮廓，单击数值，输入圆角半径为 1 mm，如图 4-3-74 所示。

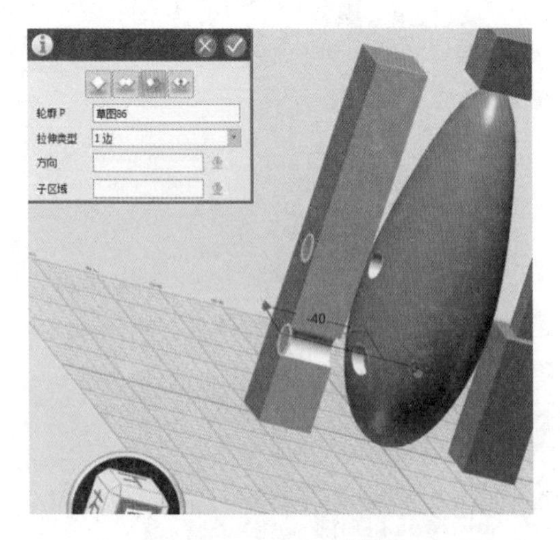

图 4-3-73　拉伸

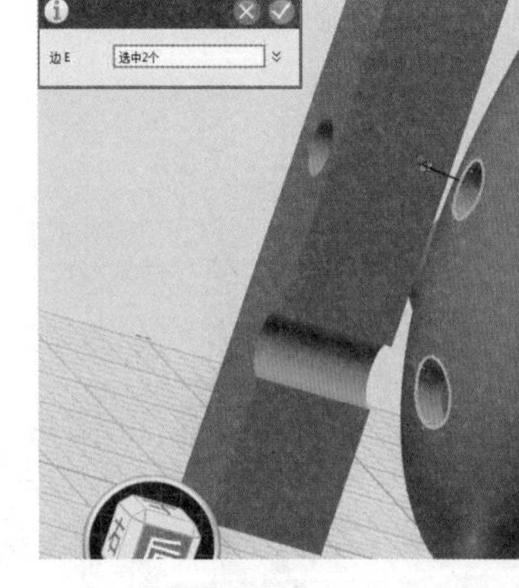

图 4-3-74　倒圆角

（4）单击上视图，单击草图绘制→圆形，打开“圆形”指令对话框，基准面选择陶笛左边下长方体的左正表面，如图 4-3-75 所示；以下分别在陶笛主体的不同位置绘制发音孔：

① 在圆心（2，93.5）处绘制一个半径为 2.5 mm 的圆，如图 4-3-76 所示；在圆心（−2，78）处绘制一个半径为 3.2 mm 的圆，如图 4-3-77 所示；

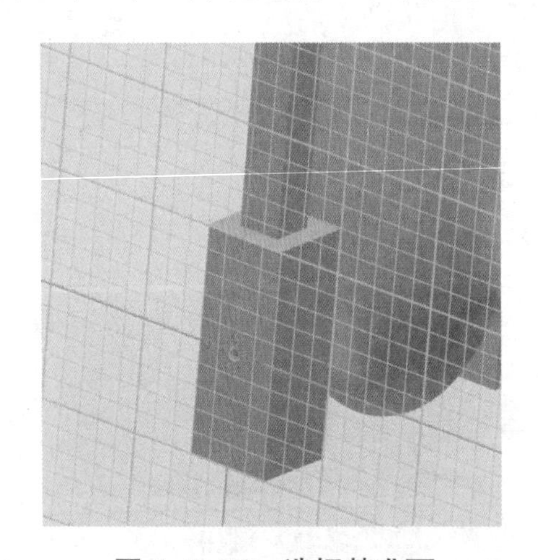

图 4-3-75　选择基准面

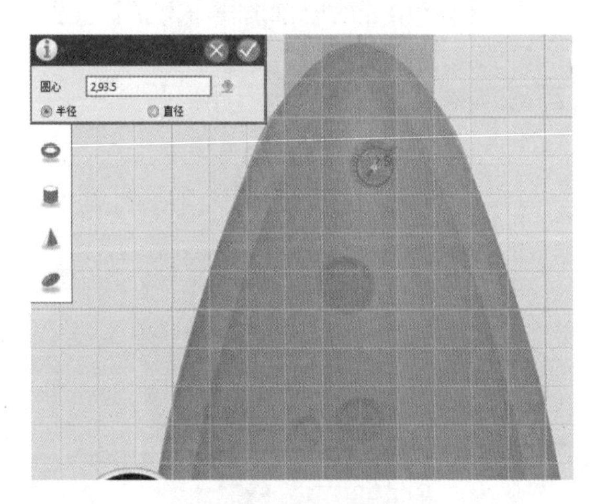

图 4-3-76　绘制圆形 1

② 在圆心（0，60.5）处绘制一个半径为 2.5 mm 的圆，如图 4-3-78 所示；在圆心（−7，59）处绘制一个半径为 1.5 mm 的圆，如图 4-3-79 所示；

③ 在圆心（7.2，43.5）处绘制一个半径为 3.2 mm 的圆，如图 4-3-80 所示；在圆心（−17.2，39.5）处绘制一个半径为 3.5 mm 的圆，如图 4-3-81 所示；

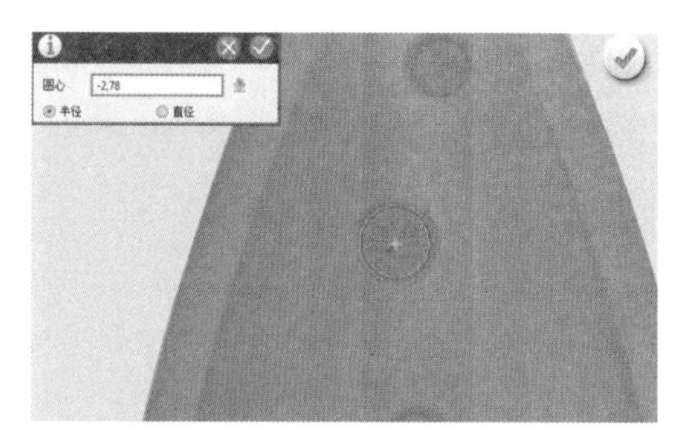

图 4–3–77　绘制圆形 2

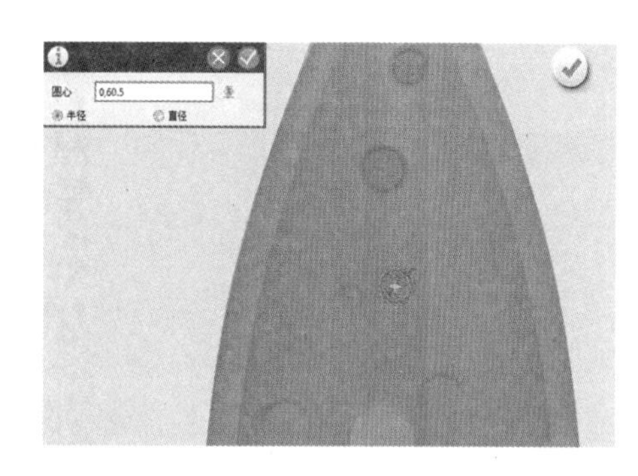

图 4–3–78　绘制圆形 3

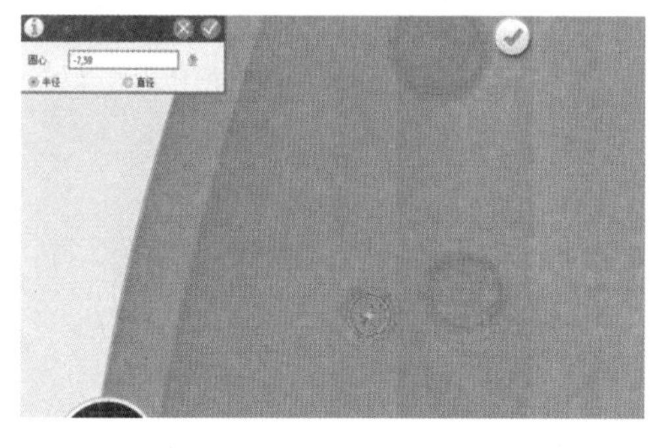

图 4–3–79　绘制圆形 4

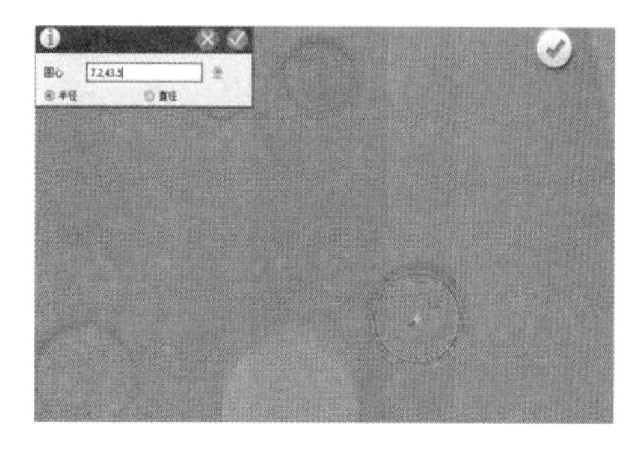

图 4–3–80　绘制圆形 5

④ 在圆心（−9.2，20.5）处绘制一个半径为 4 mm 的圆，如图 4–3–82 所示；在圆心（−5，6.5）处绘制一个半径为 4.5 mm 的圆，如图 4–3–83 所示；

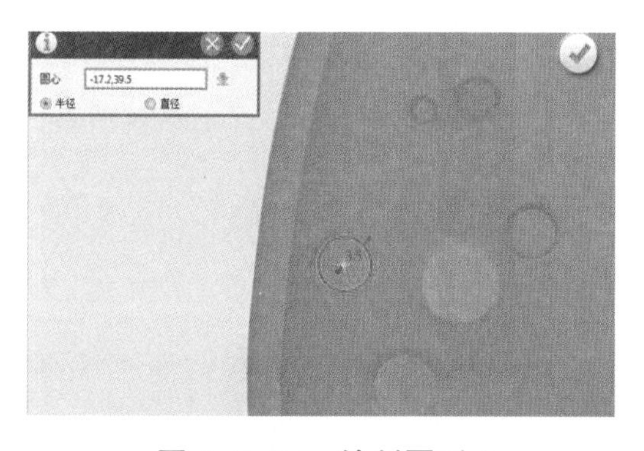

图 4–3–81　绘制圆形 6

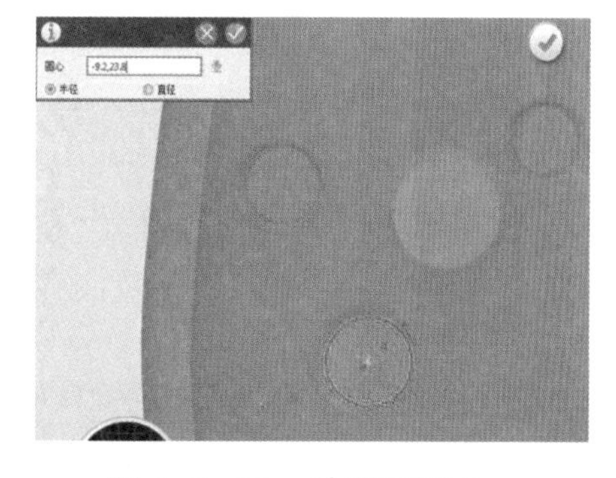

图 4–3–82　绘制圆形 7

⑤ 在圆心（4，9）处绘制一个半径为 1.5 mm 的圆，如图 4–3–84 所示；在圆心（−5，−8）处绘制一个半径为 3.2 mm 的圆，如图 4–3–85 所示；

⑥ 退出草图绘制，陶笛发音孔绘制结果如图 4–3–86 所示。

（5）单击特征造型→拉伸，打开“拉伸”指令对话框，选择“减运算”，“轮廓 P”分别选择 10 个圆形，单击数值，输入拉伸高度为 −50 mm，如图 4–3–87 所示；

将多余的六面体都删除或者隐藏，如图 4-3-88 所示。

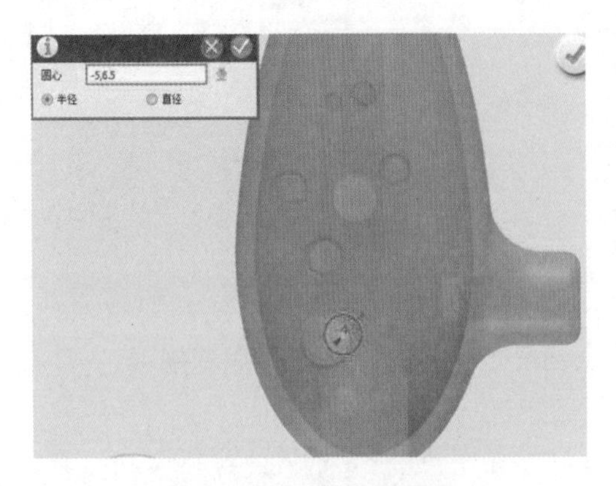

图 4-3-83　绘制圆形 8

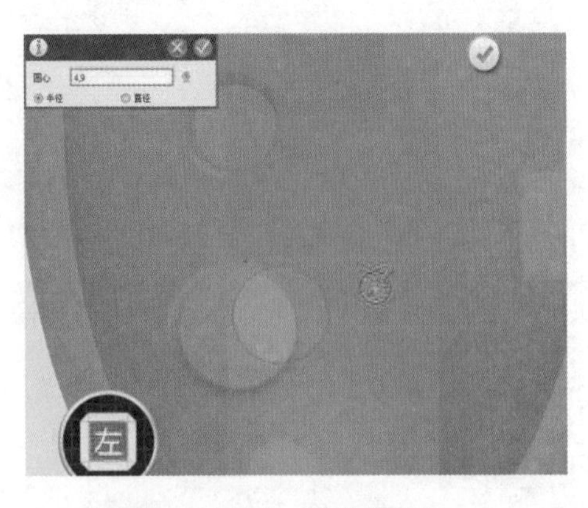

图 4-3-84　绘制圆形 9

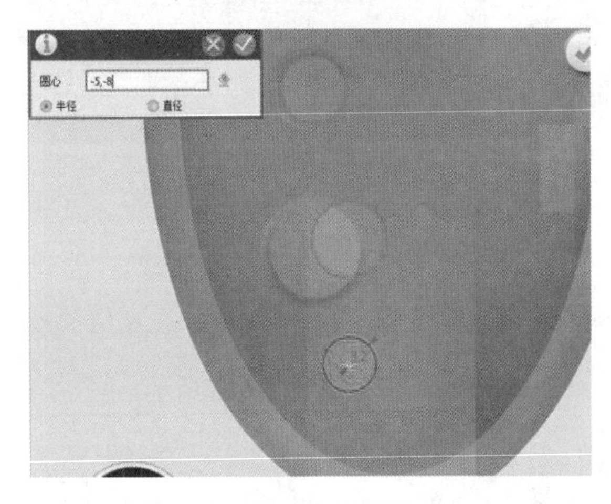

图 4-3-85　绘制圆形 10

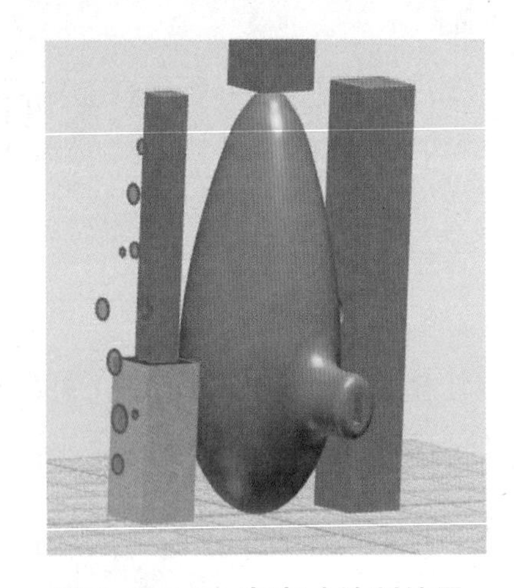

图 4-3-86　发音孔绘制结果

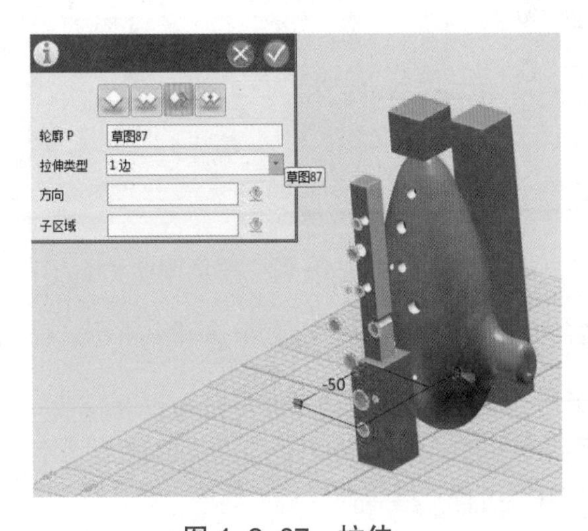

图 4-3-87　拉伸

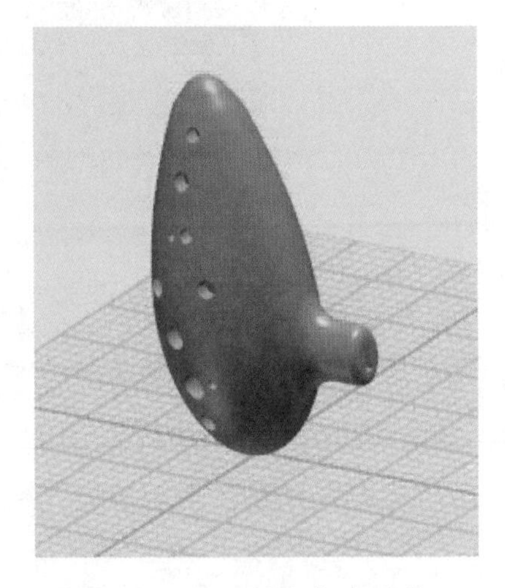

图 4-3-88　删除多余实体

（6）单击特征造型→圆角，打开“圆角”指令对话框，给 10 个圆孔进行圆角操作，单击数值，输入半径为 1 mm，单击完成陶笛正面 10 个音孔的绘制，如图 4-3-89 所示。

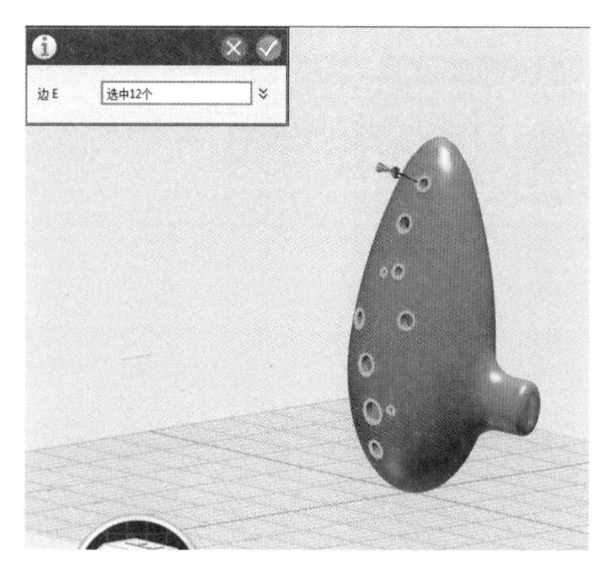

图 4-3-89　倒圆角

（7）完成的 12 孔陶笛初步模型如图 4-3-90 所示；单击渲染着色，给陶笛模型上色，上色后的陶笛模型如图 4-3-91 所示。

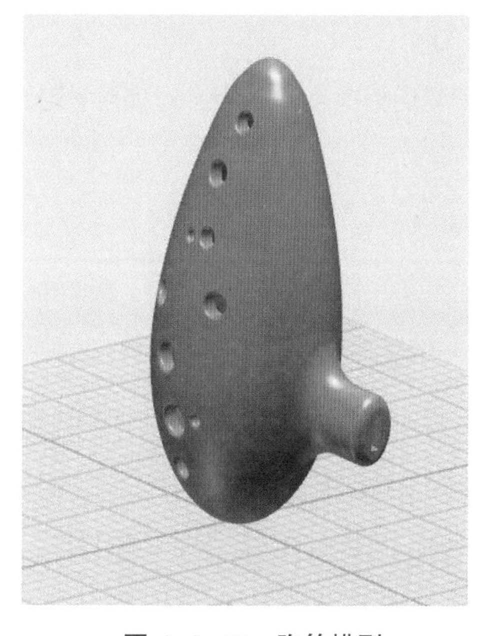

图 4-3-90　陶笛模型

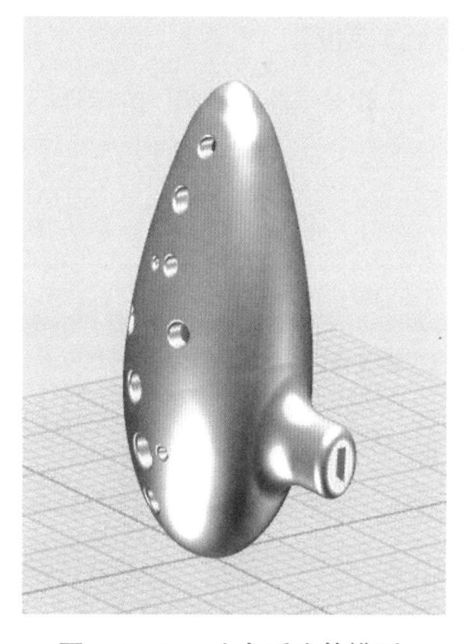

图 4-3-91　上色后陶笛模型

（8）单击保存，打开“保存”指令对话框，将设计好的陶笛 3D 模型进行保存。

实　践

同学们以小组为单位，从以下几种吹奏乐器选项中选择一种，参照“陶笛”的绘制流程，充分发挥小组成员的想象力，自主完成各种吹奏乐器的设计，最后用创客空间的 3D 打印机打印出来，在班级讨论会上进行展示分享。

★ 竖笛

★ 葫芦丝

★ 巴乌

成果交流

各小组运用数字可视化工具，将完成的项目成果，分别在小组和全班展示分享或通过网络将设计作品进行展示、交流与评价。

思　考

通过“吹奏乐器 - 陶笛”的设计，掌握所学的设计技巧后，请同学们思考一下，吹奏乐器有什么特点，其功能和音色有何不同?

活动评价

完成“吹奏乐器 - 陶笛”的设计后，请同学们根据表 4-3-2，对项目学习效果进行评价。

表 4-3-2　活动评价表

评价内容	个人评价	小组评价	教师评价
掌握了融合使用实体分割、实体绘制、草图绘制、草图编辑、特征造型等指令绘制陶笛主体部分	□优 □良 □一般	□优 □良 □一般	□优 □良 □一般
掌握了各个音孔绘制的技巧	□优 □良 □一般	□优 □良 □一般	□优 □良 □一般
能够与同学们交流和分享自己的设计经验	□优 □良 □一般	□优 □良 □一般	□优 □良 □一般

第五章 3D 建模创意设计编程

编程是编写程序的简称，就是让计算机代码解决某个问题，对某个计算体系规定一定的计算方式，使计算体系按照该计算方式运行，并最终得到相应结果的过程。国务院和教育部多次发文提出“在中小学阶段设置人工智能相关课程，逐步推广编程教育”，由此可见“人工智能进学校，编程教育进课堂”已上升为国家战略。本章将通过 3D One 软件提供的积木式图形化编程和 Python 编程工具来学习 3D 建模创意设计的编程，培养同学们的编程思维、计算思维、设计思维和创意思维能力。

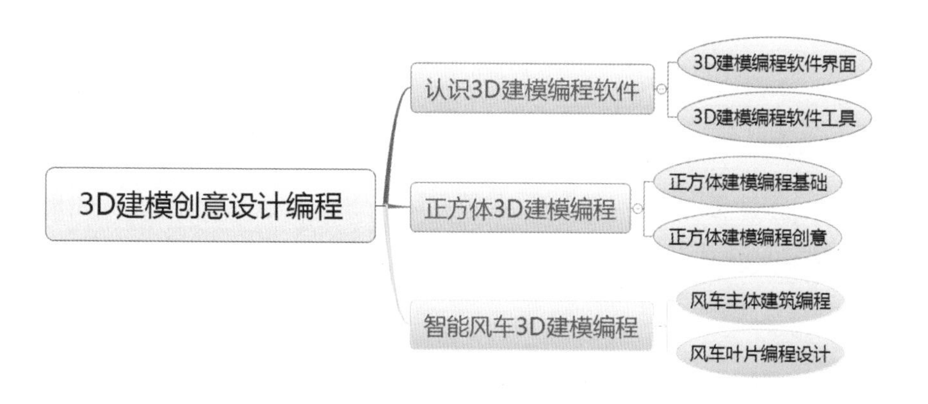

项目一　认识 3D 建模编程软件

情景导入

计算机程序（Computer Program）是一组计算机能识别和执行的指令，是满足人们学习、工作和研究等需求的信息化工具，如图 5-1-1 所示。3D 建模设计编程通过编程来完成 3D 模型的设计。3D One 软件所提供的编程界面有积木式图形化编程和 Python 代码编程两种模块，且两种界面可相互切换。本项目将介绍 3D One 两种编程界面的功能和工具菜单的常用指令。

图 5-1-1　各种编程语言

项目主题

以“认识 3D 建模编程软件”为主题，认识 3D one 积木式软件图形化编程和 Python 编程模块的操作界面和主要菜单的常用操作指令。

项目目标

◆ 了解 3D One 软件积木式图形化编程模块的呈现形式。

◆ 了解 3D One 软件 Python 编程模块的主要功能。

◆ 认识两种编程模块的常用操作指令。

项目探究

根据项目目标要求，开展“认识3D建模编程软件”项目探究活动，如表5-1-1所示。

表 5-1-1　“认识 3D 建模编程软件”项目探究

探究活动	项目探究内容	知识技能
认识 3D 建模编程软件	积木式图形化编程界面简介	认识积木式图形编程模块的编程界面
	Python 编程界面简介	认识 Python 编程模块的编程界面
	工具菜单操作指令	掌握两种编程模块工具菜单操作指令的使用方法

问　　题

◆ 什么是编程？日常生活中哪些地方会用到编程？

◆ 编程 3D 建模与草图 3D 建模相比各有什么特点？

◆ 学习编程具有什么意义？

构思设计

使用 3D One 软件的编程功能，打开积木式图形化编程和 Python 编程模块的操作界面，认识两个编程模块工具菜单的常用操作指令。

项目实施

1．3D 建模编程软件界面简介

3D One 的 3D 建模编程软件是利用积木式图形化编程指令，来完成 3D 建模的工具软件，支持积木式图形化程序和 Python 程序界面一键转换功能，软件下载地址：https://www.i3done.com/online/download.html，下载教育版，安装后打开软件，通过以下操作即可打开 3D 编程界面。

（1）单击 边栏工具→趣味编程：进入趣味编程界面，趣味编程由积木式图形化编程和 Python 代码编程两部分组成。

（2）积木式图形化编程界面的构成如图 5-1-2 所示。

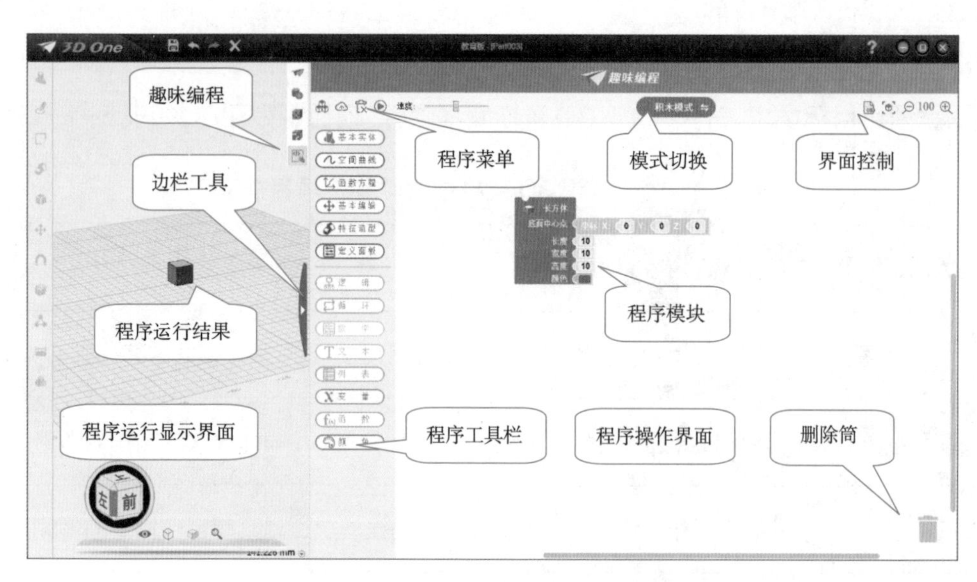

图 5-1-2　积木式图形化编程界面

（3）在积木式图形化编辑界面单击 积木模式 按钮，即可将图形化编程界面转化为 Python 代码编程界面。Python 代码编程界面的构成如图 5-1-3 所示。

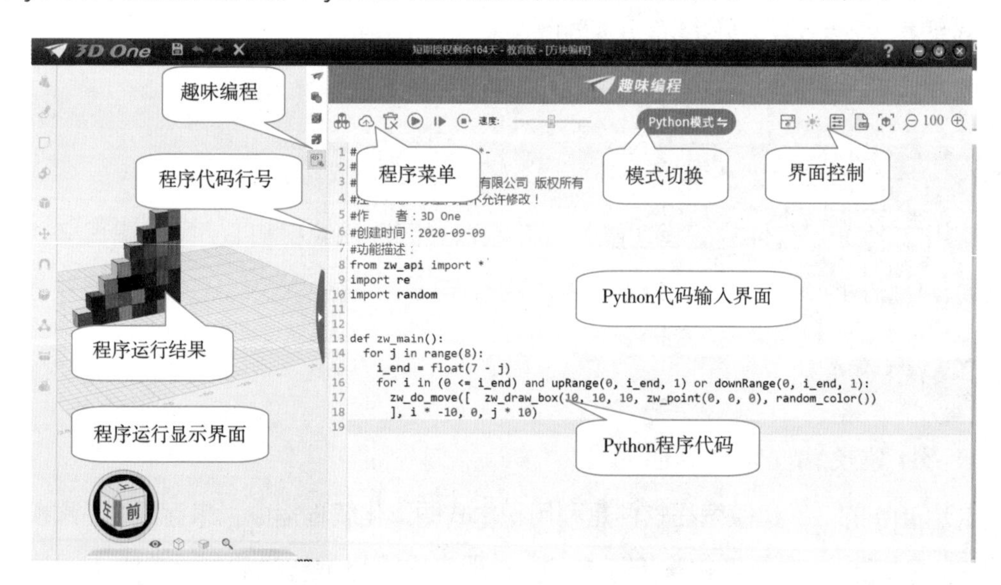

图 5-1-3　Python 代码编程界面

2．3D 建模编程软件工具栏介绍

（1）3D One 建模软件积木式图形化编程界面工具栏有基本实体、空间曲线、函数方程、基本编辑、特征造型、海龟库、定义面板、逻辑、循环、数学、文本、列表、变量、函数、颜色等多个工具，每个工具的详细介绍如表 5-1-2 所示。

表 5-1-2　3D One 建模软件积木式图形化编程界面工具及其功能

图　　标	功　　能
基本实体	绘制长方体、球体、圆环体等基本实体
空间曲线	绘制直线、弧线、圆、椭圆、长方形、正多边形、样条曲线等
函数方程	计算 2D 函数、2D 参数方程和 3D 参数方程
基本编辑	实体的移动、转动、缩放和镜像
特征造型	草图 / 实体编辑，拉伸、旋转、扫掠和组合编辑
海龟库	图形的绘画，绘图速度、设置图标、旋转、移动、绘制文字等
定义面板	自定义功能或命令
逻　辑	模型之间关系的判定，如果…执行…、等于 / 不等于、真 / 假等
循　环	程序中的循环情况，重复执行、重复当 / 重复直到、中断循环等
[illegible]	程序数学计算，包括加减乘除、坐标、三角函数、随机数等
文　本	程序中的文本编辑，包括大小写转换
列　表	程序列表功能，包含创建空列表、建立列表使用、排序等
变　量	创建可变量，在程序中设置变量
函　数	可用于子程序和简化程序
颜　色	实体颜色的设置，包括颜色块、随机颜色、混合颜色和设置颜色

（2）3D One 建模软件 Python 代码编程界面工具栏有样例库、上传保存、清除代码、运行、单步运行、终止、导出动态图、恢复视图、语法库、显示模式、输出 py 文件等多个工具，每个工具的详细介绍如表 5-1-3 所示。

表 5-1-3　3D One 建模软件 Python 代码编程界面工具及其功能

图标	名　称	功　能
	样例库	包含基本形状、文字符号、机械建筑等参数模型
	上传保存	单击按钮直接将运行完成的程序上传到社区空间
	清除代码	清理所有代码及积木块
	运行	运行代码或程序块
	单步运行	运行单步代码或程序块
	终止	停止运行代码或程序块
	导出动态图	导出动态的图片
	恢复视图	视图恢复到原样
	语法库	包含 Python 语言代码和图形化编程模块中的基本实体、空间曲线、基本编辑、特征造型、海龟库、定义面板、文本和颜色代码
	显示模式	包含白天和黑夜两种工作区显示模式
	输出 py 文件	输出 Python 代码文件并保存

实　践

同学们以小组为单位，参照上文 3D One 软件界面和操作工具及其功能介绍，打开 3D One 设计软件，快速了解 3D One 设计软件的操作指令。

成果交流

各小组运用数字可视化工具，根据所学知识制作思维导图或 PPT，分别在小组和全班进行分享、讨论。

思　考

通过 3D One 设计软件的学习，掌握软件的基本操作后，请同学们思考一下，如何通过图形化编程和 Python 代码编程绘制 3D 模型？结合工具栏基本实体工具，尝试绘制生活中常见的一些几何体。

活动评价

完成“3D 建模编辑软件”知识学习，请同学们根据表 5-1-4，对项目学习效果进行评价。

表 5-1-4　活动评价表

评价内容	个人评价	小组评价	教师评价
认识 3D One 建模编程软件操作界面和工具栏每个工具的作用	□优 □良 □一般	□优 □良 □一般	□优 □良 □一般
认识积木式图形化编程界面和 Python 代码编程界面的区别与联系	□优 □良 □一般	□优 □良 □一般	□优 □良 □一般

项目二　正方体 3D 建模编程

情景导入

在超级玛丽闯关游戏中，超级玛丽每次过关后都会爬上高梯然后升起三角旗，仔细观察就会发现超级玛丽的高梯是由很多个大小相同的正方体堆积而成，建模的时候需要不停地重复使用六面体命令，那有什么方法可以简便地完成超级玛丽高梯的建模呢？本项目将通过 3D 建模的图形化编程来快速实现多个彩色正方体 3D 模型的编制，如图 5-2-1 所示。

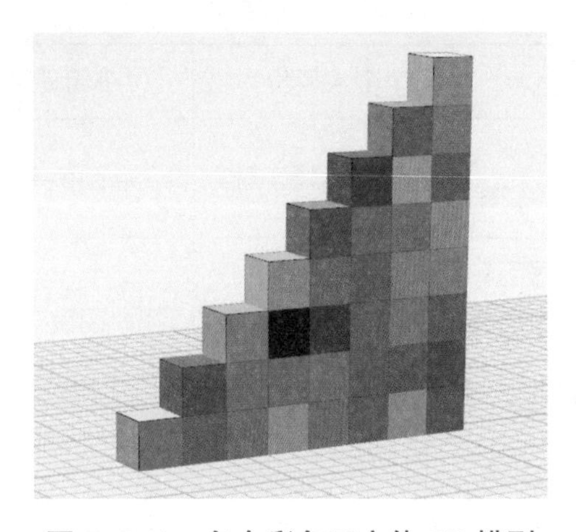

图 5-2-1　多个彩色正方体 3D 模型

项目主题

以“正方体 3D 建模编程”为主题，学习积木式图形化编程软件的基础知识，运用 3D one 趣味编程软件完成正方体 3D 模型的设计与制作，培养同学们的编程思维和计算思维能力，认识长方体、竖向循环、横向循环、移动等程序的设计方法。

正方体 3D 模型图形化编程视频介绍

项目目标

◆ 掌握通过图形化编程进行正方体 3D 建模的方法。

◆ 学会积木式图形化编程软件的常用操作命令。

项目探究

根据项目目标要求，开展“正方体 3D 建模编程”项目探究活动，如表 5-2-1 所示。

表 5-2-1　“正方体 3D 建模编程”项目探究

探究活动	项目探究内容	知识技能
正方体 3D 建模编程	正方体图形化编程用到的工具	掌握图形化编程常用工具
	单个正方体 3D 建模编程	掌握图形化编程绘图的方法
	多个正方体叠加编程	掌握循环程序图形化编程工具的使用

问　题

◆ 多个正方体叠加编程，采用草图 3D 建模和图形化编程 3D 建模哪种方法更便捷?

◆ 对照图形化 3D 建模编程语句，你能否读懂 Python 编程语句的含义？

构思设计

使用 3D One 积木式图形化编程软件设计一个正方体模型，最后完成多层正方体的叠加；在设计过程中需要用到长方体、竖向循环、横向循环、移动等工具。

项目实施

1．正方体建模编程

（1）正方体建模：单击 基本实体 → 长方体，导入长方体程序，修改长方体的程序数据，每修改完一个程序数据都要按下【Enter】键确认；单击 颜色 → 随机颜色：导入随机颜色程序，单击抓取随机颜色程序嵌入长方体颜色块中，单击运行程序，软件工作区显示出长方体模型数据，如图 5-2-2 所示；长方形程序数据如图 5-2-3 所示。

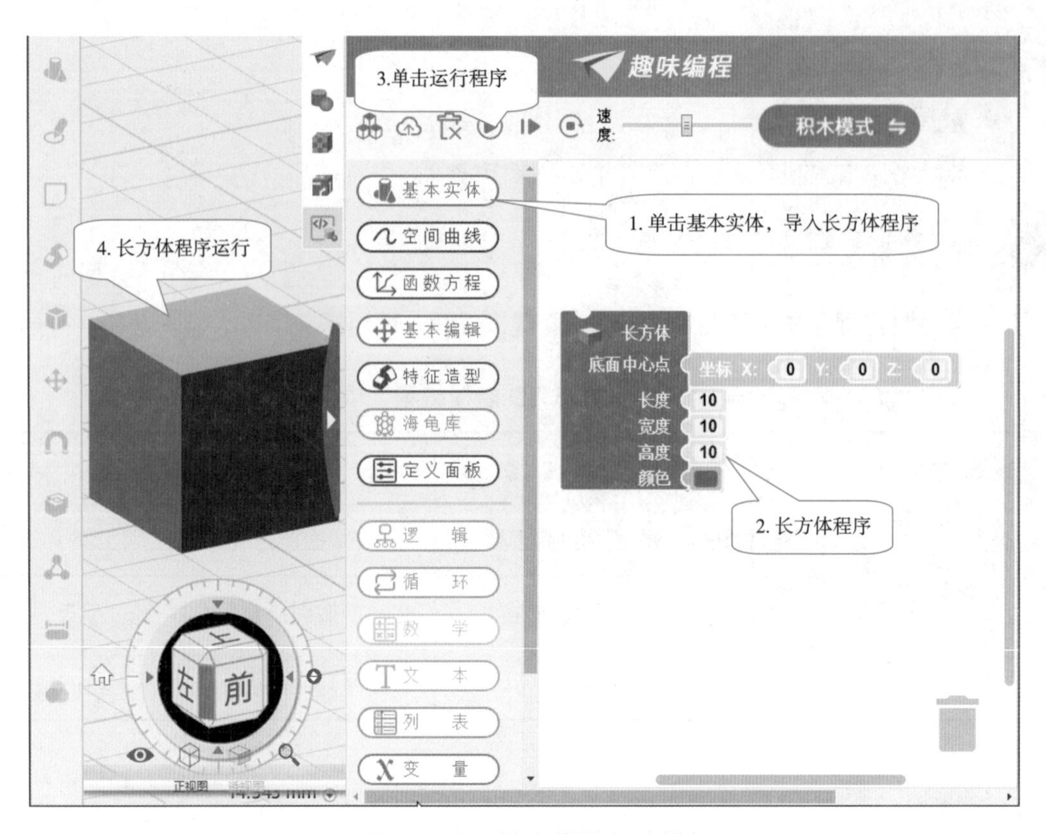

图 5-2-2　长方体编程建模

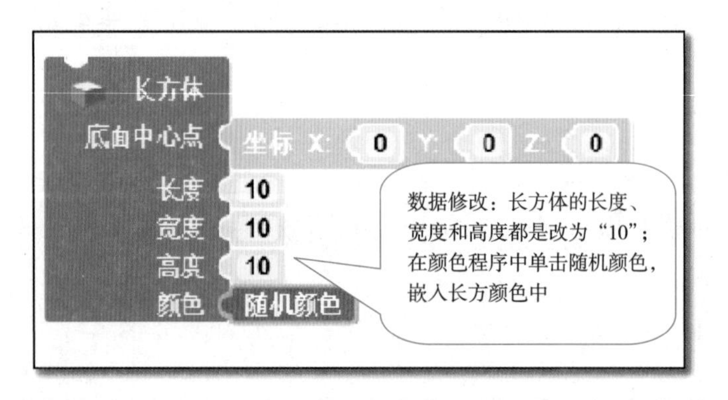

图 5-2-3　长方体建模程序数据

（2）竖向循环程序：单击（循环）→ 使用 n 从范围 1 到 10 每隔 1，导入循环模块，单击抓取长方体形程序，嵌入于循环程序内部，修改循环数据，单击运行长方体程序，循环程序设计如图 5-2-4 所示；循环数据设置如图 5-2-5 所示，8 个正方体在同一位置建模。

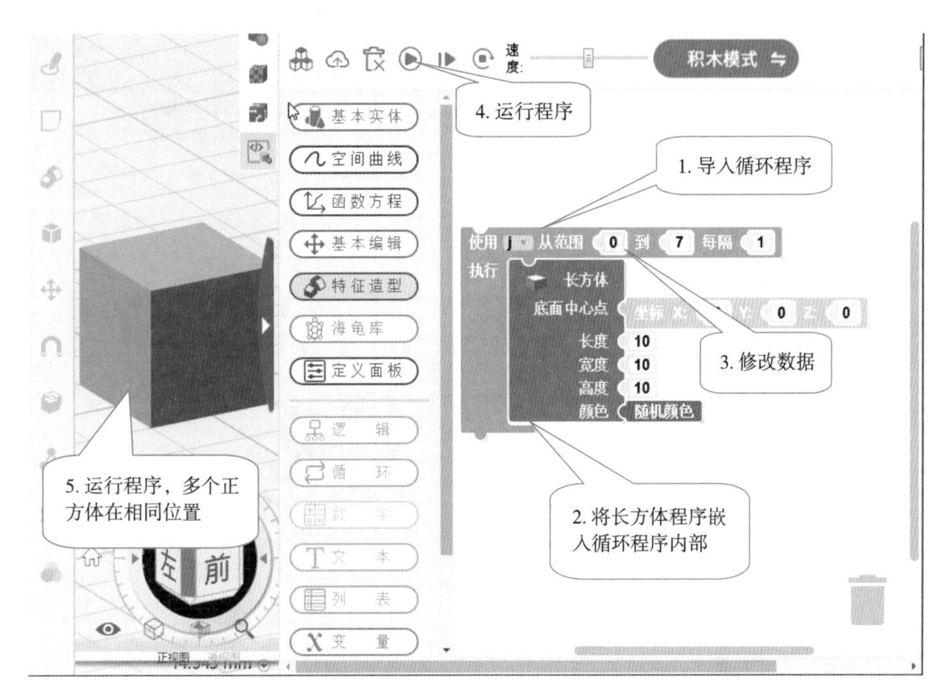

图 5-2-4　循环程序设计

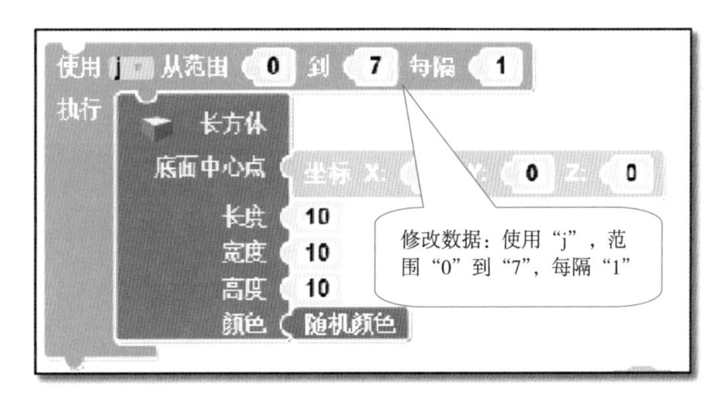

图 5-2-5　循环数据参数设置

（3）横向循环程序：同样导入“i”循环模块，单击抓取长方体脱离“j”循环，然后将刚导入的循环嵌入到“j”循环中，单击运行程序，横向循环程序设计如图 5-2-6 所示。

（4）单击 → 导入数学运算程序，单击抓取程序，嵌入到循环程序中；单击 → ，导入变量程序，单击抓取程序，嵌入到数学运算程序中，数学计算和变量程序如图 5-2-7 所示；修改程序数据设置，如图 5-2-8 所示。

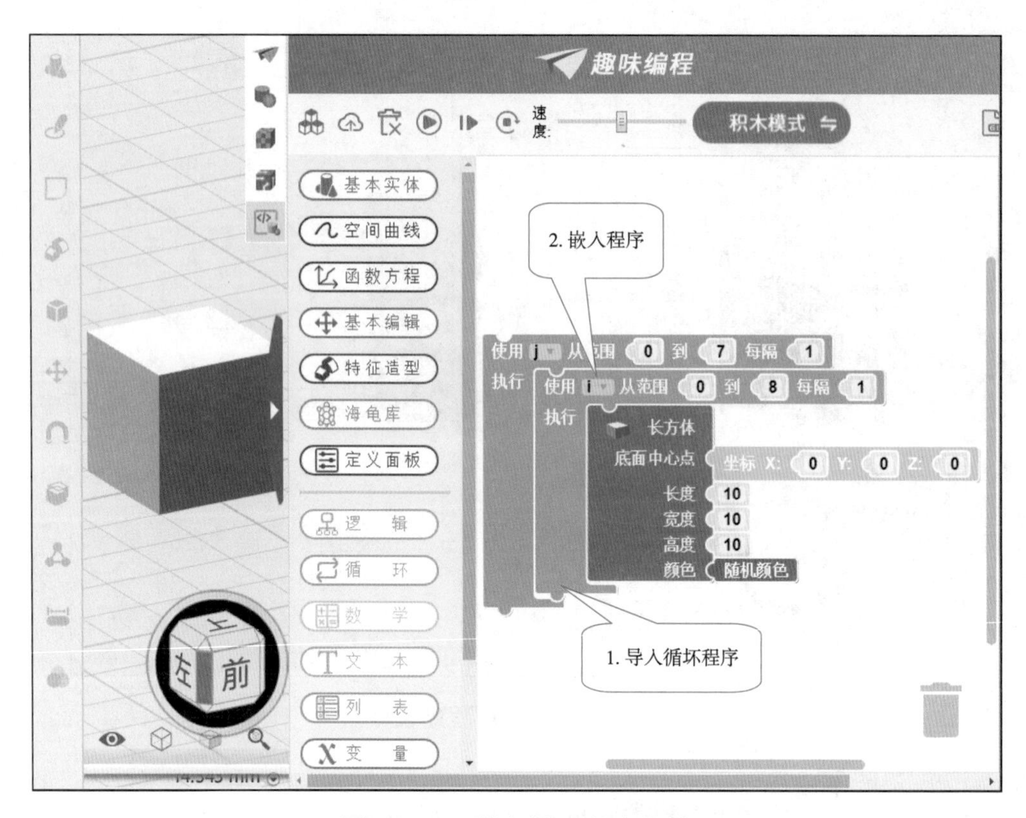

图 5-2-6 横向循环程序设计

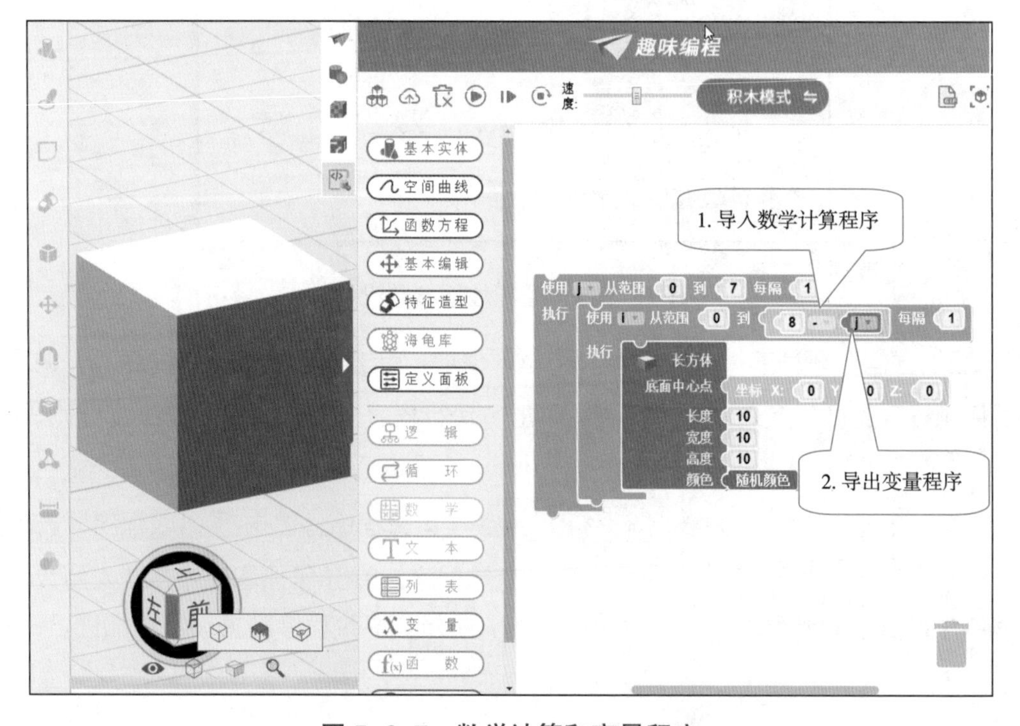

图 5-2-7 数学计算和变量程序

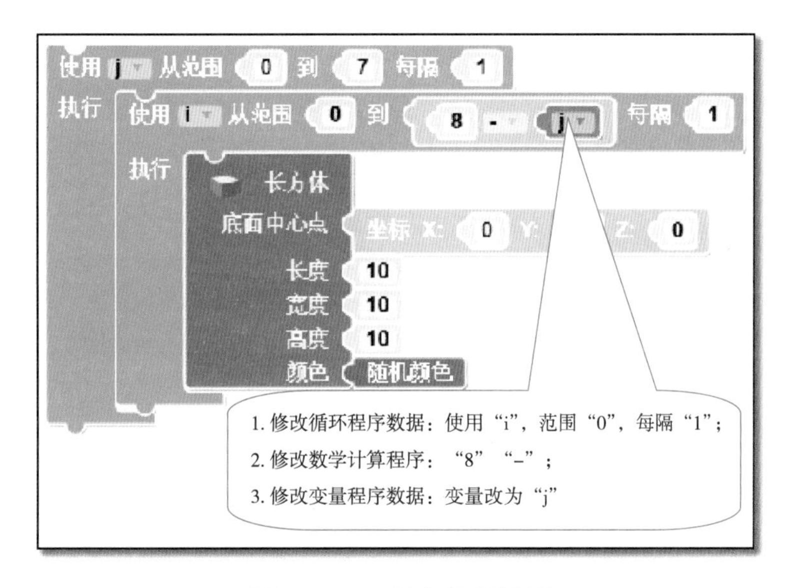

图 5-2-8　程序数据设置

2．正方体建模编程创意设计

（1）移动正方形：单击 基本编辑 → 移动，导入移动程序，并将其嵌入到“i”循环中，然后将长方体程序嵌入到移动程序中，移动程序设置如图 5-2-9 所示。

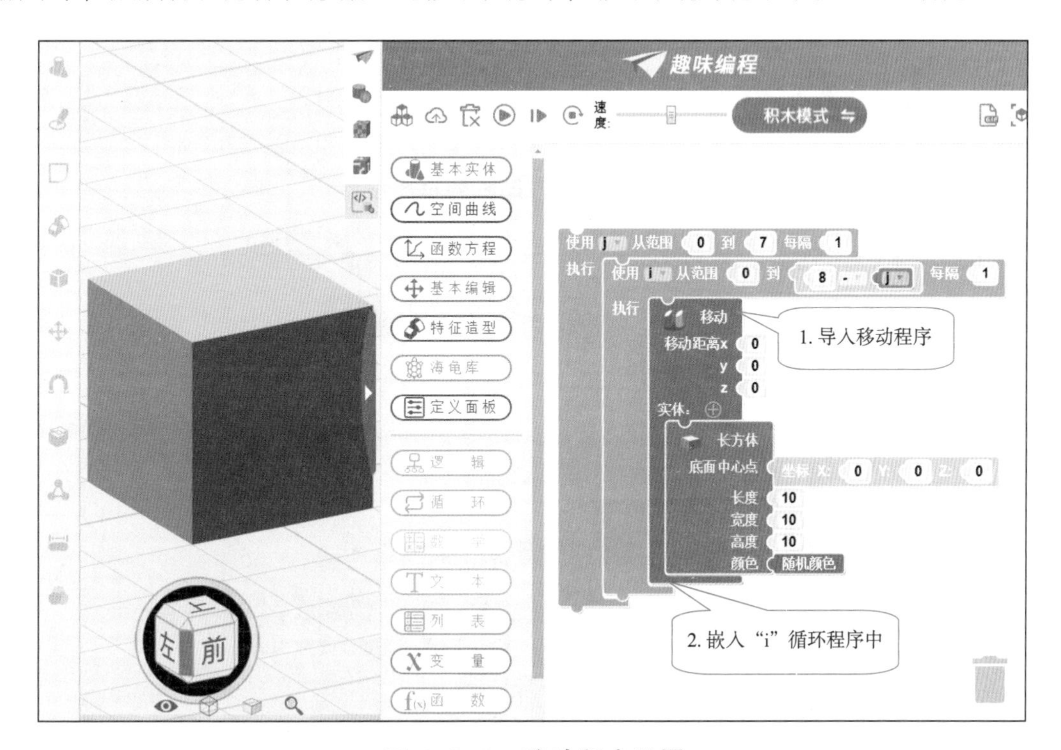

图 5-2-9　移动程序设置

（2）单击 数学 → 1 + 1 导入两个数学运算程序，单击抓取程序，分别嵌入到移动程序中的 X 和 Z；单击 变量 → i ；导入两个变量程序，单击抓取变量程序，分别嵌入到数学运算程序中，单击运行程序，通过图形化编程完成的正方体阵列如图 5-2-10 所示；修改程序数据参数设置，如图 5-2-11 所示。

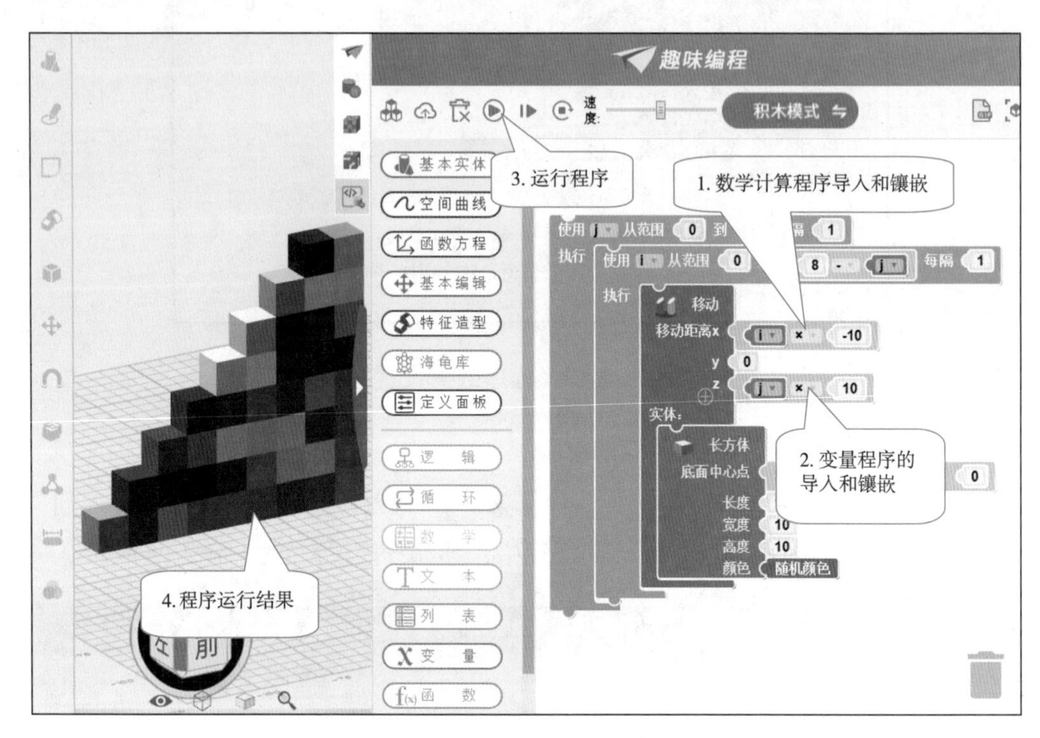

图 5-2-10　正方体阵列程序设计

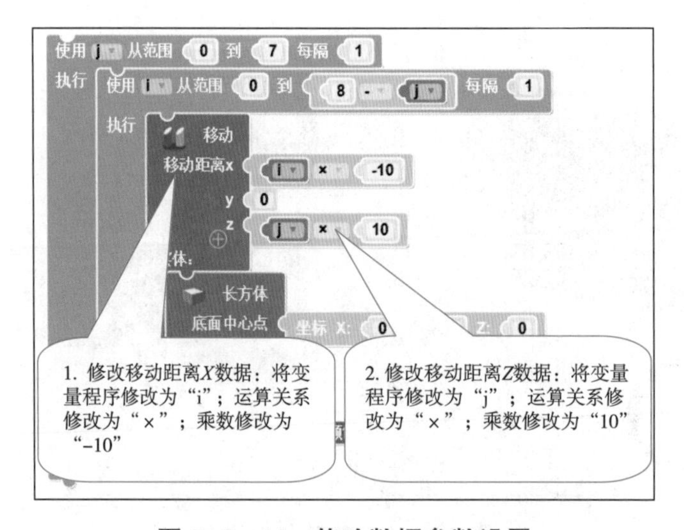

图 5-2- 11　修改数据参数设置

（3）在积木图形化编程模式下单击保存，打开保存指令，将完成正方体编程的3D 程序模型进行保存操作，文件名为立方体编程 .Z1。

（4）在积木图形化编程模式下单击 积木模式 转换为 Python模式 图标，编程界面转换为 Python 代码程序编程界面，单击 运行 Python 程序，最后得到一个8 层递增的立方体阵列模型，阵列方立体建模 Python 编程程序代码如图 5-2-12 所示。

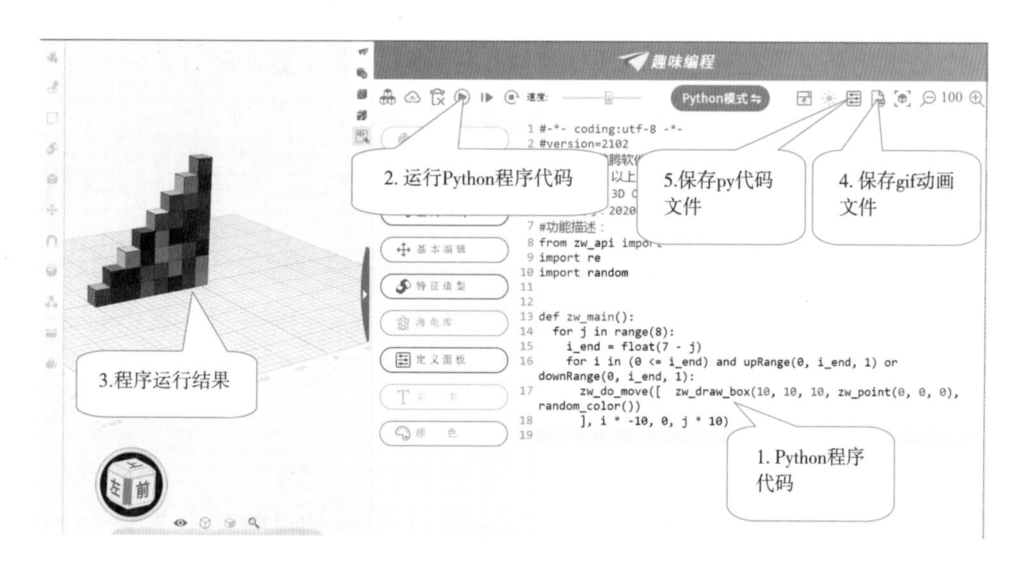

图 5-2-12　阵列方立体建模 Python 编程程序代码

（5）生成 .gif 动画文件：在 Python 编程模式下单击图标，生成 Python 程序运行过程的 .gif 动画文件，如图 5-2-13 所示。保存的文件为立方体编程 .gif。

图 5-2-13　生成 gif 动画文件过程

（6）保存 Python 代码文件：在 Python 编程模式下单击图标，打开 Python 保存指令对话框，将完成的正方体 Python 编程的 3D 模型保存为 .py 格式文件，文件名为立方体编程 .py。

实　践

同学们以小组为单位，参照上文中 3D One 软件界面和操作工具按钮的介绍，打开 3D One 设计软件，快速了解 3D One 积木式图形化编程界面和 Python 代码编程界面的操作指令。

成果交流

各小组运用数字可视化工具，根据所学知识制作思维导图或 PPT，分别在小组和全班进行分享、讨论。

思　考

通过 3D One 软件积木式图形化编程和 Python 代码编程的学习，掌握软件的基本操作后，请同学们思考一下，3D 模型如何编程？尝试对日常生活中常见的一些几何体进行编程建模。

活动评价

完成“正方体 3D 编程建模”的知识学习后，请同学们根据表 5-2-2，对项目学习效果进行评价。

表 5-2-2　活动评价表

评价内容	个人评价	小组评价	教师评价
编制正方体图形化编程用到的工具	□优 □良 □一般	□优 □良 □一般	□优 □良 □一般
单个正方体 3D 建模编程	□优 □良 □一般	□优 □良 □一般	□优 □良 □一般
多个正方体叠加编程	□优 □良 □一般	□优 □良 □一般	□优 □良 □一般

项目三 智能风车 3D 建模编程

情景导入

风车是荷兰著名的特色风景之一，人们给风车配上活动的顶篷，又把风车的顶篷安装在滚轮上，这种风车在荷兰的围海造陆工程中发挥了巨大的作用，荷兰风车如图 5-3-1 所示。同学们有没有想到自己设计一个智能风车？本项目将通过 3D 建模的积木式图形化编程和 Python 代码编程来快速实现智能风车 3D 建模编程，如图 5-3-2 所示。

图 5-3-1 常见的荷兰风车

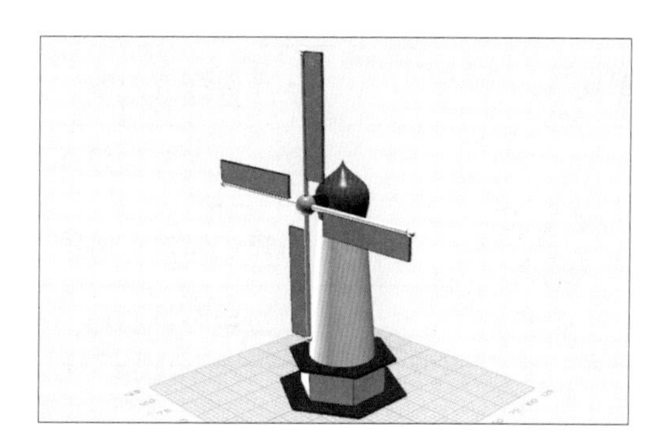

图 5-3-2 通过编程完成的智能风车模型

项目主题

以“智能风车 3D 建模编程”为主题，学习积木式图形化编程软件和 Python 代码编程的基础知识，运用 3D one 趣味编程软件完成项目“智能风车 3D 建模编程”的设计与制作，培养学生的编程思维和计算思维能力，认识正多边形、拉伸、圆锥体、样条曲线、旋转、圆柱体、转动、移动、组合编辑、球体、长方体等程序的设计方法。

智能风车模型图形化编程视频介绍

项目目标

◆ 了解 3D One 设计软件积木式图形化编程和 Python 代码编程进行 3D 建模的方法。

◆ 认识软件积木式图形化编程和 Python 代码编程的常用操作命令。

项目探究

根据项目目标要求，开展“智能风车 3D 建模编程”项目探究活动，如表 5-3-1 所示。

表 5-3-1 “智能风车 3D 建模编程”项目探究

探究活动	项目探究内容	知识技能
智能风车 3D 建模编程	趣味编程界面简介	认识趣味编程的编程界面
	风车主体建筑编程	掌握趣味编程绘图的方法
	风车叶片编程	掌握指令程序的使用操作

问　题

◆ 积木式图形化编程与 Python 代码编程各有什么特点?

◆ 学习积木式图形化编程和 Python 代码编程具有什么意义?

构思设计

使用 3D One 趣味编程软件设计一个风车模型，大小尺寸为长 220 mm× 宽 120 mm× 高 280 mm；在设计过程中，需要用到正多边形、拉伸、圆锥体、样条曲线、旋转、圆柱体、转动、移动、组合编辑、球体、长方体等程序。

项目实施

1. 风车主体建筑编程

（1）单击 空间曲线 → 正多边形 ，导入正多边形程序，修改正多边形程序数据，单击运行正多边形程序，形成风车底座草图，如图 5-3-3 所示；正多边形程序数据，如图 5-3-4 所示。

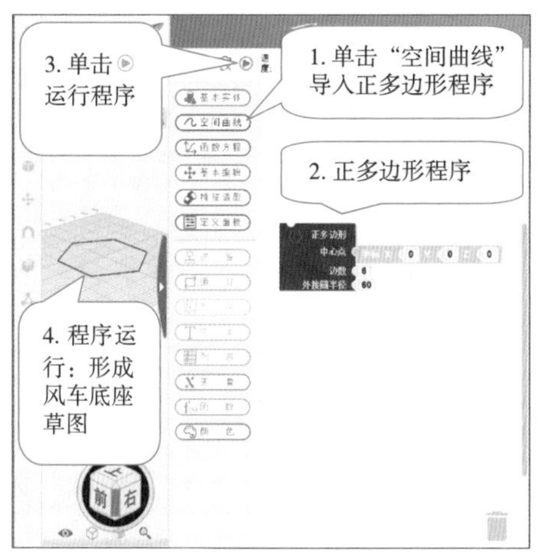

图 5-3-3 正多边形程序

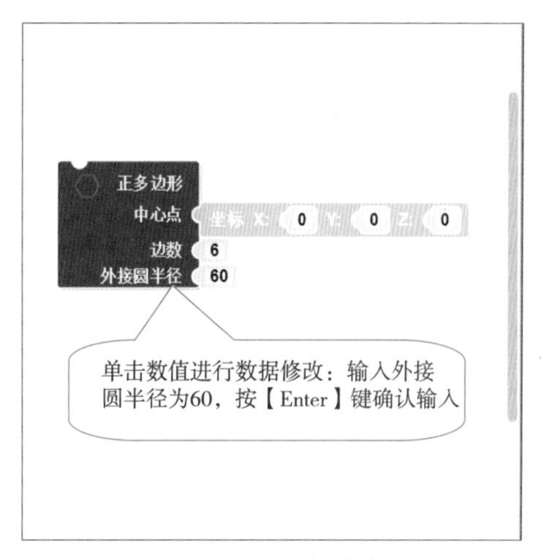

图 5-3-4 程序数据

（2）单击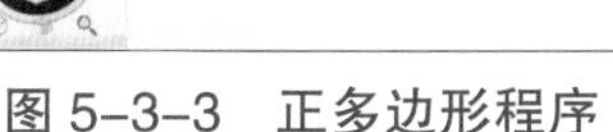，导入拉伸程序，单击抓取正多边形程序，嵌入于拉伸程序内部，修改程序数据，单击▶运行底座草图拉伸程序，形成风车基底结构，如图 5-3-5 所示；拉伸程序数据，如图 5-3-6 所示

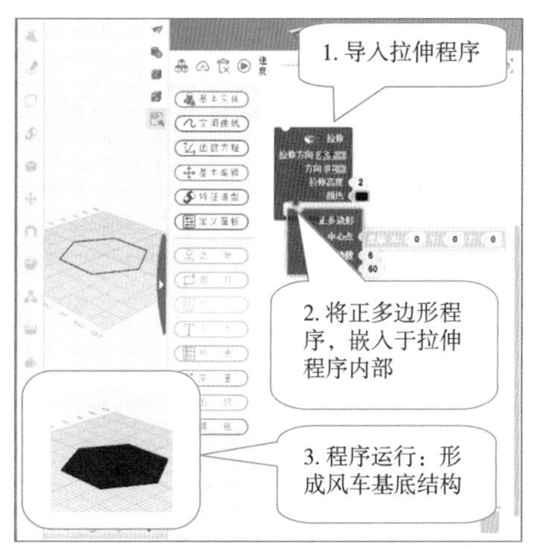

图 5-3-5 拉伸程序

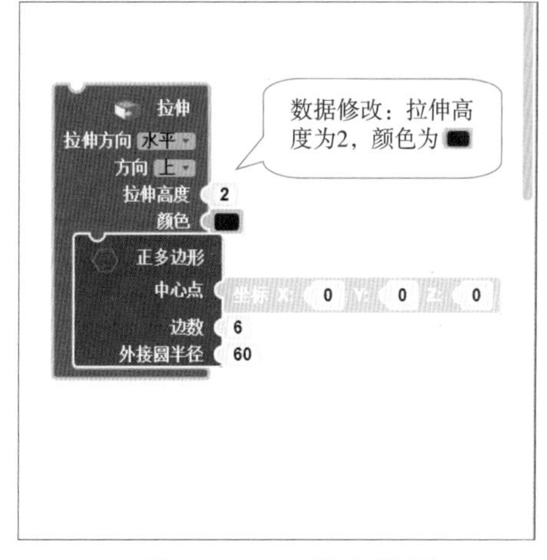

图 5-3-6 程序数据

（3）复制程序：选择基底结构程序，先后按【Ctrl+C】组合键、【Ctrl+V】组合键完成程序的复制、粘贴操作，修改复制程序数据，单击▶运行指令，形成风车第一层结构，如图 5-3-7 所示；风车第一层结构程序数据，如图 5-3-8 所示。

（4）同理复制修改，形成风车第一层房顶程序，如图 5-3-9 所示；程序数据修改，如图 5-3-10 所示。

（5）单击（基本实体）→圆锥体，导入圆锥体程序，修改程序数据，单击▶运行圆锥体程序，形成风车第二层结构，如图 5-3-11 所示；圆锥程序数据，如图 5-3-12 所示。

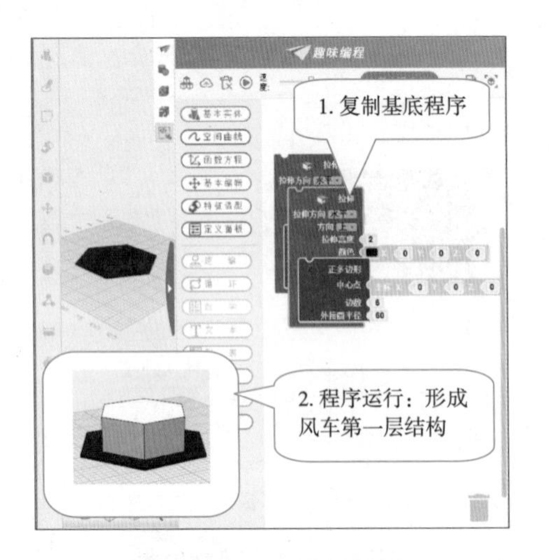

图 5-3-7　程序复制

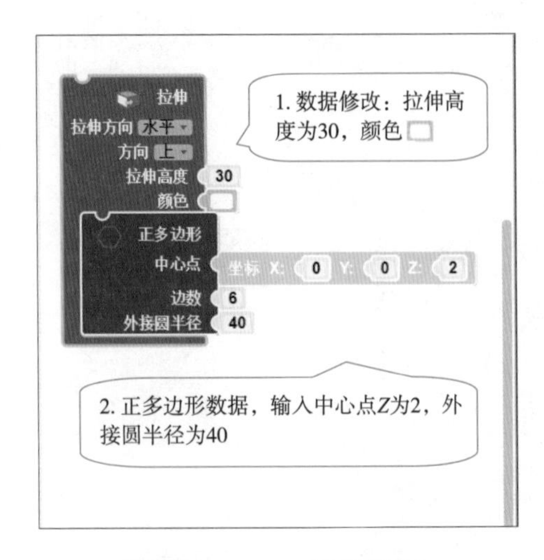

图 5-3-8　程序数据

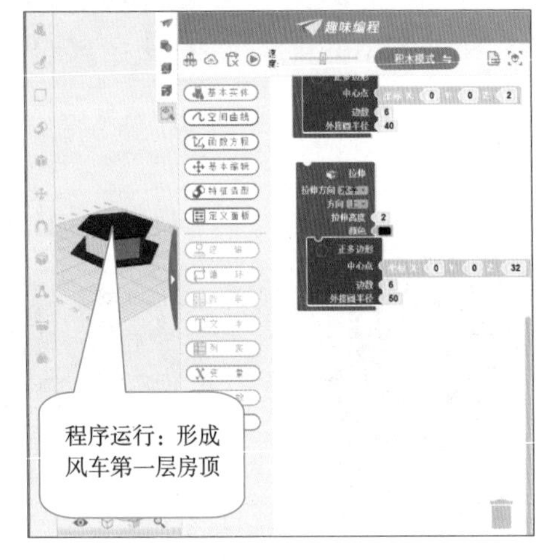

图 5-3-9　拉伸六面体程序

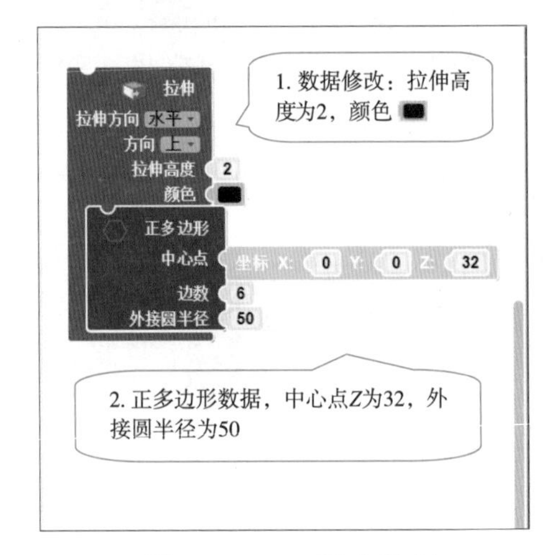

图 5-3-10　程序数据

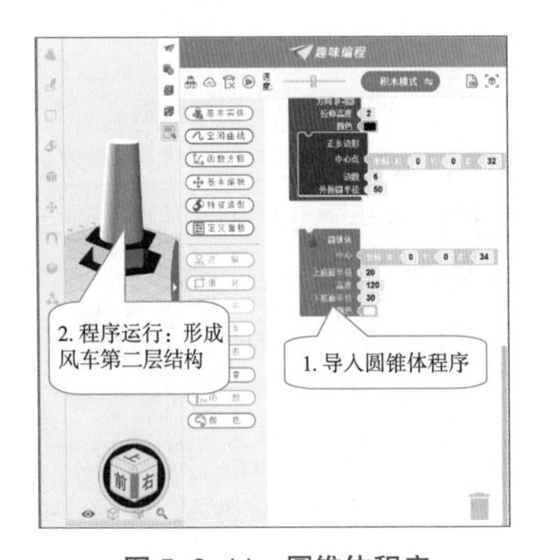

图 5-3-11　圆锥体程序

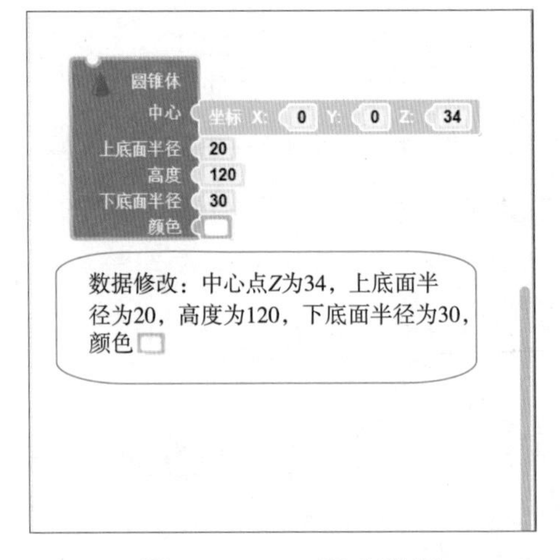

图 5-3-12　程序数据

（6）单击（空间曲线）→（样条曲线），导入样条曲线程序，修改程序数据，单击运行样条曲线程序，形成风车顶层草图，如图 5-3-13 所示；样条曲线程序数据，如图 5-3-14 所示。

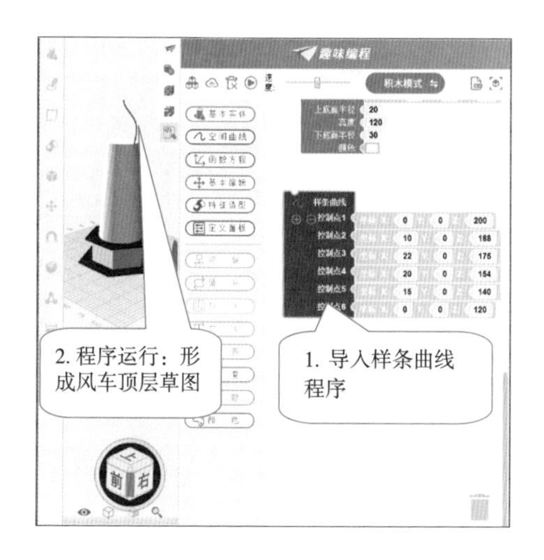

图 5-3-13　样条曲线程序

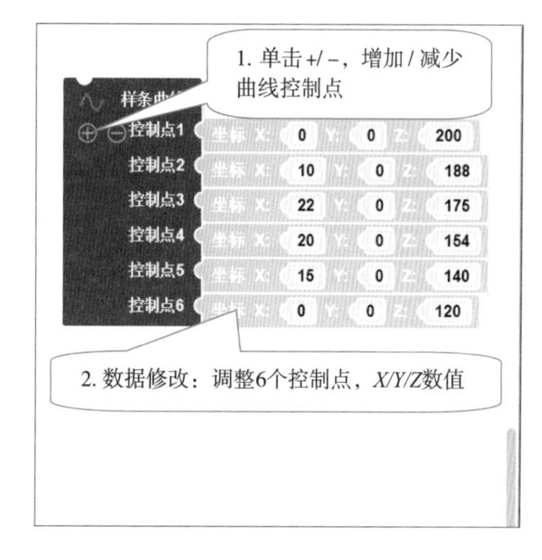

图 5-3-14　程序数据

（7）单击（特征造型）→（旋转），导入旋转程序，抓取样条曲线程序，嵌入于旋转程序内部，修改程序数据，单击运行旋转程序，形成风车顶部结构，如图 5-3-15 所示；旋转程序数据，如图 5-3-16 所示

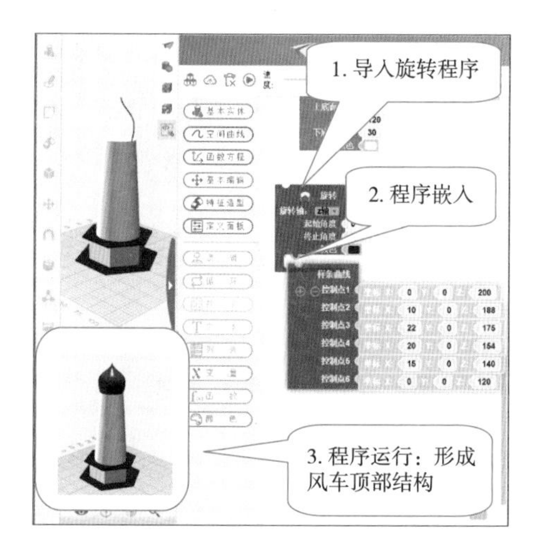

图 5-3-15　旋转程序

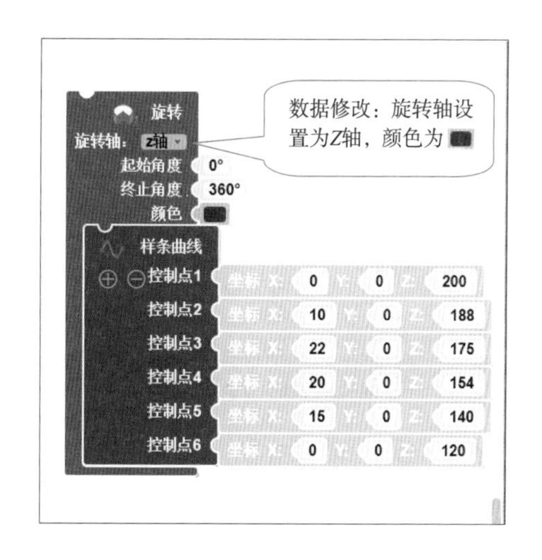

图 5-3-16　程序数据

（8）单击（基本实体）→（圆柱体），导入圆柱体程序，修改程序数据，单击运行圆柱体程序，形成风车旋转连接轴，如图 5-3-17 所示；圆柱体程序数据，如图 5-3-18 所示。

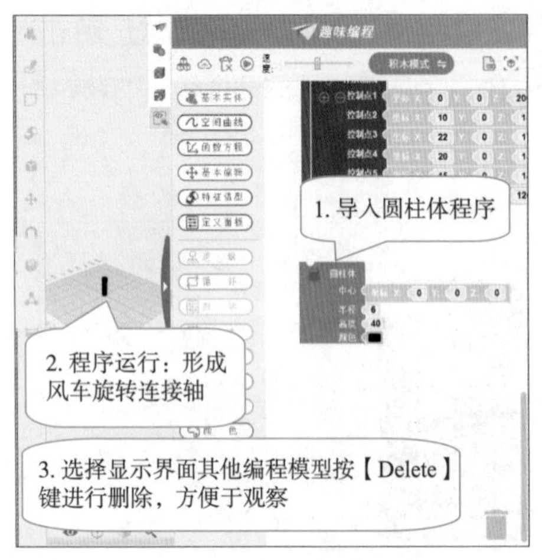

图 5-3-17　圆柱体程序

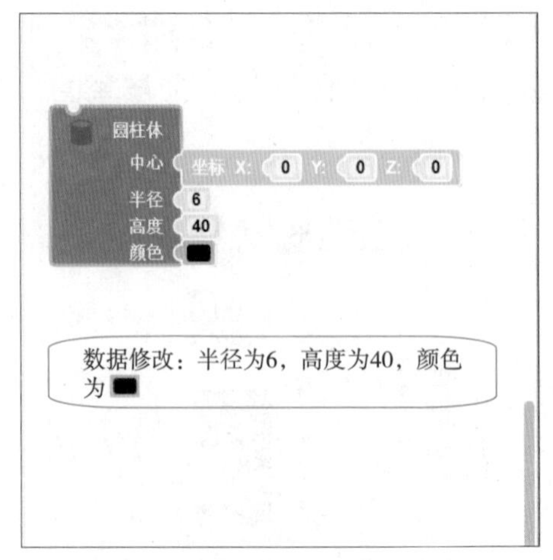

图 5-3-18　程序数据

（9）单击基本编辑→转动，导入转动程序，抓取圆柱体程序，嵌入于转动程序内部，修改程序数据，单击运行转动程序，转动旋转轴，如图 5-3-19 所示；转动程序数据，如图 5-3-20 所示。

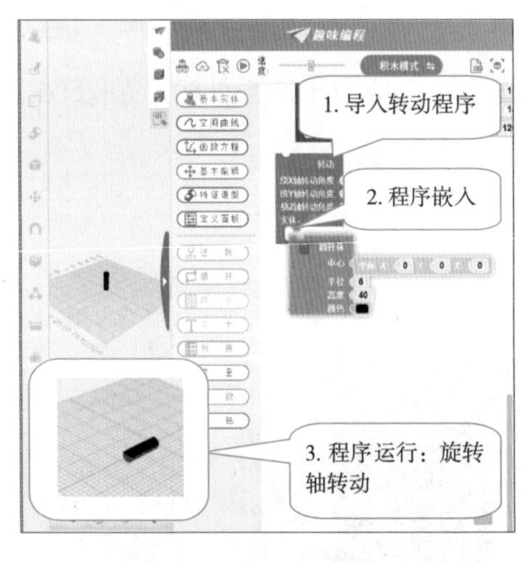

图 5-3-19　转动程序

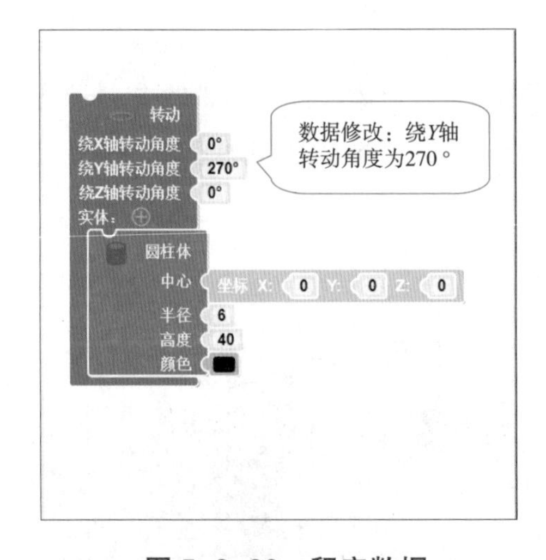

图 5-3-20　程序数据

（10）单击基本编辑→移动，导入移动程序，抓取转动程序，嵌入于移动程序内部，修改程序数据，单击运行移动程序，移动旋转轴，如图 5-3-21 所示；移动程序数据，如图 5-3-22 所示

（11）单击特征造型→组合编辑，导入组合编辑程序，抓取风车所有程序，嵌入于组合编辑程序内部，修改程序数据，单击运行风车主体合并程序，如图 5-3-23 所示；组合编辑程序数据，如图 5-3-24 所示。

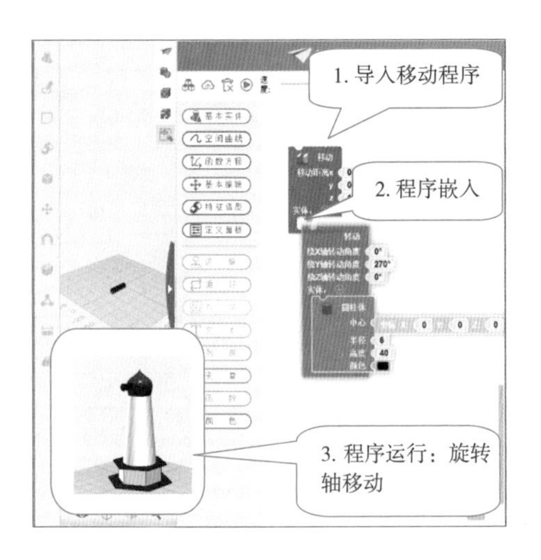

图 5-3-21　移动程序

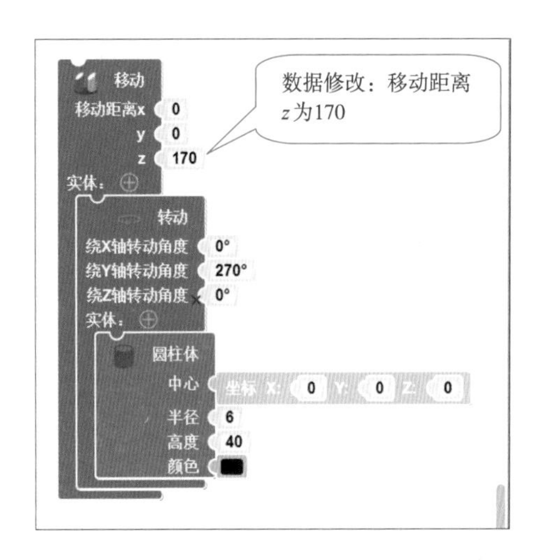

图 5-3-22　程序数据

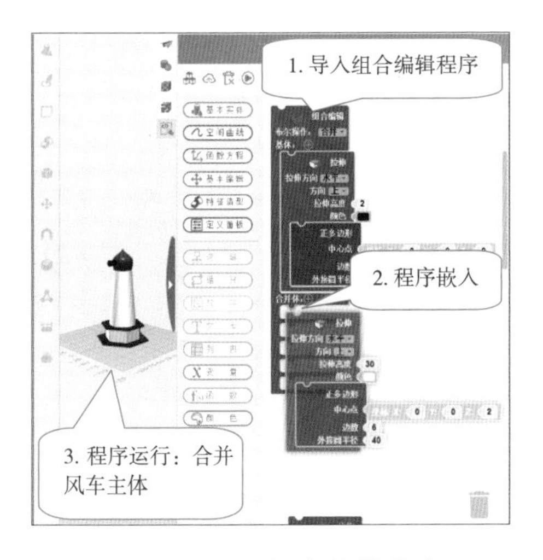

图 5-3-23　组合编辑程序

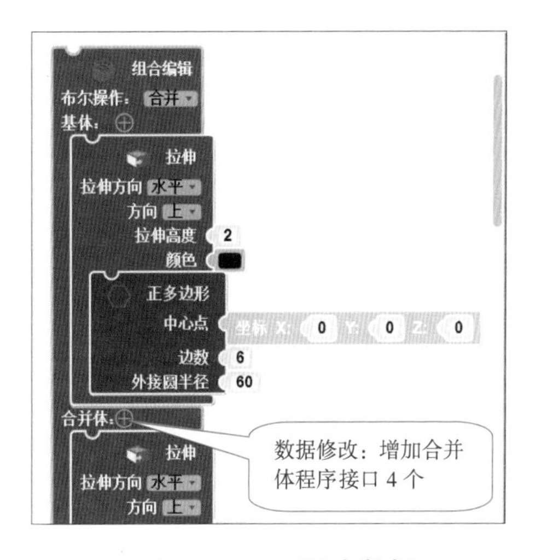

图 5-3-24　程序数据

2．风车叶片编程

（1）单击基本实体→圆柱体 球体 长方体，导入圆柱体、球体、长方体程序，修改程序数据，单击运行柱体、球体、长方体程序，形成风车叶片结构，如图 5-3-25 所示；圆柱体、球体、长方体程序数据，如图 5-3-26 所示。

（2）单击特征造型→组合编辑，导入组合编辑程序，抓取风车叶片所有程序，嵌入于组合编辑程序内部，修改程序数据，单击运行风车叶片合并程序，如图 5-3-27 所示；组合编辑程序数据，如图 5-3-28 所示。

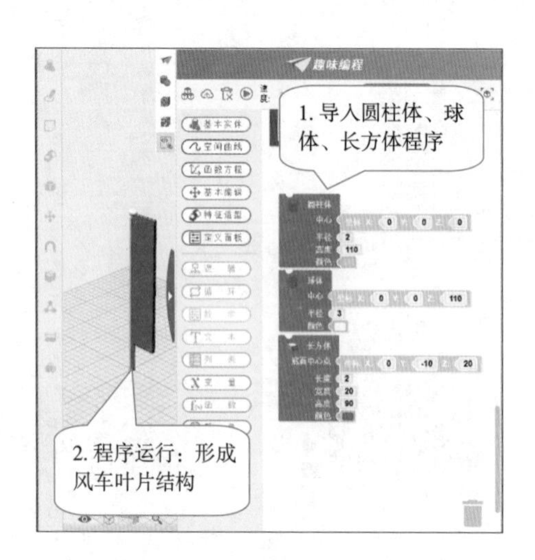

图 5-3-25　基本实体程序

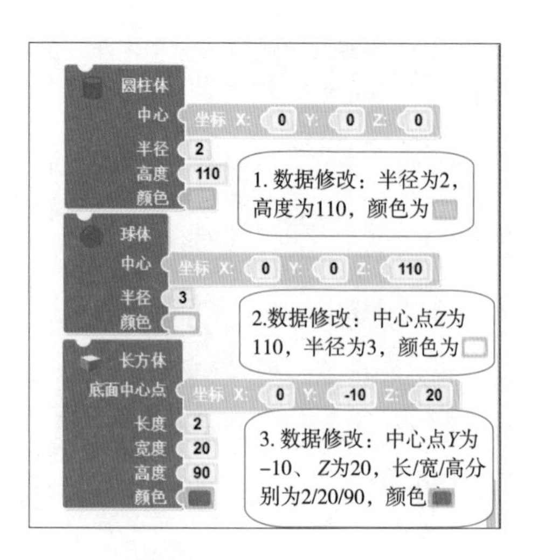

图 5-3-26　程序数据

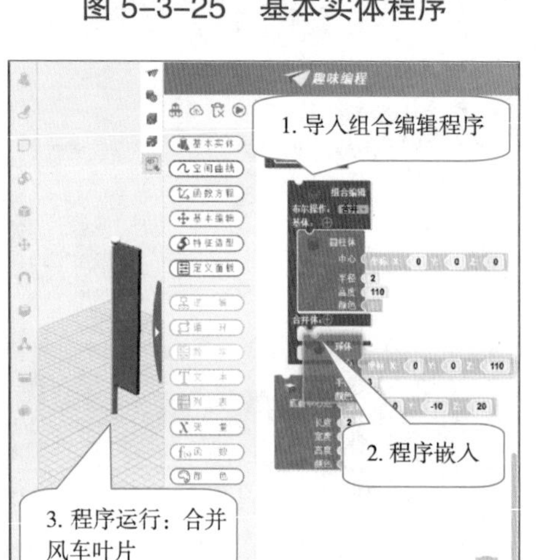

图 5-3-27　组合编辑程序

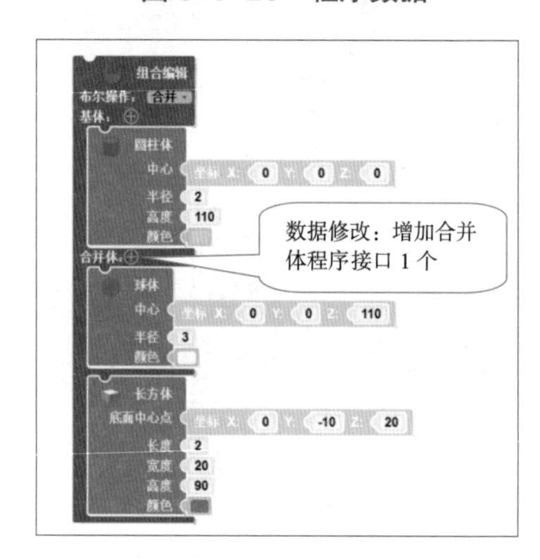

图 5-3-28　程序数据

（3）复制程序：选择风车叶片程序，先后按【Ctrl+C】组合键、【Ctrl+V】组合键完成 4 个风车叶片程序的复制、粘贴操作，如图 5-3-29 所示。

（4）单击基本编辑→转动，导入转动程序，分别抓取 3 个风车叶片程序，嵌入于转动程序内部，修改程序数据，单击运行转动程序，形成风扇叶 4 个方向分布效果，如图 5-3-29 所示；转动程序数据，如图 5-3-30 所示。

（5）单击基本实体→球体，导入球体程序，修改程序数据，单击运行球体程序，形成风车叶片链接体，如图 5-3-31 所示；球体程序数据，如图 5-3-32 所示。

（6）单击特征造型→组合编辑，导入组合编辑程序，抓取转动风车叶片以及链接体程序，嵌入于组合编辑程序内部，修改程序数据，单击运行风车叶片合并程序，如图 5-3-33 所示；组合编辑程序数据，如图 5-3-34 所示。

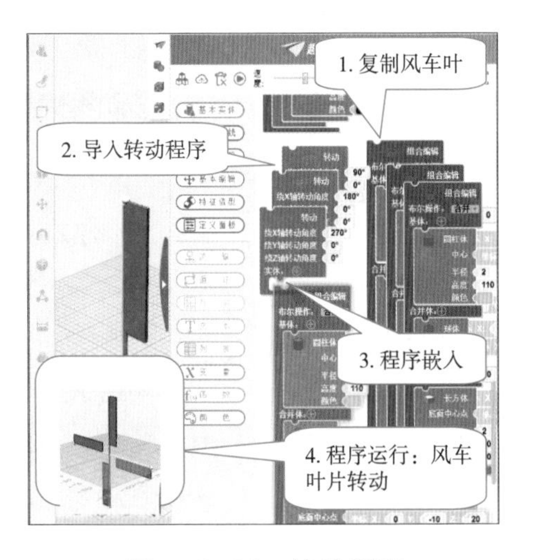

图 5-3-29　转动程序

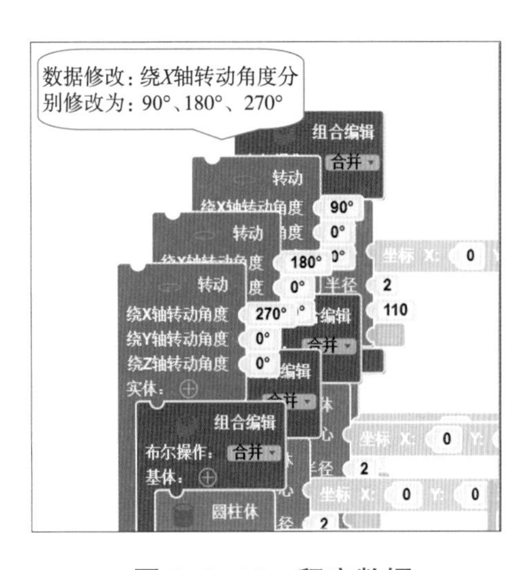

图 5-3-30　程序数据

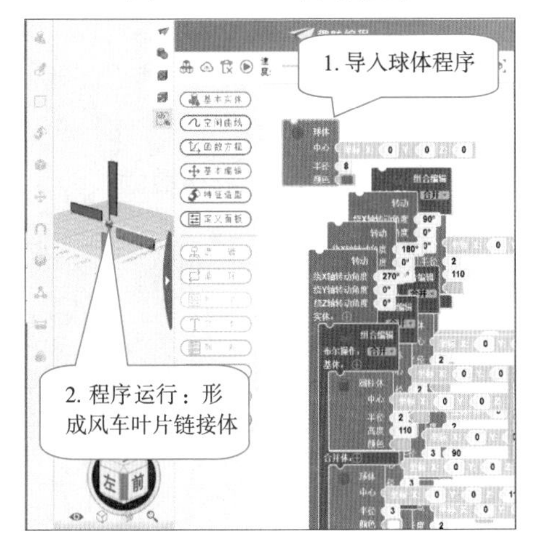

图 5-3-31　球体程序

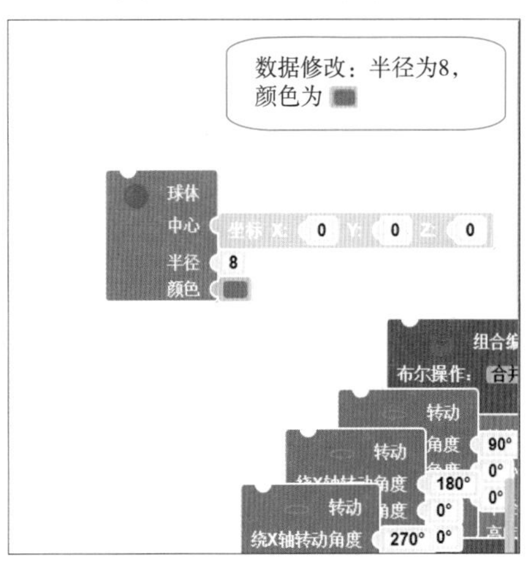

图 5-3-32　程序数据

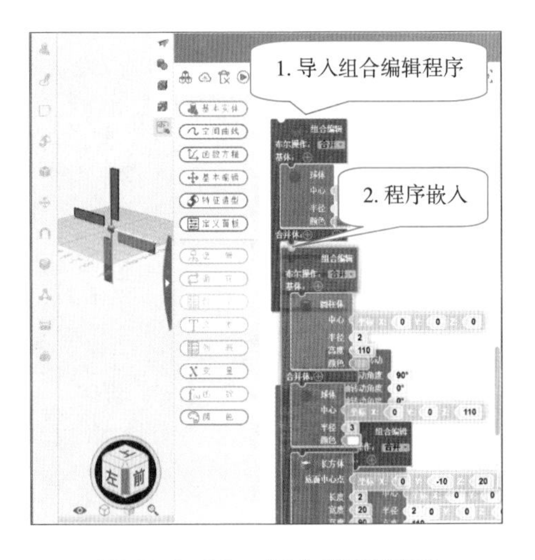

图 5-3-33　组合编辑程序

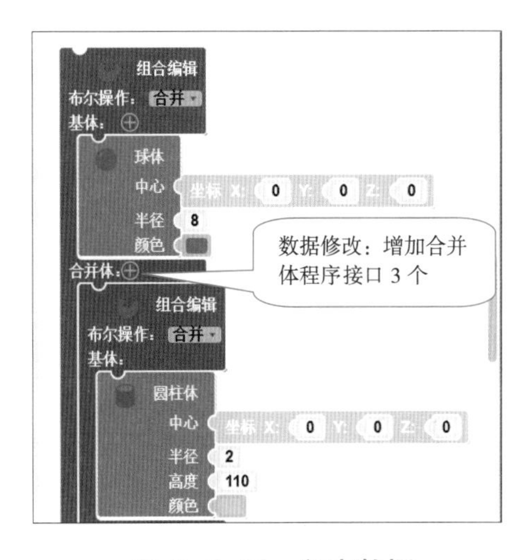

图 5-3-34　程序数据

（7）单击[基本编辑]→[移动]，导入移动程序，抓取合并风车叶片程序，嵌入移动程序内部，修改程序数据，单击运行移动程序，如图 5-3-35 所示；移动程序数据，如图 5-3-36 所示。

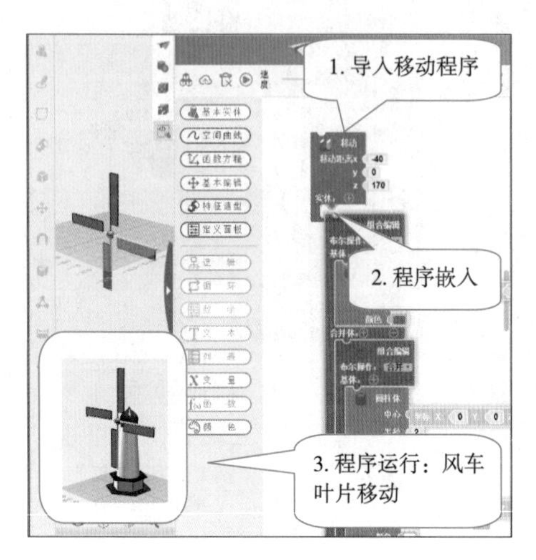

图 5-3-35　移动程序

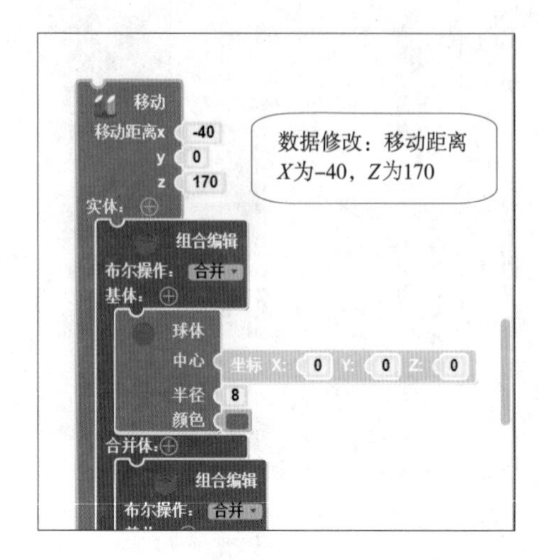

图 5-3-36　程序数据

（8）在积木图形化编程模式下单击保存，打开保存指令，将完成的智能风车的 3D 程序模型进行保存，文件名为智能风车 3D 模型编程 .Z1。

（9）在积木图形化编程模式下单击[积木模式]转换为[Python模式]图标，编程界面转换为 Python 代码程序编程界面，单击运行 Python 程序，最后得到一个 8 层递增的智能风车 3D 模型，智能风车 3D 建模 Python 编程程序代码如图 5-3-37 所示。

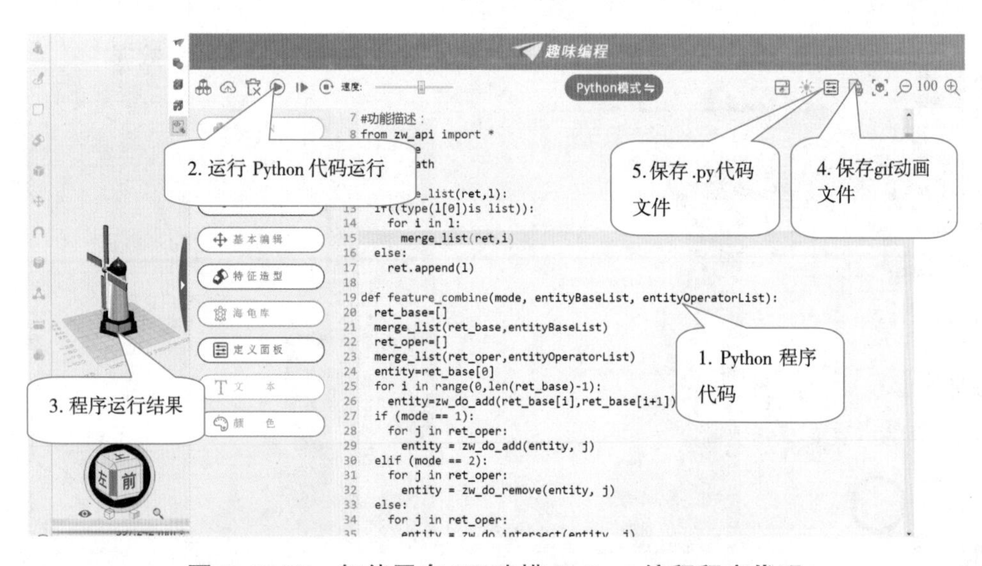

图 5-3-37　智能风车 3D 建模 Python 编程程序代码

（10）生成 .gif 动画文件：在 Python 编程模式下单击图标，生成 Python 程序运行过程的 .gif 动画文件，保存的文件为智能风车 3D 建模编程 .gif。

（11）保存 Python 代码文件：在 Python 编程模式下单击图标，打开 Python 保存指令对话框，将完成的正方体 Python 编程的 3D 模型保存为 .py 格式文件，文件名为智能风车 3D 建模编程 .py。

实　践

同学们以小组为单位，从以下选项中选择一种，参照“智能风车 3D 建模”的程序编写，充分发挥小组成员的想象力，自主完成项目设计制作，最后用创客空间的 3D 打印机打印出来在班级讨论会上进行展示分享。

★ 火箭编程

★ 地球仪编程

★ 风车编程

★ 其他

成果交流

各小组运用数字可视化工具，将所完成的项目成果，分别在小组和全班展示分享或通过网络将设计作品进行展示、交流与评价。

思　考

通过“智能风车 3D 建模编程”绘图，掌握所学的编程技巧后，请同学们思考一下，3D One 软件运用图标建模、图形化编程和 Python 代码编程绘图设计 3D 模型有什么区别?

活动评价

完成“智能风车 3D 建模编程”的设计后，请同学们根据表 5-3-2，对项目学习效果进行评价。

表 5-3-2　活动评价表

评价内容	个人评价	小组评价	教师评价
掌握 3D One 设计软件趣味编程绘图思维	□优 □良 □一般	□优 □良 □一般	□优 □良 □一般
掌握趣味编程积木模式的程序使用	□优 □良 □一般	□优 □良 □一般	□优 □良 □一般
能够与同学们交流和分享自己的设计经验	□优 □良 □一般	□优 □良 □一般	□优 □良 □一般

卡通造型与雕刻建模

3D One 的建模方式，主要以曲线、曲面、实体进行曲线 / 实体编辑，达成项目的创意设计，包括趣味编程，都是应用程序数值来控制指令达成造型设计，这种设计方式较为普遍。有没有像捏橡皮泥一样进行创作设计的建模方式呢?

答案是肯定的，这类软件提供类似传统雕塑家雕塑创作的方式，鼠标就像艺术家的手，可以自由地捏来捏去，塑造所需要的模型，在设计的过程中，能让操作者随心所欲地进行发挥；运用 3D One 软件绘制基本形状体，如图 5-3-38 所示，然后单击基本编辑→雕刻，可以体验毫无约束自由创作的 3D 设计工具，尝试雕刻绘制、雕刻建模，绘制效果如图 5-3-39 所示。

图 5-3-38　基本造型

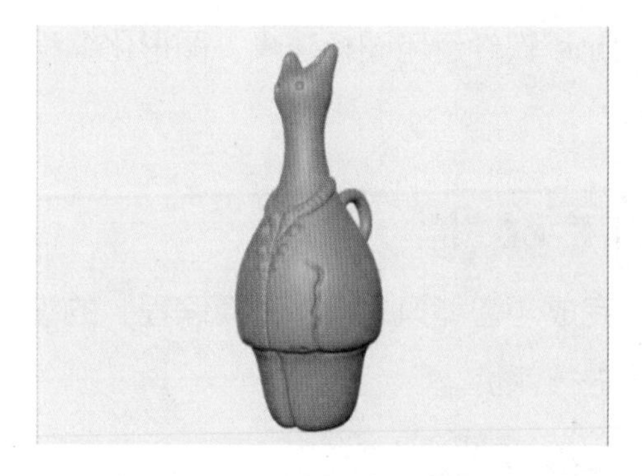

图 5-3-39　雕刻绘制

参考文献

[1] 曾碧卿，丁美荣 . 基于创客教育理念培养软件创新人才模式研究 [J]. 教育现代化，2019, 6(13):5-9.

[2] 王同聚，丁美荣 . 人工智能进入学校的瓶颈与应对策略 [J]. 课程教学研究，2019, 000(009):92-96.

[3] 余胜泉，胡翔 . STEM 教育理念与跨学科整合模式 [J]. 开放教育研究，2015,21(4):13-22.

[4] 王同聚 . 炙热 3D 打印技术正走向未来生活 [N]. 中国教育报，2015-11-21(3).

[5] 王同聚 . 基于“创客空间”的创客教育推进策略与实践：以“智创空间”开展中小学创客教育为例 [J]. 中国电化教育，2016,(6):65-70,85.

[6] 王同聚 .3D 打印技术在创客教育中的应用与实践：以中小学创客教育为例 [J]. 教育信息技术，2016(06):11-14.

[7] 教育部关于印发《义务教育小学科学课程标准》的通知 [EB/OL].[2017-02-06]. http://www.moe.gov.cn/srcsite/A26/s8001/201702/t20170215_296305.html.

[8] 教育部印发《中小学综合实践活动课程指导纲要》[EB/OL].[2017-10-30]. http://www.gov.cn/xinwen/2017-10/30/content_5235316.htm.

[9] 教育部关于印发《普通高中课程方案和语文等学科课程标准（2017 年版）》的通知 [EB/OL].[2018-01-05]. http://www.moe.gov.cn/srcsite/A26/s8001/201801/t20180115_324647.html.

[10] 王其松，李爱花 . 三维设计的应用现状和发展趋势研究 [J]. 无线互联科技，2017(13): 68-69.